마음의 오류들

고장 난 뇌가 인간 본성에 관해 말해주는 것들

마음의 오류들 The Disordered Mind

에릭 캔델 지음
이한음 옮김

RHK
알에이치코리아

내 영원한 동반자이자,

가장 강력한 비판자이자,

지속적인 영감의 원천인 데니스에게

마음은 빙산과 같다.
수면 위로 드러난 부분은 7분의 1에 불과하다.

― 지그문트 프로이트

나는 뇌 안에서 벌어지는 일들과 인간 행동의 동기를 이해하기 위해 평생을 애써왔다. 히틀러Adolf Hitler가 점령한 직후 빈을 탈출한 어린 시절 이래로, 나는 인간 존재의 가장 큰 수수께끼 가운데 하나에 집착해 왔다. 세상에서 가장 교양 있고 발전된 사회가 대체 어떻게 그렇게 급속히 악의 구렁텅이로 빠져들 수 있는 것일까? 도덕적 딜레마에 직면했을 때 개인은 어떻게 선택을 내리는 것일까? 분열된 자아는 숙련된 사람과의 상호작용을 통해 치유될 수 있을까? 나는 이런 어려운 문제들을 이해하고 해결하겠다는 마음으로 정신의학자가 되었다.

그러나 마음의 문제들이 애매모호하다는 점을 깨닫기 시작하면서, 나는 과학적 탐구를 통해 더 명확한 답을 얻을 수 있는 문제들로 방향을 돌렸다. 아주 단순한 동물이 지닌 몇몇 신경세포들에 초점을 맞추었고, 마침내 초보적인 형태의 학습과 기억의 토대를 이루는 근본적인 과정들 가운데 일부를 발견했다. 나는 무척 즐겁게 연구했고 남들에게 충분한 인정을 받았지만, 우주에서 가장 복잡한 실체인 인간의 마음을 이해하기 위한 탐구 전체에 비추어보면 내 발견이 작은 발전에 불과하다는 점도 잘 알고 있다.

인류가 출현한 이래로 수많은 철학자, 시인, 의사가 마음에 관한 문제를 붙들고 씨름해 왔다. 델파이의 아폴로 신전 입구에는 이런 경구가 새겨져 있다. "너 자신을 알라." 소크라테스Socrates와 플라톤Platon이 인간 마음의 본질을 처음 고찰한 이래로, 모든 세대의 진지한 사상가들은 우리를 우리 자신으로 만드는 생각, 감정, 행동, 기억, 창의력을 이해하려고 노력해 왔다. 이전 세대들은 이런 탐구를 철학이라는 지식의 틀 안에서만 다루었다. 그런 태도는 17세기 프랑스 철학자 르네 데카르트René Descartes의 선언에 잘 요약되어 있다. "나는 생각한다, 고로 나는 존재한다." 데카르트의 기본 개념은 우리의 마음이 우리 몸과 별개이며, 기능적으로 독립되어 있다는 것이다.[1]

현대에 이루어진 크나큰 발전 가운데 하나는 데카르트가 거꾸로 생각했다는 깨달음이다. 실제로는 이렇다. "나는 존재한다, 고로 나는 생각한다." 이 전환은 20세기 말에 이루어졌다. 마음을 연구하는 한 철학 학과, 즉 존 설John Searle과 패트리샤 처칠랜드Patricia Churchland와 같은 철학자들이 철학을 마음의 과학인 인지심리학과 융합하고,[2] 이어서 그 결합물을 뇌의 과학인 신경과학과 융합하면서였다.

그 결과 마음을 연구하는 새로운 생물학적 접근법이 출현했다. 마음을 과학적으로 살펴보는 이 새로운 분야는 우리 마음이 뇌가 수행하는 과정들의 집합이라는 원리에 기초한다. 뇌는 바깥 세계에 대한 지각을 구축하고, 내면의 경험을 생성하고, 우리의 행동을 통제하는 경이로울 만큼 복잡한 계산 장치다.

이 새로운 마음의 생물학은, 1859년 인간 체형의 진화에 관한 다윈의 통찰로부터 시작된 지적 발전의 마지막 단계에 해당한다. 고전이 된《종의 기원*On the Origin of Species*》에서 다윈은 우리가 전능한 신이 창조한 특별한 존재가 아니라 더 단순한 생물들로부터 진화한 존재로, 그들과 공통된 본능적인 행동과 학습된 행동의 조합으로 이루어진 생물이라는 개념을 도입했다. 다윈은 1872년 저서 《인간과 동물의 감정 표현*The Expression of the Emotions in Man and Animals*》에서 이 개념을 더 자세히 설명했다.[3] 그 책에서 그는 더욱 급진적이면서 심오한 개념 하나를 제시했다. 우리의 정신적인 과정들도 신체적인 특징과 거의 비슷한 방식으로 동물 조상들로부터 진화했다는 것이다. 즉 우리 마음은 천상의 것이 아니라, 물리적으로 설명될 수 있는 것이다.

나를 포함한 뇌과학자들은 다음과 같은 점을 곧 깨달았다. 더 단순한 동물들이 신체적 위험이나 사회적 지위 하락과 같은 위협에 두려움이나 불안 같은 반응을 일으키며 우리와 비슷한 감정을 드러낸다면, 그런 동물들을 대상으로 우리 자신이 지닌 감정 상태의 여러 측면들을 연구할 수 있어야 한다. 실제로 동물 모형들을 연구하자, 다윈이 예측한 대로 원시적인 형태의 의식을 비롯해 우리의 인지 과정들도 동물 조상들로부터 진화했다는 점이 명확히 드러났다.

우리가 지닌 정신 과정의 여러 측면이 더 단순한 동물들에게도 공통적으로 나타나며, 따라서 그런 동물들로 초보적인 수준의 마음이 어떻게 작동하는지를 연구할 수 있다는 것은 행운이다. 사람의 뇌는 놀랄 만큼 복잡하기 때문이다. 그 복잡성을 가장 명백하게 그리고 가장 신비스러운 방식으로 드러내는 것은 다름 아닌 우리의 자의식이다.

자의식은 우리가 누구이며 왜 존재하는가 하는 질문으로 우리를 이끈다. 각 사회의 기원을 설명하는 수많은 창조 신화들은 우주와 그 속에서 우리의 위치를 설명하기 위해 발명되었다. 존재에 관한 이런 질문들에 답하려는 행위야말로 우리를 인간답게 만드는 중요한 요소 가운데 하나다. 그리고 뇌세포들의 복잡한 상호작용이 어떻게 의식, 즉 자아에 대한 우리의 인식을 낳는가 하는 문제는 뇌과학에 남아 있는 커다란 수수께끼다.

뇌를 이루는 물질로부터 어떻게 인간 본성이 출현하는 것일까? 860억 개의 신경세포 또는 뉴런이 매우 정확한 연결을 통해 서로 의사소통을 주고받는 덕분에, 뇌는 놀라울 정도로 빠르고 정확하게 계산할 수 있고 자의식을 갖출 수 있다. 단순한 해양 무척추동물인 군소*Aplysia*를 통해, 나는 동료 연구자들과 함께 시냅스라는 이런 연결 양상이 경험으로 달라질 수 있다는 것을 발견했다. 이것이 바로 우리가 학습, 즉 환경의 변화에 적응할 수 있는 이유다. 그러나 뉴런의 연결은 부상이나 질병으로도 달라질 수 있다. 게다가 발달할 때 정상적으로 형성되지 않거나, 아예 형성되지 않을 수도 있다. 그러면 뇌에 장애가 생긴다.

예전과는 달리 오늘날에는, 뇌의 장애를 연구하면서 우리 마음이 어떻게 정상적으로 기능하는지에 관한 새로운 깨달음을 얻고 있다. 예를 들어, 자폐증, 조현병, 우울증, 알츠하이머병을 연구해 알아내는 것들은 사회적 상호작용, 생각, 감정, 행동, 기억, 창의성에 관여하는 신경 회로들을 이해하는 데에도 도움을 준다. 거꾸로 그런 신경 회로에 관한 연구는 뇌의 장애를 이해하는 데 도움을 준다. 더 넓은 의미에서 보면, 컴퓨터 부품이 고장 났을 때 그 부품의 진정한 기능이 드러나는 것처럼, 뇌의 신경 회로도 고장 나거나 제대로 형성되지 못했을 때 그 기능이 극적으로 명확하게 드러난다.

이 책은 뇌가 우리 마음을 생성하는 과정에서 어떻게 혼란에 빠지고, 자폐증, 우울증, 양극성장애, 조현병, 알츠하이머병, 파킨슨병, 외상후 스트레스장애 등 사람들을 황폐하게 만드는 질환들을 일으키는지 살펴본다. 그리고 혼란에 빠진 뇌의 과정들을 연구하는 것이 뇌의 정상적인 활동을 이해하는 데뿐만 아니라, 정신적인 장애의 새로운 치료법을 발견하는 데에도 필수적이라는 점을 설명한다. 뇌가 발달하면서 어떻게 분화하는지에 따라 우리의 성별과 젠더 정체성이 결정되는 것처럼, 뇌 기능의 정상적인 변이 양상을 조사해 뇌가 어떻게 작동하는지를 더 깊이 이해할 수 있다는 점도 보여준다. 마지막으로, 이 책은 마음에 생물학적으로 접근하는 방법이 어떻게 창의성과 의식의 수수께끼를 풀기 시작했는지도 보여준다. 특히 조현병이나 양극성장애를 가지고 있으면서 놀라운 창의성을 보이는 사람들을 통해, 그들의 창의성이 모든 사람에게 똑같이 나타나는 뇌, 마음, 행동의 연결 양상으로부터 출현한다는 것을 설명한다. 현재 이루어지고 있는 의식과 그 장애에 관한 연구들에 따르면, 의식은 뇌의 단일하고 균질적인 기능이 아니라 맥락에 따라 달라지는 마음의 다양한 상태다. 게다가 이전 과학자들이 발견하고 지그문트 프로이트가 강조했듯이, 우리의 의식적 지각, 생각, 행동에는 무의식적인 정신 과정들이 관여한다.

더 넓은 의미에서 볼 때, 마음에 관한 생물학적 연구는 단지 뇌를 더 깊이 이해하고 뇌 장애가 있는 사람들을 위한 새로운 치료법을 개발하는 과학적 탐구에만 머물지 않는다. 한창 발전하고 있는 마음의 생물학은 새로운 휴머니즘의 가능성을 제시한다. 이것은 자연계를 다루는 과학과, 인간 경험의 의미를 다루는 인문학을 융합하는 휴머니즘이 될 것이다. 뇌 기능의 차이에 관한 새로운 생물학적 통찰에 의존하는 이 과학적 휴머니즘은, 우리 자신뿐만 아니라 서로를 보는 방식을 근본적으로 바꿀 것이다. 우리 각자는 이미 자의식 덕분에 스스로 독특한 존재라고 '느끼고' 있지만, 그러한 개성이 생물학적인 토대 위에 있다는 사실을 확인하게 될 것이다. 마침내 우리는 인간 본성에 관한 신선한 깨달음을 얻을 것이고, 인간의 공통적인 특성과 개별적인 특성 모두를 더 깊이 이해하고 인식하게 될 것이다.

차례

1

뇌 장애는 우리 자신에 관해
무엇을 말하는가

우리가 세계를 경험할 때 나타나는 인간 본성의 신비로움은 어떻게 뇌라는 물질에서 발생하는가? 이것은 과학 전체를 통틀어 가장 커다란 도전 과제다. 우리 뇌에 있는 수천억 개의 신경세포가 보내는 암호 같은 신호들은 어떻게 의식, 사랑, 언어, 예술을 낳는 것일까? 기막힐 정도로 복잡한 연결망은 어떻게 우리의 정체성을, 발달하고 성장하면서도 놀라울 정도로 한평생 일정하게 유지되는 자아를 낳는 것일까? 여러 세대 동안 철학자들은 자아의 수수께끼들을 밝히려고 애써왔다.

수수께끼를 푸는 방법 가운데 하나는 문제를 바라보는 틀을 바꾸는 것이다. 뇌가 제 기능을 하지 않을 때, 외상이나 질병에 시달릴 때, 우리의 자기감sense of self에는 어떤 일이 일어날까? 의사들은 자기감이 조각나고 상실되는 상황을 기술해 왔고, 시인들은 한탄해 왔다. 더 최근 들어서는 신경과학자들이 뇌가 공격받을 때 자아가 어떻게 파괴되는지를 연구해 왔다. 19세기 철도 노동자인 피니어스 게이지Phineas Gage의 사례가 유명하다. 그는 쇠막대기에 뇌 앞쪽을 찔린 뒤에 성격이 완전히 바뀌었다. 사고가 있기 전의 그를 잘 알고 있던 이들은 간단히 이렇게 말했다. "게이지는 더 이상 게이지가 아니다."

이 접근법은 개인적이거나 일반적인 차원에서 인간의 '정상적인' 행동들이 있다는 것을 전제한다. 역사를 돌이켜보면, 사회마다 '정상'과 '비정상'을 나누는 경계선이 서로 달랐다. 정신적인 면에서 차이를 보이는 이들은 '천재'나 '성인'으로 불리기도 했지만, '비정상'이나 '악령에 사로잡힌 사람'으로 낙인찍히고 잔혹한 대우를 받는 일이 더 많았다. 현대 정신의학은 정신 질환을 기술해 목록으로 만들어왔지만, 정상과 장애의 경계선을 넘나드는 다양한 행동들은 그 경계선이 불분명하고 바뀔 수 있다는 것을 증명한다.

정상적이라고 여겨지는 것부터 비정상적이라고 여겨지는 것에 이르기까지, 모든 행동의 차이는 우리 뇌의 독특한 차이에서 비롯된다. 우리가 참여하는 모든 활동, 자기 자신을 개성 있는 존재라고 지각하게 만드는 모든 감정과 생각은 우리 뇌에서 나온다. 복숭아를 맛볼 때, 어려운 결정을 내릴 때, 우울하다고 느낄 때, 그림을 감상하는 동안 감동이 밀려들 때, 당신은 전적으로 뇌의 생물학적 기계 부품들에 의존하고 있다. 당신을 당신답게 만드는 것은 바로 당신의 뇌다.

당신은 아마 세계를 있는 그대로 경험한다고 확신할 것이다. 당신이 보고 냄새 맡고 맛보는 복숭아가 정확히 당신이 지각하는 것과 동일할 것이라고 믿을 것이다. 당신은 정확한 정보를 제공하는 감각에 의존하기 때문에, 자신의 지각과 행동이 객관적인 현실에 기반하고 있다고 여길 것이다. 그러나 이런 생각은 어느 정도까지만 옳다. 감각은 행동하는 데 필요한 정보를 주기는 하지만, 당신의 뇌에 객관적인 현실을 제공하지 않는다. 당신의 뇌에 현실을 '구성하는' 데 필요한 정보만을 제공할 뿐이다.

우리의 감각은 각각 뇌의 각기 다른 부분에서 나오며, 각 부분은 바깥 세계의 특정한 면을 검출하고 해석하는 쪽으로 세밀하게 조정되어 있다. 감각으로부터 흘러드는 정보는 가장 희미한 소리, 가장 미약한 접촉이나 움직임까지 포착하도록 구축된 세포들을 통해 수집되고, 이 정보는 전용 경로를 통해 특정 감각을 전담하는 뇌 영역으로 전달된다. 뇌는 과거의 경험에서 관련 있는 감정과 기억을 끄집어내 바깥 세계의 내적 표상을 구성함으로써 해당 감각을 분석한다. 이렇게 자체적으로 만들어낸 현실, 일부는 무의식적이고 일부는 의식적인 현실이 우리의 생각과 행동을 인도한다.

일반적으로 세계에 관한 우리의 내적 표상은 다른 모든 사람들과 상당 부분 겹친다. 이웃 사람의 뇌도 우리의 뇌와 같은 방식으로 작동하도록 진화했기 때문이다. 다시 말해, 동일한 신경 회로들이 모든 사람의 뇌에서 동일한 정신 과정들의 기초가 된다. 언어를 예로 들어보자. 언어 표현을 담당하는 신경 회로와 언어의 이해를 담당하는 신경 회로는 뇌의 서로 다른 영역에 있다. 발달 단계에서 신경 회로들이 정상적으로 형성되지 못하거나 교란되면, 언어를 담당하는 우리 정신 과정들에는 장애가 생길 것이고, 우리는 세계를 남들과 다르게 경험하기 시작할 것이다. 그리고 행동도 남들과 다르게 할 것이다.

뇌 기능의 교란은 무섭고 비극적인 결과를 가져올 수 있다. 발작을 목격했거나 심한 우울증에 시달리는 사람을 본 적 있다면 알 것이다. 극심한 정신 질환은 개인과 가족을 몹시 황폐하게 만들 수 있는데, 전 세계에서 헤아릴 수 없이 많은 이가 이런 질병에 시달리고 있다. 그러나 전형적인 뇌 회로에서 일어나는 어떤 교란들은 보상을 제공하고 긍정적인 방향으로 인격을 형성한다. 실제로 장애라고 볼 만한 특징을 지닌 사람들 가운데, 놀라울 정도로 많은 이가 자신의 그러한 특징을 버리지 않겠다고 말한다. 고통을 일으키는 특징조차 버리기를 거부할 정도로, 우리의 자기감은 아주 강력하고 필수적인 것으로 자리 잡을 수 있다. 증상을 치료하려다 자기감까지 손상되는 경우도 자주 있다. 약물 치료는 우리의 의지, 각성도, 사고 과정을 둔화시킬 수 있다.

뇌 장애는 전형적이고 건강한 뇌를 들여다보는 유리창이다. 과학자와 의사가 환자를 살피고 신경과학적·유전학적 연구를 통해 뇌 장애에 관해 더 많은 것을 알아낼수록, 또 모든 뇌 회로들이 확실하게 제 기능을 수행할 때 마음이 어떻게 작동하는지를 더 깊이 이해할수록, 뇌 회로가 고장 났을 때 효과적인 치료법을 개발할 가능성도 높아진다. 특이한 마음에 관해 더 많이 알아낼수록, 우리는 남들과 다르게 생각하는 사람들을 개인적으로든 사회적으로든 이해하고 공감할 수 있게 되고, 그들을 낙인찍거나 배제할 가능성도 줄어들 것이다.

신경학과 정신의학의 선구자들

약 1800년까지는, 인체를 부검했을 때 눈에 보이는 손상처럼 뇌에 가해진 가시적인 손상으로 발생한 장애만을 의학적 장애라고 보았다. 그런 장애는 신경 질환이라고 불렸다. 생각, 감정, 기분의 장애나 약물중독은 가시적인 뇌 장애와 관련이 없는 듯했기에, 개인의 도덕성에 문제가 있는 것으로 취급되었다. 그래서 그런 '심약한' 사람들을 치료하는 방법들은 따로 고안되었는데, 정신병원에 감금하고, 쇠사슬로 벽에 묶어놓고, 욕구를 박탈하거나 심지어 고문으로 '마음을 강하게 만드는' 것들이었다. 놀랍지도 않겠지만, 그런 방법들은 의학적으로 아무 효과도 없는 반면 정신을 황폐하게 만들었다.

1790년에 프랑스 의사 필리프 피넬Philippe Pinel은 오늘날 우리가 정신의학이라고 부르는 분야를 공식적으로 창설했다. 피넬은 정신 질환이 도덕적 결함이 아니라 의학적 질환이며, 정신의학이 의학의 한 분야라고 주장했다. 피넬은 파리의 대형 정신병원인 살페트리에르에서 정신병 환자들을 사슬에서 풀어주고, 현대 심리요법의 출발점인 인간적이면서도 심리학적인 원리들을 도입했다.

피넬은 정신 질환이 특정한 유전적 성향을 지닌 사람들과 사회적·심리적 스트레스에 지나치게 자주 노출되는 사람들에게 발생한다고 주장했다. 이것은 정신 질환에 관한 오늘날의 관점과 놀라울 정도로 닮아 있다.

비록 피넬이 환자를 인간적으로 치료한다는 개념을 도입해 정신의학에 도덕적으로 엄청난 영향을 끼치기는 했지만, 그 뒤로 정신 질환을 이해하는 방향으로는 발전이 전혀 이루어지지 않았다. 그러한 발전은 독일의 위대한 정신의학자 에밀 크레펠린Emil Kraepelin이 20세기 초에 현대적인 정신의학을 정립하면서 이루어졌다. 크레펠린이 끼친 영향은 여러 번 강조해도 부족하다. 이 책에서는 신경학과 정신의학의 역사가 엮일 때 그의 이야기를 틈틈이 곁들이기로 하자.

크레펠린과 지그문트 프로이트는 같은 시대를 살았지만, 정신 질환에 대한 둘의 관점은 전혀 달랐다. 프로이트는 정신 질환이 뇌에 기반한다고 해도, 특히 유년기 초의 심리적 외상과 같은 경험을 통해 생긴다고 보았다. 반면 크레펠린은 모든 정신 질환이 생물학적인 것이라고, 즉 유전적인 이유를 지닌다고 보았다. 그래서 그는 초기 증상들, 시간의 흐름에 따른 임상적 진행 양상, 장기적인 결과들을 관찰하면서, 다른 의학적인 질환과 마찬가지로 정신 질환도 서로 구별할 수 있다고 추론했다. 이 믿음을 기초로 크레펠린은 현대적인 정신 질환의 분류 체계를 정립했다. 이 체계는 오늘날에도 쓰이고 있다.

크레펠린은 피에르 폴 브로카Pierre Paul Broca와 카를 베르니케Carl Wernicke가 내놓은 정신 질환에 관한 생물학적 견해를 받아들였다. 두 의사는 뇌 장애를 연구함으로써 우리 자신에 관한 놀라운 통찰을 얻을 수 있다는 점을 처음으로 보여주었다. 브로카와 베르니케는 특정 신경 질환들이 뇌의 특정한 영역과 서로 연관되어 있다는 것을 발견했다. 이 발견을 통해, (정상적인 행동의 토대라고 할 수 있는) 각각의 정신 기능을 뇌의 어떤 영역 또는 영역들의 집합이 맡고 있는지를 알아낼 수 있다는 점도 깨달았다. 현대 뇌과학의 기초가 마련된 것이다.

1860년대 초에 브로카는 매독에 걸린 르보르뉴Leborgne라는 환자가 특이한 언어장애를 보인다는 것을 알아차렸다. 르보르뉴는 언어를 이해하는 데에는 아무런 문제도 없었지만, 자신의 생각을 남에게 이해시킬 수 없었다. 들은 말을 그대로 옮겨 적는 것처럼 남이 한 말을 이해할 수는 있었지만, 말을 하려고 하면 알아들을 수 없는 소리만 웅얼거렸다. 음을 쉽게 흥얼거린다는 것에서 알 수 있듯이 성대에는 아무 문제가 없었다. 그런데도 그는 자기 생각을 말로 표현할 수가 없었다. 게다가 글로도 생각을 표현할 수 없었다.

르보르뉴가 사망하자, 브로카는 장애의 단서를 찾기 위해 그의 뇌를 검사했다. 좌반구 앞쪽에 있는 한 부위가 질병 때문인지 부상 때문인지 말라붙어 있었다. 브로카는 그 후로 말을 하는 데 똑같은 어려움을 겪는 환자들 여덟 명을 더 만났고, 그들도 모두 좌반구의 같은 영역이 손상되었다는 것을 알아냈다. 그 영역은 나중에 브로카 영역이라고 불리게 되었다(그림 1.1). 이 발견은 뇌의 좌반구가 말하기 능력을 맡고 있다는 결론으로 그를 이끌었다. "우리는 좌반구로 말한다."[1]

1875년에 베르니케는 르보르뉴 장애의 거울상에 해당하는 증상을 관찰했다. 한 환자가 말을 유창하게 쏟아낼 수 있지만, 언어를 이해하지 못한다는 것을 알아차렸다. 베르니케가 그에게 "물건 A를 B 위에 올리세요"라고 말하면, 환자는 무엇을 하라는 말인지 전혀 이해하지 못했다. 베르니케는 언어 이해의 결함이 좌반구의 뒤쪽에 있는 특정 영역이 손상되어 나타난다는 것을 알아냈다. 그 영역은 베르니케 영역이라고 불린다(그림 1.1).

통찰력이 뛰어났던 베르니케는 언어와 같은 복잡한 정신적 기능이 뇌의 어느 한 영역에서만 처리되는 것이 아니라, 서로 연결된 뇌의 여러 영역들과 관련 있다는 것을 깨달았다. 이런 연결 회로들은 우리 뇌의 신경 '배선'을 이룬다. 베르니케는 언어의 이해와 표현이 별개로 처리될 뿐만 아니라, **활꼴다발**arcuate fasciculus이라는 통로를 두고 서로 연결되어 있다는 것도 보여주었다. 글을 읽어 얻은 정보는 눈에서 시각겉질visual cortex로 전달되고, 청각을 통해 얻은 정보는 귀에서 청각겉질auditory cortex로 전달된다. 이 두 겉질에 모인 정보는 다시 베르니케 영역으로 모인다. 베르니케 영역은 그 정보를 언어 이해에 쓰일 신경 암호로 번역한다. 그런 뒤에 그 정보는 브로카 영역으로 전달되고, 이로써 우리는 자기 생각을 표현할 수 있게 된다(그림 1.1).

베르니케는 단순히 두 영역 사이의 연결이 끊겨서 생기는 언어 장애의 사례도 언젠가 누군가에 의해 발견될 것이라고 예측했다. 그리고 실제로 그런 사례가 발견되었다. 두 영역을 연결하는 활꼴 경로가 손상된 사람들은 언어를 이해하고 언어를 표현할 수 있지만, 이런 두 기능이 독립적으로 작동한다. 이런 상황은 대통령 기자 회견과 조금 비슷한데, 어떤 정보는 들어오고 다른 정보는 나가지만 둘 사이에는 아무런 논리적 연관성이 없다는 점에서 그렇다.

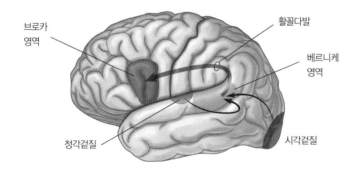

그림 1.1 | 언어 이해(베르니케 영역)와 표현(브로카 영역)의 해부학적 경로. 두 영역은 활꼴 다발로 연결되어 있다.

오늘날 과학자들은 다른 복잡한 인지 기능들도, 서로 구별되기는 하지만 연결되어 있는 여러 뇌 영역이 함께 관여해 작동한다고 본다.

비록 언어 회로가 브로카와 베르니케가 알아낸 것보다 더 복잡하다는 사실이 나중에 드러나기는 했지만, 그들의 초기 발견은 언어의 신경학, 더 나아가 신경 질환의 현대적인 관점을 형성하는 데 기여했다. 뇌 영역의 위치가 중요하다고 강조한 그들의 연구는 신경 질환의 진단과 치료에 큰 발전을 가져왔다. 게다가 신경 질환으로 생긴 손상은 대개 뇌에서 쉽게 눈에 띄기 때문에, 손상이 훨씬 더 미묘한 대부분의 정신 질환들보다 파악하기가 훨씬 쉽다.

1930년대와 40년대에, 캐나다의 저명한 신경외과의 와일더 펜필드Wilder Penfield는 각각의 정신 기능을 담당하는 뇌 영역을 찾아내는 데 크게 기여했다. 그는 머리를 다친 뒤에 뇌에 생긴 반흔 조직 때문에 간질을 겪는 환자들을 수술하고는 했다. 그는 여러 간질 환자가 발작하기 전에 경험하는 조짐aura을 의도적으로도 일으킬 수 있는지 알아내고자 했다. 이것에 성공한다면, 언어나 이동 능력과 같은 다른 기능들에는 피해를 주지 않으면서도 환자의 발작과 관련된 조직을 제거해 증세를 완화할 가능성이 있었다.

펜필드는 환자가 깨어 있는 상태에서 수술했기 때문에(뇌에는 통각 수용기가 전혀 없다), 뇌의 각 부위를 자극할 때 환자가 무엇을 느끼는지 알아낼 수 있었다. 몇 년에 걸쳐 펜필드는 거의 400건에 달하는 뇌 수술을 진행하면서, 촉각, 시각, 청각에 관여하는 뇌 영역들과 각 신체 부위의 움직임을 담당하는 영역들을 찾아냈다. 그가 만든 감각 및 운동 기능의 지도는 지금도 쓰이고 있다.

펜필드가 발견한 현상 중에서는 정말 놀라운 것도 있었다. 귀 바로 위쪽 관자엽temporal lobe을 자극하자, 환자는 갑자기 이렇게 말했다. "어떤 기억이 떠올라요. 교향악단의 소리, 노래, 파트가 들려요." "어머니가 불러주던 자장가가 들려요." 펜필드는 기억처럼 복잡하고 수수께끼 같은 정신 과정을 담당하는 뇌 영역도 찾을 수 있지 않을까 생각하기 시작했다. 그를 비롯한 연구자들은 정말로 그 영역을 찾아냈다.

뉴런, 뇌의 기본 구성단위

브로카와 베르니케는 정신적인 기능이 뇌의 '어디에' 자리하고 있는지를 발견했지만, 뇌가 그런 기능을 '어떻게' 수행하는지는 설명하지 못했다. 그들은 다음과 같은 근본적인 질문들에 답하지 못했다. 뇌는 생물학적으로 무엇으로 이루어져 있을까? 뇌는 어떻게 기능할까?

몸이 세포로 이루어져 있다는 것을 생물학자들이 이미 밝혀냈지만, 뇌는 달라 보였다. 현미경으로 뇌 조직을 들여다보니, 시작되는 지점이 어디이고 끝나는 지점은 어디인지 알 수 없는 뒤얽힌 덩어리들이 보였다. 그래서 많은 과학자가 신경계가 여러 조직들의 연결로 이루어진 하나의 연속적인 그물망이 아닐까 추측했다. 그들은 신경세포 같은 것이 과연 있을지 확신을 갖지 못했다.

그러다 1873년, 이탈리아의 의사인 카밀로 골지Camillo Golgi가 뇌 과학계에 혁신을 일으킬 만한 사실을 발견했다. 아직도 그 이유는 모르지만, 그가 질산은이나 다이크로뮴산칼륨을 뇌 조직에 집어넣고 관찰했더니, 일부 세포가 그 염색약을 흡수해 독특한 검은색으로 변했다. 내부를 들여다볼 수 없는 신경조직 덩어리에서, 갑자기 개별 뉴런의 섬세하면서도 우아한 구조가 모습을 드러낸 것이다(그림 1.2).

골지의 발견을 최초로 활용한 사람은 스페인의 젊은 과학자인 산티아고 라몬 이 카할Santiago Ramón y Cajal이었다. 1800년대 말에 카할은 갓 태어난 동물의 뇌 조직에 골지 염색법을 썼다. 이것은 현명한 생각이었는데, 발달 초기에 뇌는 뉴런의 수가 적고 모양도 단순해서 성숙한 뇌보다 뉴런을 관찰하고 조사하기가 더 쉽기 때문이

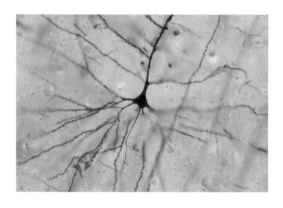

그림 1.2 | 골지 염색

다. 미성숙한 뇌에 골지 염색법을 적용해, 카할은 개별 세포를 찾아내 한 번에 하나씩 연구할 수 있었다.

오래된 나무의 제멋대로 뻗어 있는 가지들처럼 보이는 세포도 있었고, 끝이 빽빽한 덤불 같은 세포도 있었고, 깊이 숨어 있는 다른 뇌 영역으로 가지를 뻗은 세포도 있었다. 이 세포들은 단순하고 형태가 명확한 몸속의 다른 세포들과 전혀 다른 모습이었다. 카할은 이런 놀라운 다양성에도 불구하고, 뉴런들이 주요한 네 가지 해부학적인 특징을 공통으로 지닌다는 것을 알아냈다(그림 1.3). 세포체cell body, 가지돌기dendrites, 축삭axon, 시냅스 이전 말단presynaptic terminal이 그것이다. 시냅스 이전 말단은 현재 시냅스라고 부른 곳에서 끝난다. 뉴런의 주된 구성 요소는 세포체로, 세포핵(세포의 유전자가 들어 있는 곳)과 세포질의 대부분이 들어 있다. 세포체에서 여러 개 가느다란 나뭇가지처럼 뻗어 나온 것들은 가지돌기라고 하는데, 가지돌기는 다른 신경세포로부터 정보를 받는다. 축삭은 세포체에서 굵게 쭉 뻗어 나온 가지 하나를 가리키는데, 길이가 1미터에 달하는 것도 있다. 축삭은 다른 세포로 정보를 전달한다. 축삭의 끝은 시냅스 이전 말단이라고 한다. 이런 특수한 구조들은 정보를 전달받는 표적 세포target cell의 가지돌기와 시냅스를 형성하고, 시냅스 틈새synaptic cleft라는 작은 틈새 너머로 정보를 전달한다. 표적 세포는 이웃한 세포일 수도 있고, 뇌의 다른 영역에 있는 세포나 몸의 말단에 있는 근육세포일 수도 있다.

카할은 마침내 다음과 같은 네 가지 원리를 종합해, 현재 신경세

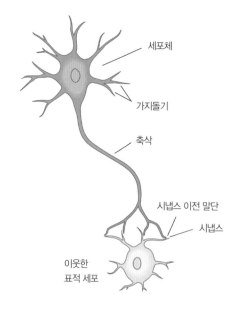

세포체

가지돌기

축삭

시냅스 이전 말단

시냅스

이웃한
표적 세포

그림 1.3 | 뉴런의 구조

포설Neuron Doctrine이라고 불리는 이론을 만들었다(그림 1.4). 첫째, 각
뉴런은 개별적인 요소로서, 뇌의 기본 구성단위이자 신호 전달의
기본 단위다. 둘째, 뉴런들은 시냅스에서만 상호작용한다. 이 방식
으로 뉴런은 서로 정보를 주고받는 복잡한 망, 즉 신경 회로를 형성
한다. 셋째, 뉴런은 특정한 자리에서 오직 특정한 표적 뉴런들과 연
결된다. 이 방식으로 뉴런은 지각, 행동, 생각이라는 복잡한 과제의
기초를 이루는 놀랍도록 정확한 회로를 구성한다. 넷째, 정보는 오
직 한 방향으로만 흐른다. 이것은 앞의 세 가지 원리로부터 도출되
는 원리이기도 하다. 정보는 가지돌기에서 세포체를 지나 축삭으
로, 축삭을 따라가다 시냅스로 이어진다. 우리는 현재 뇌의 정보 흐

름을 동적 분극dynamic polarization의 원리라고 부른다.

　카할은 고정되어 있는 뉴런 배열을 현미경으로 보면서, 놀라운 과학적 통찰력을 발휘해 신경계가 어떻게 작동하는지를 상상했다. 1906년에 그와 골지는 노벨생리의학상을 공동 수상했다. 골지는 염색법을 개발하고, 카할은 그 염색법으로 뉴런의 구조와 기능을 규명한 공로를 인정받은 것이다. 놀랍게도, 카할의 통찰은 1900년부터 지금까지 확고한 진실로 받아들여지고 있다.

A. 뉴런
카할은 신경세포를 '뉴런'이라고 했다. 뉴런은 신경계에서 신호 전달의 기본 단위다.

B. 시냅스
한 뉴런의 축삭은 시냅스라는 특정 부위에서만 다른 뉴런의 가지돌기와 의사소통한다.

C. 연결 특이성
각 뉴런은 오직 특정한 세포들과 의사소통한다.

D. 동적 분극
뉴런 안에서 신호는 한 방향으로만 흐른다. 과학자들은 신경 회로에서 정보가 흐르는 방식을 이 원리로 설명할 수 있다.

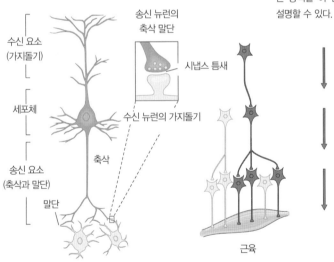

그림 1.4 | 카할 신경세포설의 네 가지 원리

뉴런의 비밀 언어

뉴런이 정보를 처리하고 그에 따라 행동을 지시하려면, 다른 뉴런들과 몸의 나머지 부분들과 의사소통해야 한다. 뇌가 제 기능을 하려면, 의사소통은 필수적이다. 그런데 뉴런들은 어떻게 서로 말을 건넬 수 있을까? 이 질문의 답은 여러 해가 지난 뒤에야 서서히 밝혀졌다.

신경계의 전기생리학적 연구의 선구자이자 1932년 노벨생리의학상 수상자인 에드거 에이드리언Edgar Adrian은 1928년 토끼를 마취한 뒤 목을 째서 여러 작은 신경 중 하나, 즉 축삭 다발을 드러냈다. 그는 그 다발에서 축삭을 두세 개 정도 끊어낸 뒤 그 사이를 전극으로 연결했다. 에이드리언은 토끼가 호흡할 때마다 전기 활동이 일어나는 것을 관찰했다. 전극에 스피커를 연결하자, 그는 곧바로 딸각거리는 소음을 들을 수 있었다. 모스 부호와 비슷하게 빠르게 두드리는 듯한 소리였는데, 딸각거리는 그 소음은 전기신호였다. **활동전위**action potential라는 이 신호가 바로 신경 의사소통의 기본 단위다. 에이드리언은 뉴런의 언어를 듣고 있었다.

에이드리언이 들은 활동전위를 일으킨 것은 무엇이었을까? 뉴런과 축삭을 감싸고 있는 막은 안쪽이 바깥쪽에 비해 미세하게 음전하를 띠고 있다. 음전하가 발생하는 이유는 이온, 즉 전기를 띠고 있는 원자들이 세포막의 안팎에 불균등하게 분포해 있기 때문이다. 이온의 불균등한 분포 때문에, 각각의 뉴런은 저장된 전기를 언제라도 방출할 수 있는 미세한 전지처럼 작동한다. 광자든 음파든 다른 뉴런의 활동이든 간에, 무언가가 뉴런을 흥분시키면 세포막 표면 전체에 흩어진 이온 통로라는 미세한 문들이 열린다. 그러면 전하를 띤 이온들이 갑자기 세포막 안으로 밀려들거나 바깥으로 밀려나간다. 이 전하의 흐름으로 세포막은 전기 극성이 뒤집힌다. 음전하를 띠고 있던 뉴런의 내부는 순식간에 양전하를 띠게 되는데, 이때 뉴런에 축적되어 있던 전기에너지가 방출된다.

활동전위는 바로 이 급격한 에너지 방출로 발생한다. 이 전기신호는 세포체에서 축삭 끝까지, 뉴런을 따라 빠르게 전파된다. 과학자들은 뇌의 어느 특정 영역이 활성을 띤다는 말을 자주 하는데, 이것은 그 영역의 뉴런들이 활동전위를 일으키고 있다는 뜻이다. 우리가 보고 듣고 만지고 생각하는 것들은 모두 뉴런의 한쪽 끝에서 다른 쪽 끝으로 줄달음치고 있는 미세한 전기 파동에서 시작된다.

그다음에 에이드리언은 두꺼비의 시신경 각 축삭에서 나오는 전기신호를 기록했다. 그는 이 신호를 증폭해, 오실로스코프의 초기 형태라고 할 수 있는 2차원 그래프용지에 기록했다. 그는 어느 한 뉴런이 일으키는 활동전위의 크기, 모양, 지속 시간이 꽤나 일정하다는 것을 발견했다. 언제나 동일한 크기로 전압이 삐죽 치솟는 파형이 나타난 것이다. 또 그는 뉴런이 자극에 반응하거나 전혀 반응하지 않거나 둘 중 하나라는 것도 알아냈다. 다시 말해, 뉴런은 온전한 활동전위를 생성하거나 아예 생성하지 않거나 둘 중 하나였다. 자극받은 신경세포의 가지돌기에서 활동전위가 한번 생성되면,

그 신호는 세포체를 거치고 축삭을 따라 시냅스 부위까지 예외 없이 전달된다. 기린의 척수에서 나온 축삭이 다리 끝에 있는 근육까지 몇 미터에 달해 뻗어 있다는 점을 고려한다면, 이것은 분명 놀라운 전파력이다.

활동전위가 일어나거나 일어나지 않거나 둘 중 하나라는 사실로부터 두 가지 흥미로운 질문이 따라 나온다. 첫째, 감각 자극에 반응하는 뉴런은 자극의 강도 차이를 어떻게 전달할까? 예를 들어, 가벼운 접촉과 강한 타격, 흐릿한 불빛과 환한 불빛을 어떻게 구별할까? 둘째, 시각, 촉각, 미각, 청각, 후각 등 서로 다른 감각에서 흘러드는 정보를 전달하는 뉴런들은 각각 서로 다른 종류의 신호를 이용할까? 에이드리언은 뉴런이 활동전위의 세기나 지속 시간을 바꾸는 것이 아니라, 발화의 빈도를 통해 자극의 세기를 전달한다는 것을 알아냈다. 자극이 약할 때 신경세포는 활동전위를 몇 차례 일으키고 말았지만, 자극이 강할 때에는 훨씬 더 자주 발화했다. 게다가 그는 활동전위의 발화가 지속되는 시간을 측정해, 자극의 지속 시간도 알아냈다(그림 1.5).

에이드리언은 내친김에 눈, 피부, 혀, 귀의 뉴런에서 활동전위를 기록했다. 활동전위가 서로 다른지 알아보기 위해서였다. 그는 감각 정보가 어디에서 오든지 간에, 또 어떤 정보를 전달하든지 간에, 모든 신호가 비슷하다는 것을 발견했다. 촉각과 미각 신호를 청각 신호와 구별하는 것은 그 신호를 전달하는 신경 경로와 목적지일 뿐이다. 서로 다른 유형의 감각 정보는 저마다의 신경 경로를 통해

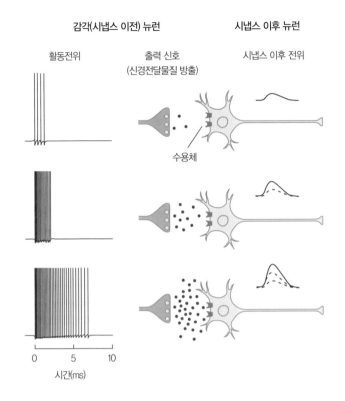

감각(시냅스 이전) 뉴런　　　　　　시냅스 이후 뉴런

활동전위　　　　출력 신호　　　　시냅스 이후 전위
　　　　　　　(신경전달물질 방출)

수용체

0　　5　　10
시간(ms)

그림 1.5 | 활동전위의 빈도와 지속 시간이 뉴런에서 전달되는 화학 신호의 세기를 결정한다.

해당 뇌 영역으로 전달된다.

　그런데 한 뉴런의 활동전위는 그 회로에 있는 다음 뉴런에 어떻게 활동전위를 일으킬까? 영국의 두 젊은 과학자인 헨리 데일Henry Dale과 윌리엄 펠드버그William Feldberg는 신호를 보내는 세포, 즉 시냅스 이전 세포의 축삭 끝에 활동전위가 도달하면 놀라운 일이 벌어진다는 것을 관찰했다. 그 세포에서 시냅스 틈새로 화학물질이 분비된다. 현재 신경전달물질neurotransmitters이라고 불리는 이 화학물질은 시냅스 틈새를 건너가 표적 세포, 즉 시냅스 이후 세포의 가지돌기에 있는 수용체에 결합한다. 각 뉴런은 표적 세포들과 수천 개의 시냅스 연결을 이루어 정보를 보내고, 마찬가지로 수천 개의 연결을 통해 다른 뉴런들로부터 정보를 받는다. 정보를 수신하는 뉴런은 연결을 통해 받아들인 모든 신호들을 더하고, 그 신호가 충분히 세지면 새로운 활동전위를 일으킨다. 다시 말해, 수신하는 뉴런은 접촉하고 있는 모든 표적 세포들로 전달되거나 전혀 전달되지 않는 전기신호를 새롭게 일으킨다. 이 과정은 되풀이된다. 이런 식으로 뉴런은 거의 즉시 다른 뉴런과 근육세포를 중계하면서 정보를 아주 멀리까지 보낼 수 있다.

복잡할 것 없는 이런 계산이 그리 인상적으로 보이지는 않겠지만, 수백 또는 수천 개의 뉴런들이 뇌의 한 부분에서 다른 부분으로 신호를 전달하는 회로를 형성할 때 최종 결과물로 지각, 운동, 생각, 감정이 발생한다는 점을 생각해 보라. 우리는 뇌의 계산 능력으로부터 뇌의 장애를 찾아내는 방법과 그 장애를 분석하는 논리를 얻는다. 우리는 신경 회로의 결함을 분석해 뇌의 수수께끼들을 탐사할 수 있고, 전기회로가 어떻게 지각, 기억, 의식을 생성하는지를 이해할 수 있다. 거꾸로 뇌 장애를 통해 우리는 뇌의 과정들이 어떻게 마음을 형성하고, 우리의 경험과 행동 대부분이 어떻게 이 경이로운 계산 장치에 의해 발생하는지 이해할 수 있게 된다.

정신의학과 신경학의 분리

19세기에 뇌과학에서 많은 발전, 현대 신경학의 토대를 이루는 발전들이 이루어졌지만, 정신의학자와 중독 연구자 들은 뇌의 해부구조에 초점을 맞추지 않았다. 왜 그랬을까?

아주 오랫동안 정신 질환과 중독장애는 신경 질환과 근본적으로 다르다고 여겨졌다. 뇌졸중, 머리 외상, 매독 같은 뇌에 감염을 일으키는 질병에 걸린 사람들처럼, 환자의 뇌를 부검했을 때 손상이 뚜렷하면 병리학자들은 관련된 장애를 생물학적인 것 또는 신경계의 문제로 분류했다. 눈에 띄는 해부학적 손상을 발견하지 못할 경우에는, 기능적인 것 또는 정신적인 문제라고 분류했다.

병리학자들은 조현병, 우울증, 양극성장애, 불안장애 같은 정신 질환에 걸린 환자의 뇌에서는 대개 죽은 세포나 구멍이 눈에 띄지 않는다는 점에 주의했다. 뇌에 도드라진 손상이 없었기 때문에, 그들은 그런 장애들의 원인이 몸 바깥에 있거나(즉 몸이 아니라 마음의 장애이거나), 검출하기 너무 어려운 것들이라고 여겼다.

정신 질환과 중독장애는 뇌에 가시적인 손상을 일으키지 않았기에, 본질적으로 행동과 관련 있는 것으로 개인이 다스릴 수 있는 것이라고 여겨졌다. 의학적인 문제가 아니라 도덕적인 문제라는 것이다. 피넬이 한탄한 것도 바로 이런 지점이었다. 이 같은 관점을 바탕으로, 정신의학자들은 정신 질환의 사회적·기능적 결정 요인들이 신경 질환의 생물학적 결정 요인들과 달리 '마음의 수준'에서 작용한다고 결론지었다. 당시에는 이성을 향한 매력, 감정, 행동이라는 널리 수용된 규범에서 벗어나 있는 다른 행동과 감정도 도덕적인 문제로 치부되었다.

많은 정신의학자가 뇌와 마음을 별개의 실체라고 믿었다. 그래서 정신의학자들과 중독 연구자들은 환자의 감정과 행동에 관한 문제들이 신경 회로의 기능 이상이나 변이와 어떤 관계가 있는지 아예 찾아볼 생각조차 하지 않았다. 수십 년 동안 정신의학자들은 전기회로에 관한 연구가 인간 행동과 의식의 복잡성을 설명하는 데 어떤 도움이 되는지도 알지 못했다. 사실 1990년까지도 정신 질환을 신체적인 것 아니면 기능적인 것 하나로 분류하는 방법이 일반적이었고, 지금도 시대에 뒤떨어진 이런 용어를 쓰는 이들을 찾아볼 수 있다. 다시 말해, 데카르트의 심신 이원론mind-body dualism은 우리가 우리 자신을 경험하는 방식을 반영하기 때문에 좀처럼 사라지지 않는다.

뇌 장애의 현대적 접근법

20세기 말에 출현한 새로운 마음의 생물학은, 뇌가 우리의 모든 정신 과정을 매개한다고 가정한다. 골프공을 칠 때 어떻게 움직일지를 결정하는 무의식적 과정부터, 피아노 협주곡을 작곡하는 데 기초가 되는 복잡한 창의적 과정, 다른 사람과 상호작용하는 데 필요한 사회적 과정들까지, 이 모든 과정이 그렇다는 것이다. 결과적으로 현재 정신의학자들은 우리 마음이 뇌가 수행하는 일련의 기능들이라고 보고, 정신병적인 것과 중독성 장애의 성격을 띠는 것을 포함해 모든 정신 질환을 뇌의 장애라고 본다.

이런 현대적인 관점은 세 가지 과학적 발전에서 파생되었다. 첫째는 프란츠 칼만Franz Kallmann의 노력에 힘입어 출현한, 정신 질환과 중독장애에 관한 유전학이다. 칼만은 독일에서 태어나 1936년에 미국으로 이주한, 컬럼비아대학교의 정신의학자다. 그는 조현병과 양극성장애 같은 정신 질환에 유전이 관여한다는 것을 알아냈고, 이런 질환들이 본래 생물학적인 문제임을 밝혔다.

둘째는 뇌 영상 촬영법이다. 과학자들이 뇌 영상을 사용하면서, 다양한 정신 질환들에 뇌의 어떤 부분들이 관여하는지 드러나기 시작했다. 예를 들어, 이제는 우울증을 앓는 사람들의 뇌에서 이상이 생긴 뇌 영역을 찾아내는 것이 가능하다. 게다가 연구자들은 뇌 영상을 이용해, 약물이 뇌에 어떻게 작용하는지 지켜보고, 더 나아가 약물이나 심리요법으로 환자를 치료할 때 뇌에 어떤 변화가 일어나는지도 볼 수 있다.

셋째는 질병에 관한 동물 모형의 개발이다. 과학자들은 동물의 유전자를 조작하고 그 효과를 관찰해 동물 모형을 만든다. 동물 모형은 유전자, 환경 그리고 이 둘의 상호작용이 뇌 발달, 학습, 행동을 어떻게 교란할 수 있는지를 알려주는데, 정신 질환 연구에 엄청난 가치를 지니는 것으로 입증되었다. 생쥐 같은 동물 모형은 학습된 공포나 불안을 연구하는 데 특히 유용하다. 이런 상태들은 동물에게 자연적으로 나타나기 때문이다. 또 사람에게 우울증이나 조현병을 일으킨다고 알려진 변형된 유전자를 생쥐의 뇌에 주입해, 생쥐를 우울증이나 조현병 연구에 쓸 수도 있다.

정신 질환의 유전학을 먼저 살펴보고, 이어서 뇌 기능을 보여주는 영상, 마지막으로 동물 모형을 자세히 알아보자.

유전학

경이롭기는 해도, 뇌는 신체 기관이다. 뇌는 다른 모든 생물학적 구조처럼 유전자를 통해 만들어지고 조절된다. 유전자는 두 가지 놀라운 특성을 지닌 독특한 DNA 가닥이다. 유전자는 생물을 새로 만드는 방법을 담은 명령문을 세포에 제공하고, 한 세대에서 다음 세대로 전달된다. 다시 말해, 그 명령문은 자식에게로 전달된다. 우리 몸의 거의 모든 세포에는 유전자 하나하나의 사본이 들어 있고, 이것들은 우리 다음 세대들의 거의 모든 세포에도 들어 있다.

우리는 각자 약 21,000개의 유전자를 지니고 있는데, 그 가운데 약 절반이 뇌에서 발현된다. 유전자가 '발현된다'는 말은 '켜진다'는 말과 마찬가지인데, 이것은 유전자가 단백질 합성을 지시하느라 바쁘게 일한다는 뜻이다. 각 유전자는 특정한 단백질의 암호, 즉 특정 단백질을 만드는 명령문을 지니고 있다. 단백질은 몸에 있는 모든 세포의 구조, 기능, 그 밖의 생물학적 특징들을 결정한다.

유전자는 대개 정확하게 복제되지만, 그렇지 않을 때는 돌연변이가 발생한다. 이런 유전자의 변형은 간혹 생물에게 유익하기도 하지만, 단백질의 과다 생산, 상실, 기능 이상을 일으키고 세포의 구조와 기능을 변화시켜 장애를 낳기도 한다.

우리 모두는 각각의 유전자를 쌍으로 가지고 있다. 하나는 어머니로부터, 다른 하나는 아버지로부터 물려받기 때문이다. 유전자 쌍들은 23쌍의 염색체에 정확한 순서로 배열되어 있다. 과학자들이 염색체 안에서 특정한 위치, 즉 유전자의 자리를 보고 각각의 유전자를 식별할 수 있는 이유는 이 때문이다.

각 유전자의 모계 사본과 부계 사본을 대립유전자allele라고 한다. 각 유전자의 두 대립유전자는 보통 조금씩 차이가 있다. 대립유전자는 특정한 염기들의 서열로 이루어져 있는데, 이때 염기란 DNA 암호를 이루는 네 종류의 분자를 말한다. 어머니로부터 물려받은 유전자의 염기 서열은 아버지로부터 물려받은 유전자의 염기 서열과 완전히 똑같지는 않다. 게다가 당신이 물려받은 염기 서열은 부모가 지닌 서열의 정확한 사본이 아니다. 부모로부터 당신에게 유전자가 복제되어 전달될 때 우연히 생기는 오류 때문에 조금씩 차이가 생긴다. 이런 차이가 외형과 행동의 변이를 낳는다.

우리 각자의 개성을 만드는 변이들이 많지만, 어떤 두 사람을 비교하더라도 인간의 유전적 조건, 즉 **유전체**genome는 99퍼센트 이상 동일하다. 둘의 차이는 부모로부터 물려받은 유전자에 생긴 우연한 변이들로 생긴 것이다(예외가 드물게 있는데, 이것은 2장에서 알아보자).

우리 몸을 이루는 거의 모든 세포에는 다른 모든 세포를 만드는 명령문도 포함되어 있다. 그렇다면 어떻게 어떤 세포는 콩팥 세포가 되고, 다른 세포는 심장의 일부가 되는 것일까? 또 뇌의 경우에는 어떻게 어떤 세포는 기억에 관여하는 해마hippocampus의 뉴런이 되고, 다른 세포는 운동 제어를 담당하는 척수 운동 뉴런이 되는 것일까? 그 이유는 모세포에 있던 특정한 유전자 집합이 활성화되어, 해당 세포가 특정한 정체성을 띠게 만드는 장치들을 작동시키기 때문이다. 어느 유전자 집합이 활성을 띨 것인지는, 세포 내 분자들의 상호작용과 해당 세포와 이웃 세포들 및 생물과 외부 환경의 상호작용에 달려 있다. 우리는 유한한 수의 유전자를 지니고 있지만, 시간에 따라 켜졌다 꺼졌다 하는 유전자의 발현은 거의 무한히 복잡한 양상을 만들어낸다.

뇌 장애를 철저하게 이해하기 위해, 과학자들은 그 밑바탕에 있는 유전자를 찾아내고, 그런 유전자의 변이나 환경의 영향이 어떻게 장애를 일으키는지 알아내려고 노력한다. 무엇이 잘못되었는지 기본적인 사항을 알고 나면, 장애를 예방하거나 완화할 방법을 찾아내는 일도 시작할 수 있다.

1940년대에 칼만의 연구에서 시작된 유전적 가계 연구genetic studies of families는, 정신 질환에 유전자가 얼마나 폭넓게 영향을 미치고 있는지를 잘 보여준다(표 1). 정신 질환의 유전은 복잡한 양상을 띠기 때문에, 유전적 '영향'이라는 말이 쓰인다. 다시 말해, 조현병이나 양극성장애는 결코 특정한 한 가지 유전자 때문에 생기는 것이 아니다. 칼만은 조현병이 없는 사람의 부모 및 형제자매보다 조현병 환자의 부모 및 형제자매가 같은 병에 걸릴 확률이 훨씬 더 높다는 사실을 발견했다. 게다가 그는 조현병이나 양극성장애가 있는 사람들의 일란성 쌍둥이가, 동일한 질환을 앓는 사람의 이란성 쌍둥이보다 같은 장애를 지닐 확률이 훨씬 더 높다는 것도 알아냈다. 일란성 쌍둥이들은 유전자가 모두 같은 반면 이란성 쌍둥이는 절반만 같기 때문에, 이 발견은 일란성 쌍둥이들이 환경이 같기 때문이 아니라 유전자가 똑같기 때문에 동일한 정신 질환에 걸릴 확률이 더 높다는 점을 시사했다.

　쌍둥이 연구는 자폐증도 유전적 영향을 강하게 받는다는 것을 보여준다. 일란성 쌍둥이 가운데 어느 한쪽이 자폐증이 있으면, 다른 한쪽도 자폐증에 걸릴 확률이 90퍼센트에 다다른다. 그에 비해, 이란성 쌍둥이를 포함해 다른 형제자매들은 자폐증에 걸릴 확률이 현저히 낮다. 그리고 집단 전체에서 어떤 개인이 자폐증에 걸릴 확률은 아주 낮다(표 1).

장애	일란성 쌍둥이	형제자매	집단 전체
자폐증	90%	20%	1~3%
양극성장애	70%	5~10%	1%
우울증	40%	<8%	6~8%
조현병	50%	10%	1%

표 1 | 질환자의 일란성 쌍둥이 및 형제자매가 똑같은 자폐증과 정신 질환에 걸릴 확률

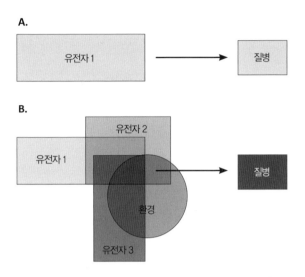

그림 1.6 | 단순 유전병은 한 유전자의 돌연변이로 생길 수 있는데(A), 복합 유전병은 여러 유전자뿐 아니라 환경 요인도 관여해 생길 수 있다(B).

연구자들은 집안 내력을 살펴보고, 유전자가 의학적 장애에 어떤 역할을 하는지 꽤 많이 알아냈다. 집안 내력을 바탕으로 유전 질환은 두 부류로 나뉠 수 있는데, 바로 단순 유전병과 복합 유전병이다(그림 1.6A, 1.6B).

헌팅턴병Huntington's disease과 같은 단순 유전병은 어느 한 유전자의 돌연변이로 생긴다. 이 돌연변이를 지닌 사람은 병에 걸릴 것이고, 일란성 쌍둥이 중 한쪽이 그 병에 걸리면 다른 한쪽도 걸릴 것이다. 반면 양극성장애나 우울증과 같은 복합 유전병은 여러 유전자들의 상호작용 및 유전자들과 환경의 상호작용에 좌우된다. 일란성 쌍둥이 중 한쪽이 양극성장애에 걸려도 다른 한쪽은 걸리지 않을 수 있다는 것을 알기 때문에, 우리는 그 병이 복합적이라고 말할 수 있다. 이것은 환경 요인이 핵심적인 역할을 수행한다는 것이 틀림없다는 뜻이다. 일반적으로 유전자와 환경이 둘 다 관여하는 경우에는, 후보 유전자를 먼저 찾아내는 것이 더 쉽다. 이것은 대규모 연구를 통해 이루어지는데, 이때 연구자들은 어떤 유전자가 우울증과 상관관계가 있고 어떤 유전자가 조증과 상관관계가 있는지를 알아낸 다음, 환경의 기여도를 파악하고자 한다.

뇌 영상

1970년대까지 임상의들이 살아 있는 뇌를 살필 수 있는 수단은 매우 한정되어 있었다. 머리뼈의 구조를 보여주지만 뇌 자체를 보여주지는 못하는 X선, 뇌에 혈액이 공급되는 것을 보여주는 혈관조영술, 뇌실(뇌척수액으로 차 있는 공간)을 보여주는 공기뇌조영술이 전부였다. 방사선을 쬐는 이런 엉성한 방법들과 부검을 통해 뇌과학자들은 오랜 세월 우울증 환자나 조현병 환자를 관찰했지만, 그들의 뇌에서 그 어떤 손상도 발견하지 못했다. 그러다가 1970년대에 뇌 분야의 극적인 변화를 일으킬 두 종류의 새로운 영상법이 등장했다. 바로 구조 영상법과 기능 영상법이다.

구조 영상법 structural imaging은 뇌의 해부 구조를 살핀다. 컴퓨터 단층 촬영computed tomography, CT은 여러 각도에서 찍은 일련의 X선 영상들을 조합해, 뇌의 단면을 그린다. 이런 뇌 영상법은 축삭 다발들이 모여 있는 백질white matter과 뉴런의 세포체와 가지돌기가 모여 있는 회백질gray matter, 즉 대뇌겉질cerebral cortex 등 뇌의 각 부위의 밀도 차이를 보여준다.

자기 공명 영상magnetic resonance imaging, MRI은 전혀 다른 기술을 이용한다. 자기장을 가할 때 다양한 조직이 보이는 반응의 차이를 활용해, MRI는 CT보다 훨씬 더 상세한 정보를 제공한다. 예를 들어, MRI는 조현병 환자의 뇌가 가쪽뇌실lateral ventricle이 비대해지고 대뇌겉질이 더 얇아지고 해마는 더 작아졌다는 것을 밝혀냈다.

기능 영상functional imaging은 한 단계 더 나아가 시간 차원을 도입한다. 과학자들은 사람이 미술 작품을 보거나 무언가를 듣거나 생각하고 떠올리는 것과 같이, 인지 과제를 수행할 때 뇌가 어떻게 활동하는지 기능 영상 장치를 사용해 관찰할 수 있다. 기능적 자기 공명 영상functional magnetic resonance imaging, fMRI은 적혈구의 산소 농도 변화를 검출하는 방법을 쓴다. 뇌의 어떤 영역이 더 활성화될 때, 그 영역은 산소를 더 많이 소비한다. 필요한 산소량이 많아지면, 이를 충족하기 위해 뇌의 해당 영역으로 향하는 혈액의 양도 증가한다. 따라서 과학자들은 fMRI를 통해 다양한 정신 과제를 수행할 때 뇌의 어느 영역이 활성화되는지를 보여주는 지도를 그릴 수 있었다.

기능 영상은 시모어 케이티Seymour Kety 연구진의 선구적인 연구에서 유래한다. 그들은 1945년에 살아 있는 뇌의 혈류량을 측정하는 실용적인 방법을 최초로 개발했다. 유명한 일련의 연구에서 그들은 사람들이 깨어 있는 동안과 자고 있는 동안의 뇌 혈류량을 측정해, 기능 영상을 이용하는 연구의 토대를 닦았다. 뇌 영상의 개척자인 마커스 라이클Marcus Raichle은 케이티의 연구가 뇌의 혈액 순환과 대사를 이해하는 데 막대한 영향을 끼쳤다고 말한다.

케이티는 여기에서 그치지 않고 정상적인 뇌와 장애가 있는 뇌의 기능을 연구했다. 그는 사람이 깊이 잠들어 있는 경우부터 완전히 깨어 있는 경우까지, 임상을 하는 경우부터 조현병으로 정신착란에 빠져 있는 경우까지, 엄청나게 다양한 조건에서도 뇌의 전반적인 혈류량은 변화가 없다는 것을 발견했다. 그래서 뇌 전체의 혈류량을 측정해 보았자, 뇌의 특정 영역에서 일어나는 중요한 변화를 포착하지 못할 것이라고 추론했다. 그는 대신 뇌의 각 영역의 혈류량을 측정하는 방법을 찾기로 결심했다.

루이스 소콜로프Louis Sokoloff, 루이스 롤랜드Lewis Rowland, 월터 프레이강Walter Freygang, 윌리엄 랜도William Landau와 함께, 1955년에 그는 고양이 뇌에 있는 28가지 영역의 혈류량을 시각화하는 방법을 고안했다.[2] 연구진은 시각적 자극이, 시각 정보를 처리하는 대뇌겉질 영역인 시각겉질을 비롯해 시각계의 구성 요소로 들어가는 혈류량만 증가시킨다는 놀라운 발견을 해냈다. 이는 혈류량 변화가 뇌의 활동이나 어쩌면 대사와도 직접적인 관계가 있다는 것을 드러내는 최초의 증거였다. 1977년에 소콜로프는 뇌 영역의 대사 활동을 측정하는 기술을 개발했고, 그 기술을 이용해 뇌의 어느 부위가 어

떤 기능을 맡고 있는지 도표로 작성할 수 있는 독자적인 방법을 제시했다.[3]

소콜로프의 발견은 양전자 방출 단층 촬영positron emission tomography, PET과 단일 광자 방출 컴퓨터 단층 촬영single-photon emission computed tomography, SPECT의 토대가 되었다. 이것들은 누군가가 어떤 생각을 할 때 뇌가 어떻게 기능하는지를 시각적으로 나타낼 수 있는 촬영법이다. PET 때문에, 과학자들은 다양한 종류의 신경세포들이 주고받는 신경전달물질들과 이런 신경전달물질이 작용하는 표적 세포의 수용체들을 밝힐 수 있었고, 뇌에서 일어나는 과정들의 화학적 특성을 파악할 수 있었다.

과학자들은 구조 영상법과 기능 영상법으로 뇌를 새로운 방식으로 관찰할 수 있게 되었다. 이제 그들은 뇌의 어느 영역이, 심지어 해당 영역의 어떤 신경 회로가 제 기능을 하지 못하고 있는지를 알 수 있게 되었다. 이런 정보는 정말 중요한데, 현대적인 관점에 따르면 정신 질환은 곧 신경 회로의 장애이기 때문이다.

동물 모형

장애에 관한 동물 모형을 만드는 방법에는 두 가지가 있다. 첫 번째는 앞서 살펴본 것처럼, 어떤 장애에 관여한다고 생각되는 인간의 유전자가 있을 때, 이에 상응하는 동물의 유전자를 찾아내 그 유전자를 변형함으로써 동물에게 어떤 효과가 나타나는지를 관찰하는 것이다. 두 번째는 인간의 유전자를 동물의 유전체에 집어넣어 해당 유전자가 사람에게 일으키는 것과 동일한 효과를 동물에게 일으키는지를 알아보는 것이다.

선충, 초파리, 생쥐 같은 동물 모형들은 뇌 장애를 이해하는 데 대단히 중요한 역할을 한다. 그런 모형들은 공포에 관한 신경 회로를 이해하는 데 도움을 주었는데, 이 회로는 몇몇 정신 질환의 주된 요인 가운데 하나인 스트레스의 기초가 된다. 또 과학자들은 자폐증에 관한 동물 모형도 사용하는데, 자폐증에 기여하는 인간의 유전자가 발현될 때 해당 동물의 사회적 행동이 다양한 맥락에서 어떻게 바뀌는지를 관찰한다.

뇌 장애에 관한 연구에서, 생쥐는 탁월한 동물 모형이다. 생쥐 모형을 사용해, 과학자들은 유전자에 생기는 희귀한 구조적 돌연변이가 어떻게 자폐증 환자와 조현병 환자의 뇌에 비정상적인 활성을 일으키는지 알아낼 수 있었다. 게다가 유전자가 변형된 생쥐는 조현병의 인지적 결함에 관한 연구에서도 커다란 가치가 있다는 것이 입증되어 왔다. 생쥐는 환경의 위험 요인들에 관한 모형으로도 쓰일 수 있다. 갓 태어난 생쥐를 모체 스트레스maternal stress와 같은 위험에 노출시키거나, 어미의 면역계를 활성화해(어미가 무언가에 감염되었을 때 이런 일이 일어난다), 이런 요인들이 뇌 발달과 기능에 어떤 영향을 미치는지를 이해할 수 있다. 동물 모형은 유전자, 뇌, 환경, 행동의 관계를 드러내는 통제된 실험을 가능하게 만든다.

정신 질환과 신경 질환의 구분이 모호해지다

신경 질환의 생물학적 토대를 이해할수록, 우리는 정상적인 뇌 기능에 관해, 또 뇌가 어떻게 마음을 형성하는지에 관해 더 깊이 이해하게 되었다. 우리는 브로카와 베르니케의 언어상실증으로부터 언어에 관해 많은 것을 알아냈고, 알츠하이머병으로부터는 기억, 이마관자엽치매로부터는 창의성, 파킨슨병으로부터는 운동, 척수 손상으로부터는 생각과 행동의 관계에 관해 많은 것을 배웠다.

서로 다른 증상을 일으키는 질병들이 동일한 방식으로 일어난다는 것도 드러나고 있다. 다시 말해, 서로 다른 질병들에 동일한 분자 메커니즘이 관여하는 것으로 나타나고 있다. 예를 들어, 뒤에서도 살펴보겠지만, 기억에 주로 영향을 미치는 알츠하이머병, 운동에 주로 영향을 미치는 파킨슨병, 운동과 기분과 인지력에 주로 영향을 미치는 헌팅턴병은 모두 단백질 접힘의 이상과 관련이 있는 듯하다. 그런데도 세 가지 장애가 일으키는 증상들이 상당히 다른 이유는, 비정상적인 단백질 접힘이 서로 다른 단백질에서 일어나고, 뇌의 서로 다른 영역에 영향을 미치기 때문이다. 앞으로 틀림없이 다른 질병들에서도 동일한 메커니즘이 발견될 것이다.

모든 정신 질환은 뇌의 신경 회로를 이루는 일부 뉴런이 지나치게 활성화되거나 아예 활성화되지 않거나, 효과적으로 의사소통할 수 없는 경우에 발생하는 듯하다. 이런 기능 이상이 뇌를 들여다보아도 보이지 않는 미시적인 손상 때문인지, 신경 연결에 심각한 변화가 일어났기 때문인지, 아니면 뇌가 발달할 때 배선이 잘못되었기 때문인지는 아직 잘 모른다. 그러나 우리는 모든 정신 질환이 뉴런과 시냅스의 기능에 어떤 변화가 일어났기에 발생한다는 것을 알고 있으며, 어떤 심리요법이 효과가 있다면 그 효과가 뇌 기능에 영향을 미치고 뇌에 물리적 변화를 일으켰기에 나타나는 것이라는 사실을 알고 있다.

정신 질환과 신경 질환은 어떻게 다를까? 지금까지 알아낸 바로는, 환자가 겪는 증상들이 가장 뚜렷한 차이다. 신경 질환에 걸린 환자는 특이한 행동을 하거나, 머리나 팔을 특이하게 움직이고 운동 제어 능력을 상실한 것처럼 분절된 행동을 보이는 경향이 있다. 이와 대조적으로, 주요 정신 질환자들은 일상적인 행동도 과장되는 양상이 보인다. 누구나 때때로 울적한 기분을 느끼지만, 우울증에 걸리면 이 기분이 대폭 강화된다. 누구나 일이 잘 풀리면 신나지만, 양극성장애의 조증 단계에서는 이 기분이 지나치게 고조된다. 정상적인 두려움과 쾌락 추구가 심각한 불안증과 중독으로 치달을 수도 있다. 조현병 환자에게 나타나는 환각과 망상 증상들도 우리가 꿈에서 보는 것들과 일부 닮아 있다.

신경 질환과 정신 질환은 모두 어떤 기능의 쇠퇴를 수반할 수 있다. 예를 들어, 파킨슨병은 운동 통제력을 감소시키고, 알츠하이머병은 기억력을 감퇴시키고, 자폐증은 사회적 신호를 처리하는 능력을 상실시키고, 조현병은 인지력을 저하시킨다.

두 번째 뚜렷한 차이점은, 뇌에 생긴 실제 물리적 손상을 얼마나 쉽게 알아볼 수 있는가 하는 것이다. 앞서 보았듯이, 신경 질환으로 생긴 손상은 보통 부검이나 구조 영상을 통해 쉽게 알아볼 수 있다. 반면에 정신 질환으로 생긴 손상은 비교적 덜 뚜렷하다. 그러나 뇌 영상의 해상도가 높아지면서, 우리는 이런 장애들로 생긴 변화도 찾아내고 있다. 예를 들어, 앞서 말했듯이, 이제 우리는 조현병 환자의 뇌에서 일어나는 세 가지 구조적 변화를 알아볼 수 있다. 뇌실이 커지고, 겉질이 얇아지고, 해마가 작아지는 변화 말이다. 뇌 기능 영상이 개선된 덕분에, 지금은 우울증을 비롯한 정신 질환들의 특징인 몇몇 뇌 활성의 변화들도 관찰할 수 있다. 마지막으로, 신경세포의 더욱더 미세한 변화까지 검출하는 기술들이 개발되면서, 우리는 모든 정신 질환자의 뇌에서 유사한 손상이 있는지 확인해 볼 수 있게 되었다.

세 번째 명백한 차이점은 위치다. 신경학은 전통적으로 해부학적 구조에 중점을 두었기 때문에, 우리는 정신 질환보다 신경 질환의 신경 회로를 훨씬 더 많이 알고 있다. 게다가 정신 질환의 신경 회로는 신경 질환의 회로보다 더 복잡하다. 생각, 계획, 동기부여, 조현병과 우울증과 같은 기분 및 감정 장애에 관련해, 과학자들은 최근에야 문제가 되는 정신 과정들에 관여하는 뇌 영역들을 탐사하기 시작했다.

적어도 몇몇 정신 질환은 뇌에 영구적인 구조적 변화를 일으키지는 않는 듯하다. 따라서 이런 질환들은 뚜렷한 물리적 손상에서 비롯되는 장애에 비해 회복될 가능성이 크다. 예를 들어, 과학자들은 뇌의 특정한 영역의 활성 증가가 우울증을 치료하면 원상회복된다는 것을 발견했다. 이것은 신경 질환으로 생긴 물리적 손상까지 회복시킬 새로운 치료법이 나올 수도 있다는 뜻이다. 현재 다발경화증에 걸린 사람들에게 실제로 그런 효과가 나타나고 있다.

우리가 뇌와 마음을 점점 더 이해할수록, 신경 질환과 정신 질환 사이에는 사실상 근본적인 차이가 없다는 것이 명백해지고 있으며, 양쪽 질환을 더 많이 이해할수록 유사점이 점점 더 많이 드러나고 있다. 신경 질환과 정신 질환의 수렴은 우리의 경험과 행동이 뇌를 형성하는 유전자와 환경의 상호작용에 어떻게 뿌리를 내리고 있는지를 알아낼 기회를 제공할 것이고, 새로운 과학적 휴머니즘에도 기여할 것이다.

2

우리의 강렬한 사회적 본성: 자폐 스펙트럼

우리는 엄청난 사회성을 타고났다. 자연 세계에 성공적으로 적응하며 우리가 진화를 거듭한 데에는, 사회관계망을 형성하는 우리의 능력이 커다란 역할을 했다. 고립된 상태에서는 정상적으로 발달할 수 없을 정도로, 우리는 그 어떤 종보다도 서로에게 의지해 살아간다. 아이는 성인이 되어 그들이 살아갈 세계를 이해할 준비가 되어 있지만, 언어와 같이 세상을 살아가는 데 필요한 핵심 기술들은 다른 사람들에게만 배울 수 있다. 어린 시절의 감각 박탈 또는 사회적 박탈은 뇌의 구조를 손상시킨다. 노년에도 뇌가 건강하려면 사회적 상호작용이 필요하다.

우리는 자폐증을 연구하면서 사회적 뇌, 즉 타인과 상호작용하는 일을 전담하는 뇌의 영역 및 과정 들의 특성과 중요성에 관해 꽤 많은 것들을 알아냈다. 자폐증은 사회적 뇌가 제대로 발달하지 못하는 복합적인 장애다. 자폐증은 만 3세 이전, 생애 초기의 중요한 발달 시기에 나타난다. 자폐아는 사회적 기술 및 의사소통 기술이 저절로 발달하지 못하기 때문에, 내면세계로 빠져들며 남들과 사회적 상호작용을 하지 않는다.

　자폐증은 경미한 수준부터 심각한 수준에 이르기까지 여러 장애들의 스펙트럼을 가리키는데, 모두 남들과 소통하는 데 어려움을 겪는다는 점이 특징이다. 자폐증을 가진 사람들은 언어적으로나 비언어적으로나 사회적 상호작용과 의사소통을 하는 능력이 부족하다. 게다가 남들과 교류하는 데 관심을 보이지도 않는다. 이렇게 다른 사람과 상호작용하는 데 지장이 있기에, 사회적 행동에도 심각한 문제가 생긴다.

　이 장에서는 자폐증이 타인의 정신 상태와 감정 상태를 읽는 능력을 비롯해, 우리의 사회적 뇌에 관해 무엇을 말해주는지 살펴보기로 하자. 인지심리학이 자폐증을 이해하는 데 어떤 기여를 했고, 자폐증 연구가 사회적 뇌의 신경 회로를 규명하는 데 어떤 공헌을 했는지도 설명할 것이다. 과학자들은 자폐증의 원인을 아직 발견하지 못했지만, 유전자가 중요한 역할을 하는 듯하다. 유전학 분야에서 이루어진 놀랍고도 새로운 발견들은, 특정 유전자에 돌연변이가 생길 때 주요 생물학적 과정들이 어떻게 교란되어 자폐 스펙트럼 장애가 일어나는지를 보여준다. 마지막으로는, 동물의 사회적 행동에서 무엇을 배웠는지를 알아볼 것이다.

자폐증과 사회적 뇌

1978년에 펜실베이니아대학교의 데이비드 프리맥David Premack과 가이 우드러프Guy Woodruff는 침팬지 연구의 결과를 토대로, 우리 각자가 '마음 이론theory of mind'을 지닌다고 주장했다. 즉 우리는 자기 자신과 남의 마음 상태가 어떤지 추측한다는 것이다.[1] 우리에게는 다른 사람들이 각자 마음을 지니고 있고, 신념, 열망, 욕구 그리고 의도를 가진다는 점을 헤아릴 능력이 있다. 이 타고난 이해력은 공감과 다르다. 아기도 당신이 웃을 때 따라 웃고, 당신이 인상을 찌푸리면 따라서 찌푸릴 것이다. 그러나 당신이 바라보는 사람이 당신이 생각하는 것과 다른 무언가를 생각할 수도 있다고 깨닫는 것은 정신적인 발달에서 더 나중 단계에, 즉 만 3~5세 무렵에야 출현하는 심오한 능력이다.

남의 마음 상태를 추정하는 능력 덕분에, 우리는 남의 행동을 예측할 수 있다. 이 능력은 사회적 학습과 상호작용을 하는 데 대단히 중요하다. 예를 들어, 당신과 이야기할 때, 나는 당신의 대화가 어디로 흘러가는지 감을 잡을 수 있고, 당신도 내 이야기가 어디로 흘러가는지 감지할 수 있다. 당신이 나에게 농담을 하고 있다면, 나는

그림 2.1 | 유타 프리스

당신의 말을 곧이곧대로 해석하지 않을 것이고, 당신이 진지하게 말하고 있다고 여겼을 때와는 다르게 당신의 행동을 예측할 것이다. 1985년에 유니버시티 칼리지 런던의 유타 프리스Uta Frith, 사이먼 배런코언Simon Baron-Cohen, 앨런 레슬리Alan Leslie는 마음 이론 개념을 자폐증 환자에게 적용했다.[2] 프리스는 이 과정에 관해 다음과 같이 묘사한다(그림 2.1).

마음은 어떻게 작동할까? 뇌가 마음을 만든다고 말할 때, 그 말은 무슨 뜻일까? 실험심리학을 전공하던 학생 때부터 나는 이런 의문들에 푹 빠져 있었다. 병리학은 분명히 해답에 도달할 가능성이 있는 방법이었고, 나는 런던의 정신의학연구소에서 임상심리학자가 되기 위해 일했다. 그곳에서 나는 처음으로 자폐아들을 만났다. 그들은 매혹적이었다. 나는 그들이 남들을 대할 때 왜 그토록 별나게 행동하는지, 우리가 당연시하는 일상적인 대화에 왜 그토록 무관심한지 그 이유를 알아내고 싶었다. 지금도 여전히 알고 싶다! 평생을 연구했지만, 자폐증이 무엇인지, 그 핵심에는 다다르지 못하고 있기 때문이다. …

나는 자폐증을 가진 개인들이 언어능력을 충분히 갖추고 있을 때에도 대화하기를 왜 그토록 어려워하는지 알고 싶었다. 바로 그 무렵에 동물 연구, 철학, 발달심리학의 연구 결과들이 통합되면서, '마음 이론'이 형성되고 있었다. 나뿐만 아니라 당시 자폐증에 관심이 아주 많았던 동료인 앨런 레슬리와 사이먼 배런코언도 그 이론이 자폐증 환자의 사회적 장애 문제를 해결할 열쇠라고 보았다. 그래서 우리는 실제로 이론을 입증해 보기로 했다.

우리는 1980년대에 체계적인 행동 실험에 착수했고, 자폐증을 가진 개인들이 정말로 자발적인 '마음화mentalizing' 과정을 보이지 않는다는 것을 밝혔다. 즉 그들은 타인의 행동을 설명하기 위해 타인의 심리적 동기나 정신 상태를 자동적으로 추론하지 않는다. 뇌 영상 기술이 개발되자마자 우리는 자폐가 있는 성인들의 뇌를 촬영해, 마음화를 가능하게 하는 뇌의 체계가 무엇인지 밝혀냈다. 이 연구는 현재 진행형이다.[3]

자폐증 연구를 통해, 우리는 사회적 행동과 사회적 상호작용 및 공감의 생물학에 관해 상당히 많은 것들을 알아냈다. 예를 들어, 몇

몇 사회적 상호작용은 생물성 운동biological motion을 거쳐 일어난다. 남에게 다가가 손을 내밀어 맞이하는 행동이 그렇다. 예일대학교의 케빈 펠프리Kevin Pelphrey는 2008년에 카네기멜론대학교에 재직할 때 자폐아가 생물성 행동을 잘 파악하지 못한다는 것을 발견했다.[4] 그는 비자폐아, 즉 신경전형적인neurotypical 아이와 자폐아를 대상으로 실험했다. 아이들이 생물성 운동과 비생물성 운동을 보고 있을 때, 그는 뇌의 두 영역을 살펴보았다. 한쪽은 MT/V5라고 하는 작은 시각 영역이었는데, 이 영역은 모든 움직임에 민감하다. 다른 한쪽은 위관자고랑superior temporal sulcus으로, 신경전형적인 어른의 경우이 부위가 생물성 운동에 더 강하게 반응한다. 펠프리가 아이들에게 보여준 생물성 운동은 사람 또는 사람처럼 생긴 로봇이 걷는 모습이었다. 비생물성 운동은 기계 부품이나 괘종시계의 움직임이었다. 양쪽 집단의 아이들의 뇌에서, 운동에 민감한 MT/V5 영역은 두 종류의 운동에 거의 동일하게 반응했다. 그러나 전형적으로 발달한 아이들의 경우에는 위관자고랑이 생물성 운동에 더 강하게 반응했다. 자폐아의 동일한 뇌 영역은 두 종류의 운동에 전혀 차이를 보이지 않았다(그림 2.2).

생물성 운동을 식별하고, 생물성 운동이 발생하는 맥락에 해당 운동을 통합시키는 능력을 통해(예컨대 물컵에 손을 뻗는 어떤 사람에 대한 관찰과 그 사람이 목마를 것이라는 추측을 통합하는 것), 우리는 상대의 의도를 알아차릴 수 있다. 이 점은 마음 이론에 아주 중요하다. 자폐증을 지닌 사람들이 사회적 상호작용에 어려움을 겪는 이유 가

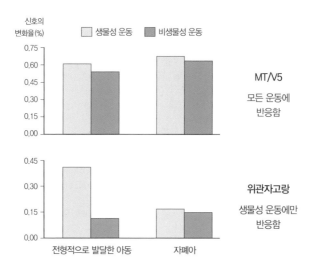

그림 2.2 | 신경전형적으로 발달한 아동과 자폐아의 뇌에 있는 두 영역이 생물성 운동과 비생물성 운동에 보이는 반응. MT/V5는 뒤통수엽에 있다.

운데 하나는, 악수하러 손을 뻗는 일과 같은 사회적으로 의미 있는 생물학적 행동을 그들이 잘 읽어내지 못하기 때문이다.

자폐증은 얼굴 표정을 읽는 데에도 마찬가지로 어려움을 일으킨다. 자폐증 환자는 남의 얼굴을 볼 때, 눈을 피하고 대신에 입을 보는 경향이 있다(그림 2.3). 신경전형적인 사람은 그 반대다. 그들은 주로 눈을 본다. 왜? 사람의 시선, 즉 누군가가 어디를 보고 있는지는 그 사람이 무엇을 바라거나 의도하거나 믿는지에 관한 중요한 단서를 주기 때문이다. '바라다', '의도하다', '믿다' 같은 단어들은 마음 상태를 묘사한다. 마음의 상태는 직접 관찰할 수는 없지만, 우리들

자폐증 환자   전형적으로 발달한 사람

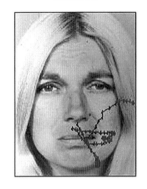 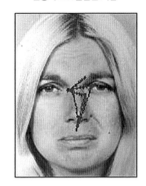

그림 2.3 | 자폐증 환자와 신경전형적인 사람의 눈 운동 양상

대다수는 마치 마음을 읽을 수 있는 양, 남의 마음 상태를 직접 관찰할 수 있는 양 행동한다.

조르주 드 라 투르Georges de La Tour의 놀라운 작품인 〈사기꾼The Cheat with the Ace of Diamonds〉을 살펴보자(화보 1). 이 그림을 볼 때, 당신에게는 무엇이 보이는가? 아마 앉아 있는 귀부인의 별난 시선에 눈이 갈 것이다. 그녀는 그녀의 오른쪽에 서 있는 여성과 의견을 나누고 있는 것이 분명하다. 서 있는 여성은 자기 오른쪽에 앉은 사람이 손에 쥔 카드를 봐두었다. 사기꾼인 그가 등 뒤로 다이아몬드 에이스 두 장을 숨기고 있는 것이 보인다. 그의 오른쪽에는 부유한 젊은 이가 앉아 있다. 그는 곧 앞에 놓인 금화를 탈탈 털릴 것이다.

우리는 거의 4세기나 전에 그려진 이 장면을 어떻게 그렇게 확신을 가지고 해석할 수 있을까? 화가는 어떻게 자신이 준 모든 단

서들, 예컨대 시선, 가리키는 손가락, 감춰진 카드를 가지고 우리가 올바른 해석을 내릴 것이라고 기대할 수 있었던 걸까? 우리가 지닌 이 괴이한 능력은 마음 이론을 정립하는 능력에서 나온다. 우리는 남의 행동을 설명하고 예측하기 위해 그 이론을 늘 사용한다.

자폐증을 지닌 사람은 시선 응시와 의도를 연결 짓는 데 문제가 있다. 비록 자폐증의 생물학적인 원인, 즉 변형된 유전자, 시냅스, 신경 회로 등을 이해하려면 아직 멀었지만, 우리는 인지심리학의 차원에서 자폐증을 꽤나 잘 이해하고 있고, 이를 통해 마음 이론을 담당하는 뇌의 인지 체계도 제법 많이 알아냈다.

사회적 뇌의 신경 회로

1990년 UCLA 의과대학의 레슬리 브러더스Leslie Brothers는 자폐증 연구로부터 마음 이론에 관한 통찰을 이끌어내고, 이를 바탕으로 사회적 상호작용 이론을 제시했다.[5] 그녀는 사회적 상호작용이 가능하기 위해서는, 여러 뇌 영역의 연결망이 필요하다고 주장했다. 그녀는 이 연결망을 '사회적 뇌social brain'라고 불렀다. 아래관자겉질inferior temporal cortex(얼굴 인식), 편도체amygdala(감정), 위관자고랑(생물성 운동), 거울뉴런 체계mirror neuron system(공감), 마음의 이론에 관여하는 관자마루이음부temporal-parietal junction의 영역들이 여기에 포함된다(그림 2.4, 그림 2.5).

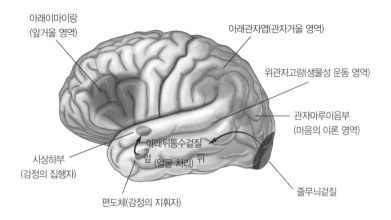

아래이마이랑
(앞거울 영역)

아래관자엽(관자거울 영역)

위관자고랑(생물성 운동 영역)

관자마루이음부
(마음의 이론 영역)

아래뒤통수겉질
앞 (얼굴 처리) 뒤

시상하부
(감정의 집행자)

줄무늬겉질

편도체(감정의 지휘자)

그림 2.4 | 사회적 뇌를 이루는 영역들의 망

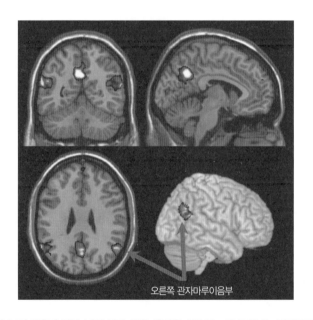

오른쪽 관자마루이음부

그림 2.5 | 마음의 이론: 남의 생각, 믿음, 욕망을 생각하는 데 동원되는 관자마루이음부
의 신경 메커니즘

인지심리학이 찾아낸 사회적 뇌의 영역들이 서로 어떻게 연결되어 있고 어떻게 상호작용해 행동에 영향을 미치는지, 뇌과학은 이제야 겨우 해독하기 시작했다. 국립정신건강연구원의 스티븐 고츠Stephen Gotts와 그의 동료들은 뇌 기능 영상을 이용해, 자폐 스펙트럼 장애가 있는 사람들의 경우 사회적 뇌의 신경 회로가 정말로 교란되어 있다는 것을 확인했다. 구체적으로, 연결 교란은 사회적 뇌의 세 영역에서 발생한다. 사회적 행동의 정서적 측면을 담당하는 영역, 언어와 의사소통을 담당하는 영역, 시지각과 운동의 상호작용에 관여하는 영역이 그것이다. 정상적인 경우 세 가지 영역의 활성 패턴은 서로 조화를 이루지만, 자폐증을 지닌 사람의 경우에는 그렇지 않다. 이 세 영역들이 서로 조화되지 못할 뿐만 아니라, 사회적 뇌의 다른 영역들과도 조화되지 못하는 것이다.[6]

무엇보다 흥미로운 점은 자폐아의 뇌가 성장하고 발달하는 시기에 관한 해부학적 발견들이다. 두 살이 되기 전에, 자폐아는 대부분 전형적으로 발달한 아동보다 머리둘레가 더 크다. 게다가 자폐아의 뇌에서 일부 영역은 생애 초기에 일찍 발달할 수도 있다. 주의 집중과 의사 결정을 담당하는 이마엽frontal lobe과 감정에 관여하는 편도체가 특히 그렇다.[7]

이 점은 중요하다. 하나 또는 여러 개의 뇌 영역이 순서에 맞지 않게 발달할 때, 연결되어 있는 다른 뇌 영역들의 성장 패턴이 심각하게 교란될 수 있기 때문이다.

자폐증의 발견

자폐증은 1940년대 초에 두 과학자에 의해 별개의 장애로 처음 인식되었다. 그들은 서로 만난 적이 없었다. 레오 캐너Leo Kanner는 미국에서 일했고, 한스 아스퍼거Hans Asperger는 오스트리아에서 일했다. 이전에는 자폐증을 지닌 아동은 단지 지적장애나 행동장애가 있다고 진단받았을 뿐이다.

놀랍게도 캐너와 아스퍼거는 해당 장애를 비슷한 방식으로 기술했을 뿐만 아니라, 이름도 동일하게 '자폐증autism'이라고 붙였다. 그 용어는 '조현병schizophrenia'이라는 용어를 창안한 스위스의 위대한 정신의학자 오이겐 블로일러Eugen Bleuler가 임상 문헌에 처음 쓴 것이다. 블로일러는 '자폐적'이라는 말을 조현병의 특징인 특정 증상의 집합을 가리키는 데 사용했다. 그런 증상들로는 사회적 어색함, 무관심, 본질적으로 혼자 지내는 습관이 있다.

캐너는 오스트리아에서 태어나 베를린에서 공부했다. 그는 1924년에 미국으로 건너가, 사우스다코타주 양크턴의 주립 정신병원에 자리를 얻었다. 이어서 존스홉킨스대학교로 자리를 옮겨, 1930년에 그곳에 아동정신의학 병동을 세웠다. 1943년에 그는 아동 11명의 사례를 다룬 〈정동 접촉의 자폐장애Autistic Disturbances of Affective Contact〉라는 유명한 논문을 썼다.[8] 그중 한 명인 도널드는 혼자 있을 때 가장 행복해했다. 캐너는 자신이 관찰한 내용을 적을 때 소년의 아버지가 기록한 글을 덧붙였다. "아들은 주변의 모든 것을 잊고 … 자신의 껍데기 속으로 들어가 거의 그 안에서만 지내는 듯하다.' 두 살 때 '블록과 팬 같은 둥근 물체를 빙빙 돌리는 데 푹 빠져 있었다.' … 머리를 좌우로 흔드는 일에 푹 빠졌다." 캐너는 도널드를 비롯한 11명의 아이들을 분석해, 그 결과를 바탕으로 유년기 자폐증의 전형적인 특징 세 가지를 생생하게 묘사했다. (1) 심각한 고립, 즉 혼자 있는 것을 강하게 선호, (2) 물건들의 위치를 바꾸지 않고 그대로 유지하려는 욕구, (3) 단편적으로 보이는 창의력.

아스퍼거는 오스트리아 빈의 외곽에서 태어났다. 빈대학교에서 의사 학위를 받고, 그 대학의 소아 병동에서 일했다. 아스퍼거는 자폐증이 그 장애를 지닌 모든 사람에게 동일한 형태로 나타나는 것은 아니라는 것을 깨달았다. 지적 활동이 평균 이하이면서 언어 구사 능력이 몹시 떨어지는 몇몇 사람부터 아주 명석하면서 언어 구사에 아무런 문제가 없는 사람에 이르기까지, 자폐증을 지닌 사람들은 폭넓은 스펙트럼을 이루고 있었다. 더 나아가 그는 자폐가 영구적이며, 아이뿐 아니라 어른에게도 뚜렷이 나타난다는 것을 알아차렸다.

아스퍼거가 본 아이들은 자폐 스펙트럼의 약한 쪽에 있었다. 그들 가운데 일부는 지적 수준이 아주 높았다. 나중에 노벨상을 수상한 엘프리데 옐리네크Elfriede Jelinek도 아스퍼거의 환자였다. 최근까지도 고기능 자폐를 지닌 아이와 어른은 아스퍼거 증후군Asperger's syndrome이라는 진단을 받았다. 지금은 대체로 아스퍼거 증후군을 자폐 스펙트럼의 일부라고 본다.

자폐증과 함께 살아가기

자폐아의 부모로 살아가는 것은 힘든 일이다. 자폐과학재단의 이사장이자 자폐아 딸을 두기도 한 앨리슨 싱어 Alison Singer는 이렇게 말한다. "하루하루가 도전이자 투쟁입니다. … 돈은 한없이 들어가지요. 감정적으로도 지치고요. 의사소통할 수 없는 사람, 나와 정말 소통 자체를 할 수 없는 사람을 24시간 내내 하루도 빠짐없이 제가 돌봐야 하니까요. 그 시간 대부분을 딸이 뭘 말하려고 애쓰는지 추측하면서 보내야 해요."

싱어는 이렇게 설명한다.

자폐아와 함께 살아가는 일은 정말이지 매일 아이를 있는 그대로 사랑하는 것과 계속해서 밖으로 더 내모는 것 사이에서 균형을 잡으려고 애쓰는 행위라고 할 수 있어요. 여기서 말하는 '더'는 아이가 말을 더 많이 하고, 사회적 상호작용도 더 많이 하도록 애쓰고, 녹초가 되지 않도록 동네 식당 같은 곳을 더 많이 데리고 다닌다는 뜻이에요.

우리 딸은 자폐증의 조기 경보라고 할 만한 전형적인 증후들을 많이 보였어요. 아기 때는 옹알이를 전혀 하지 않았어요. 사회적인 몸짓도 전혀 하지 않았고요. 손을 흔들어 인사하는 일도 없었지요. 좋다거나 싫다고 고개를 젓는 일도 없었어요. 뜬금없이 불쑥불쑥 화를 내고는 했어요. 놀이터에서 다른 아이들과 놀 때조차 그들과 눈을 맞추려 하지 않았어요. 아예 다른 아이들에게 관심을 보이지 않았어요. 때때로 어떤 단어들을 말하기는 했지만, 모두 책이나 비디오를 통해 보고 들은 단어들이었고, 그것들을 의사소통하는 데 의미 있는 방식으로 쓰지는 않았어요. 그냥 되풀이해서 말하고 또 말할 뿐이었지요. 장난감도 아주 특이한 방식으로 갖고 놀았어요. 색깔별로 분류하고 크기에 따라 줄을 맞추어 늘어놓았지요. 장난감 제조사가 의도한 방식으로 갖고 노는 일은 없었어요. 그럴 때 자기 아이가 어떤 '창의적인 방식'으로 장난감을 갖고 논다고 착각하지 마세요. 정말이지, 아이들은 장난감을 제조사가 의도한 방식대로 가지고 놀아야 해요.

딸이 나이를 먹으면서, 지금은 19살인데, 이런 증상들 중에는 더 깊이 새겨지고 더 확고하게 뿌리내린 것들도 있지만, 다른 면에서는 나아지기도 했어요. 자폐증은 발달장애의 일종이고, 나이가 들수록 대부분은 어느 정도 나아지지요. 집중 치료를 받았기 때문이기도 하고, 그냥 성장했기 때문일 수도 있어요.[9]

1960년대에 정서적으로 문제가 있는 아이들을 주로 치료했던 빈 태생의 심리학자, 브루노 베텔하임Bruno Bettelheim은 자폐의 기원을 설명하기 위해 '냉장고 엄마refrigerator mother'라는 잘못된 용어를 널리 퍼뜨렸다. 베텔하임은 자폐증이 생물학적인 원인에서 비롯되는 것이 아니라, 엄마가 원치 않은 아이에게 애정을 주지 않아 생긴다고 주장했다. 많은 부모에게 극심한 고통을 주었던 베텔하임의 자폐 이론은 현재 완전히 폐기되었다.

싱어는 자폐증이 생물학적 원인과 관련 있음이 연구를 통해 드러나 대단히 기쁘다고 말한다.

적어도 지금은 자폐아의 부모가 육아를 잘못했기 때문에, 그들이 너무 냉정해 아이와 제대로 유대감을 형성하지 못했기 때문에 아이가 자기만의 세계에 틀어박히게 된 것이라는 생각에 가슴 아파할 일이 없으니까요. 자폐아의 부모가 아이를 얼마나 사랑하는지, 남들은 결코 이해할 수 없을 거예요. 우리는 모든 것을 합니다. 아이가 사회 활동을 할 수 있도록 그 어떤 일이든 해요.

1960년대에 내 남동생이 자폐증이라는 진단을 받았을 때, 엄마는 '냉장고 엄마'라고 손가락질을 받았어요. 엄마가 동생에게 너무 냉정하게 굴어서 동생이 그렇다는 거였어요. 동생의 자폐증이 엄마 잘못이라고, 의사는 다음에 아기를 낳으면 더 열심히 노력해야 한다고 충고했어요. 그런 시대가 지나갔다는 것이 정말로 감사해요. 지금은 자폐가 유전적 장애라는 것을 알아요. 그리고 자폐를 일으키는 유전자들에 관해 매일같이 더 많은 것을 알아내고 있어요. 자폐의 원인을 이해하고 자폐를 치료하는 더 나은 방법을 개발하기 위해, 여러 중요한 연구가 이루어지고 있어요.[10]

자폐증이 생물학적 원인에서 비롯되었다는 점이 명확해지자, 과학자들은 비로소 그 장애를 점점 더 깊이 이해할 수 있게 되었다.

예를 들어, 그들은 덜 심각한 유형의 자폐증을 지닌 사람들이 행동 속에 숨은 의도가 아니라 실제 행동을 바탕으로 사회적 상호작용을 한다는 것을 발견했다. 그래서 자폐증을 가진 사람은 다른 사람의 숨은 동기나 속임수를 알아차리기 어렵다. 화보 1에서 카드를 치고 있는 어리숙한 젊은이와 비슷한 구석이 있다. 중증 자폐증 환자는 직설적이고 정직하다. 그들은 남들의 생각과 신념을 따라야 한다는 압박감을 전혀 느끼지 못한다. 사회적인 상황에서 높은 수준의 기능을 보이는 자폐증 환자는 그런 압박감을 느끼기는 해도, 어떤 식으로든 이런 감각을 타고나지는 않았다. 그들은 이렇게 내면에 사회적 잣대를 가지고 있지 않기에, 자폐 스펙트럼에서 약한 쪽에 있는 아이들은 종종 불안과 우울증을 겪는다.

신념, 욕구, 의도와 같은 마음 상태를 알아차리는 것만으로 사회적 의사소통의 문제가 모두 해결되는 것은 아니다. 이것은 단지 상황을 덜 심각하게 만들 뿐이다. 자폐 스펙트럼에서 가장 유능하고 적응력이 뛰어난 사람들조차도, 타인의 마음 상태를 해독하거나 해석하는 데 어느 정도 어려움을 겪는다. 예를 들어, 그들은 마음을 이해하는 데 남보다 더 많은 시간이 걸린다. 이메일처럼 문자를 이용한 의사소통이 얼굴을 마주보는 상태로 이루어지는 상호작용보다 그들에게 더 쉽기는 하다. 그럼에도 자폐 스펙트럼에 속한 대다수 사람들이 신경전형적인 사람들의 세계에 편입되려고 애쓰다 보면 스트레스와 불안을 가지게 되는데, 이를 과소평가하면 안 된다.

자폐증을 지닌 에린 매키니Erin McKinney는 장애로 자신이 어떤 스트레스를 겪었는지를 이야기한다.

　자폐증은 내 삶을 시끄럽게 만든다. 이것이 내가 찾은 가장 적당한 수식어다. 모든 것은 증폭되어 있다. 내 청각만을 말하는 것이 아니다. 물론 청각도 증폭되기는 한다. 내게는 모든 것이 시끄럽게 느껴진다. 가벼운 접촉도 가볍지 않게 느껴진다. 밝은 빛은 더 밝게 느껴진다. 전구에서 나오는 부드럽게 징징거리는 소리는 천둥이 치는 양 느껴진다. 행복한 느낌이 아니라 압도되는 느낌이다. 슬픔 대신 압도되는 느낌을 받는다. 자폐적인 사람이 공감하지 못한다는 인식이 널리 퍼져 있다. 그러나 자폐 스펙트럼에 속한 대다수 사람들과 마찬가지로, 나는 그 반대가 진실이라고 생각한다. … 자폐증은 내 삶에 스트레스를 일으킨다. 모든 것이 더 시끄러워질 때, 상황은 스트레스를 조금 더 주는 경향이 있다.[11]

　매키니는 처음 자폐증이라는 진단을 받았을 때, '몹시 심란했다'고 말한다. 하지만 곧 그 진단에 고마운 마음이 들었고, 자폐증을 안고 살아가야 하는 지속적이고 힘겨운 노력을 시작했다.

　나는 늘 벼랑 끝에서 살아간다. 그리고 때때로 그 벼랑에서 떨어지고 붕괴된다. 그래도 괜찮다. 아니, 괜찮지 않을 수도 있지만, 어쨌든 다시 일어날 수밖에 없다. 나에게는 선택권이 없다. … 그냥 그렇게 계속 살아가야 하는 것이다. 나는 자신이 붕괴로 나아가고 있는지 알아차리기 위해 무척 애를 쓴다. 경로를 바꿀 수 있도록 말이다. 내가 그런 수준의 자의식을 갖추려면 온갖 노력을 해야 하는데, 늘 잘 되는 것은 아니다.

… 나는 매번 똑같은 방식으로 똑같은 일을 한다. 많은 물건들의 수를 세고, 대다수 사람들이 중요하지 않다고 생각하는 것들에 시선이 향하고, 사소한 결함들에 주의가 쏠린다. 똑같은 생각이 머릿속에 되풀이해 맴돈다. 어구, 장면, 기억, 패턴 같은 것들 말이다. 그런 생각에 내가 짓눌릴지도 모른다. 나는 나름대로 최선을 다해 그런 생각을 활용하려고 애쓴다. 내가 맡은 일을 잘해내고 있는 것도 어느 정도는 이 때문이 아닐까 생각한다. 나는 내 일을 아주 잘한다. 나는 사소한 것들, 남들이 간과한 미묘한 것들을 알아차린다. 패턴을 알아보고 금방 찾아낸다.[12]

매키니는 자기 삶을 돌이켜보면서, 이렇게 결론을 내린다.

자폐증은 분명 내 삶을 힘들게 만들지만, 내 삶을 아름답게 만들기도 한다. 모든 것이 더 강렬해지면, 일상적인 것, 평범한 것, 전형적인 것, 정상적인 것이 눈에 더 띄게 된다. 나는 당신이나 누군가에게 자폐 스펙트럼에 관해 이렇다 저렇다 말할 수가 없다. 우리의 경험은 저마다 독특하기 때문이다. 그럼에도 나는 아름다운 것을 찾는 일이 중요하다고 믿는다. 나쁜 것, 추한 것, 경멸받는 것, 무지한 것 그리고 붕괴되는 것도 있다고 인정한다. 그런 것들은 불

가피하다. 하지만 좋은 점도 있다.[13]

자폐증을 가진 사람 가운데 약 10퍼센트는 지능지수가 낮지만, 시를 쓰거나, 외국어를 배우거나, 악기를 연주하거나, 그림을 그리거나, 계산을 하거나, 달력에서 어느 날짜가 무슨 요일인지 알아내는 것과 같은 특수한 재능을 지닌 이도 많다. 실험심리학자 베아테 헤르멜린 Beate Hermelin은 자폐증 연구를 다룬 《마음의 밝은 조각Bright Splinters of the Mind》에서, 이런 자폐 서번트 savant의 놀라운 재능이 언제나 자폐증 연구자들의 흥미를 자극한다고 적었다.[14] 나디아 Nadia는 가장 잘 알려진 자폐 서번트에 속한다. 나디아는 4~7세 때 많은 소묘 작품을 그렸다. 이것들은 3만 년 전의 동굴 벽화가 지닌 아름다움에 비견되어 널리 사랑받았고, 심지어 전문가들도 이 그림들을 보고 감탄했다. 자폐증을 지닌 사람들의 창작 능력은 6장에서 더 자세히 살펴보기로 하자.

자폐증에서 유전자가 하는 역할

과학자들은 유전자가 자폐증에 엄청나게 중요한 역할을 한다는 것을 오래전부터 알았다. 유전적 조성이 동일한 일란성 쌍둥이의 경우, 한쪽이 자폐증을 가지고 있을 때 다른 한쪽도 자폐증을 보일 확률은 90퍼센트에 이른다. 일란성 쌍둥이가 이렇게 높은 확률로 공유하는 발달장애는 또 없다.

이런 놀라운 사실을 접한 여러 과학자들은 장애의 유전학을 연구하는 것이 자폐증에 관여하는 뇌 과정들을 이해하는 지름길이라고 확신했다. 일단 자폐증의 유전적 배경을 파악하고 어떤 위험 요인들이 관여하는지를 이해하고 나면, 이런 유전자들이 뇌의 어디에서 작용하는지를 훨씬 더 잘 이해하게 될 것이다. 그러나 자폐증은 어떤 한 가지 유전자의 이상만으로 생기는 단순한 병이 아니다. 자폐 위험을 높이는 유전자들은 많다.

다른 한편으로, 우리는 환경적인 요인도 고려해야 한다. 모든 행동은 유전자와 환경의 상호작용을 통해 형성되기 때문이다. 한 유전자에 생긴 돌연변이가 예외 없이 어떤 질병을 일으키는 단순한 사례에서조차, 환경은 유전자에 강력한 영향을 미친다. 페닐케톤뇨증phenylketonuria, PKU을 예로 들어보자. 이것은 산전 검사 항목에 으레 포함되는 단순한 대사 질환이다. 이 희귀한 유전적 장애는 15,000명 가운데 한 명꼴로 걸리며, 인지 기능에 심각한 장애를 일으킬 수 있다. 관련 유전자의 비정상 사본을 쌍으로 지닌 사람은, 우리가 먹는 음식에 든 단백질의 성분인 페닐알라닌이라는 아미노산을 분해하지 못한다(결함 있는 사본이 하나뿐이라면 페닐케톤뇨증에 걸리지 않는다). 몸이 페닐알라닌을 분해하지 못하면, 핏속에 이 아미노산이 쌓이고 독성을 일으켜 뇌의 정상적인 발달을 방해한다. 다행히도 이 지적장애는 엄청나게 효과적이고 단순한 환경을 조성하는 것만으로도, 예컨대 페닐케톤뇨증에 걸릴 위험이 있는 사람들이 단백질

섭취량을 줄이는 것만으로도 예방될 수 있다.

　기술이 크게 발전해 수많은 사람들의 DNA 전체를 한꺼번에 조사할 수 있게 되면서, 과학자들은 유전적 경관을 더 명확하게 보기 시작했다. 이런 기술 발전을 통해, 사람들마다 DNA가 어떻게 다른지, 어떤 변이가 어떻게 자폐 스펙트럼과 같은 장애로 이어지는지 더 깊이 이해하게 된 것이다. 특히 이전에는 알지 못했던 두 종류의 유전적 변형이 드러났다. **사본 수 변이**copy number variations와 **신생 돌연변이**de novo mutations다. 이 두 가지는 자폐증뿐만 아니라, 여러 유전자의 돌연변이로 생기는 조현병 및 다른 복합 장애들에도 기여한다.

사본 수 변이

우리 모두는 유전자의 염기 서열에서 조금씩 차이가 난다(1장에서 말했듯이, 염기는 DNA를 구성하는 분자다). 이런 미미한 차이를 '단일 염기 변이single-nucleotide variations'라고 한다(그림 2.6). 10년 전쯤, 과학자들은 염색체의 구조로도 우리들 사이에 상당한 차이가 생길 수 있다는 점을 알아차렸다. 이런 희귀한 구조적 차이를 사본 수 변이라고 한다(그림 2.7). 한 염색체에서 작은 DNA 조각이 빠지거나(사본 수 결실), 한 염색체에 DNA 조각이 추가로 하나 더 들어갈 수도 있다(사본 수 중복). 사본 수 변이는 한 염색체에 있는 유전자의 수를 20~30개까지도 줄이거나 늘릴 수 있으며, 어느 쪽이든 자폐 스펙

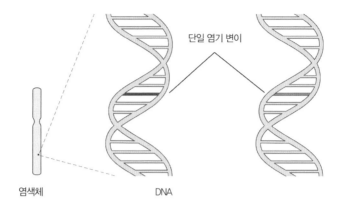

단일 염기 변이

염색체   DNA

그림 2.6 | 단일 염기 변이

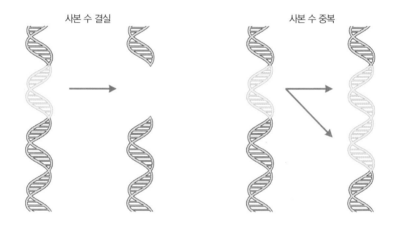

사본 수 결실   사본 수 중복

그림 2.7 | 사본 수 변이: DNA 결실과 중복

트럼 장애의 위험을 높인다.

사본 수 변이는 자폐증에 관여하는 유전자들을 이해하는 데 기여했고, 그 결과로 우리는 사회적 행동의 분자유전학적 토대를 훨

씬 더 깊이 알게 되었다. 7번 염색체에 있는 사본 수 변이가 한 가지 예다. 현재 샌프란시스코의 캘리포니아대학교에 있는 매튜 스테이트Matthew State는 7번 염색체의 한 부위에 사본이 추가되면 자폐 스펙트럼 장애가 생길 위험이 훨씬 커진다는 것을 발견했다. 반면에 같은 부위에 사본이 누락되면, 윌리엄스 증후군Williams syndrome이 생긴다.[15]

윌리엄스 증후군은 자폐증의 거의 반대라고 할 수 있다. 이 유전 질환을 가진 아이들은 극도로 사교적이다(그림 2.8). 그들은 말하고자 하는 욕구나 남과 이야기를 나누려는 욕구를 거의 참지 못한다. 심지어 상대가 낯선 사람일지라도, 남들에게 아주 호의적이고 남을 잘 믿는다. 또 일부 자폐아가 소묘 실력이 뛰어난 반면, 윌리엄스 증후군이 있는 아이는 음악적 재능이 뛰어난 경향이 있다. 사실 윌리엄스 증후군이 있는 아이는 시공간적 관계를 구성하는 데 어려움을 겪으며, 이것은 그들이 그림을 못 그리는 이유를 설명해 줄지도 모른다. 자폐아와 달리, 윌리엄스 증후군이 있는 아이는 언어 구사력이 뛰어나며, 얼굴 인식도 잘한다. 남의 감정을 읽고 의도를 헤아리는 데 아무런 문제도 없다.

국립정신건강연구원의 원장으로 있었던 토마스 인셀Thomas Insel에 따르면, 자폐증과 윌리엄스 증후군의 대조적인 양상은 사회적 상호작용과 같은 특정한 기능 유형을 전담하는 특수한 연결망이 우리 뇌에 있다는 것을 암시한다. 사회적 관계망의 기능이 결핍되면, 뇌는 그 대신 비사회적 관계망을 더욱 발달시킬 수 있고 이를 통해

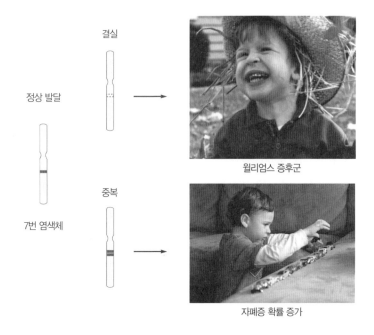

정상 발달

7번 염색체

결실

중복

윌리엄스 증후군

자폐증 확률 증가

그림 2.8 | 사본 수 변이. 7번 염색체의 특정 부위가 제거되면 윌리엄스 증후군이 생기고, 그 부위가 중복되면 자폐 스펙트럼 장애가 생길 가능성이 높아진다.

자폐 서번트에게 보이는 특수한 능력이 나타날 수 있다.[16]

우리 유전체의 유전자 21,000개 가운데 약 25개만 들어 있는 이 한 조각이, 복잡한 사회적 행동에 그토록 심오한 영향을 끼칠 수 있다는 사실이 나는 경이롭기만 하다. 이런 발견은 과학자들에게 향후 연구 방향을 매우 구체적으로 알려줄 뿐만 아니라, 발달 치료 분야에도 중요하고 새로운 길을 열 것이다.

신생 돌연변이

기술이 발전하면서 드러난 두 번째 유전적 변형은 우리 부모의 유전체에서 유래하는 것이 아닌 돌연변이다. 일부 돌연변이는 성인 남성의 정자에서 자연적으로 생긴다. 드물게 일어나는 이런 자연발생적 돌연변이를 신생 돌연변이라고 하며, 아버지는 이 돌연변이를 자식에게 물려주기도 한다. 예일대학교, 워싱턴대학교, 매사추세츠공과대학의 브로드연구소, 콜드스프링하버연구소, 이렇게 네 곳의 연구진들은 신생 돌연변이가 자폐 위험을 뚜렷하게 증가시킨다는 연구 결과를 거의 동시에 발표했다.[17]

게다가 신생 돌연변이의 수는 부모의 나이에 따라 증가한다. 아이슬란드에 있는 생명공학 기업인 디코드제네틱스deCODE Genetics는 특정한 단백질 암호를 지닌 영역만이 아니라 사람의 유전체를 이루는 DNA 전체를 조사하는 전장 유전체 분석을 통해, 이 발견이 옳다고 확인하는 최신 연구 결과를 내놓았다.[18] 이 발견이 중요한 이유는, 예전에 '쓰레기junk'라고 여겨지던 우리 유전체의 비암호 영역 DNA가 유전자를 켜고 끄면서 복합적인 질병에 중요한 역할을 할 수 있다는 것이 최근 과학자들에 의해 밝혀졌기 때문이다.

신생 돌연변이가 나이에 따라 늘어나는 이유는 정자의 전구세포precursor cell가 15일마다 분열하기 때문이다. 이렇게 DNA가 계속 복제되고 분열할수록 오류도 늘어나며, 오류율은 나이에 따라 크게 증가한다. 20세인 아버지는 정자에 신경 돌연변이가 평균 25개인 반면, 40세의 아버지는 65개나 된다(그림 2.9). 이 돌연변이는 대체로 무해하지만, 그렇지 않은 것도 있다. 지금은 적어도 자폐증의 10퍼센트 정도가 신생 돌연변이 때문에 발생한다고 알려져 있다. 어머니 쪽은 신생 돌연변이를 통해 자폐증에 기여하는 것 같지 않다. 정자와 달리 난자는 평생 복제되고 분열되는 것이 아니기 때문이다. 난자는 여성이 태어나기 전에 이미 다 형성되어 있다.

신생 돌연변이가 특히 관심을 끄는 이유는 자폐증 환자가 최근 들어 크게 증가했기 때문이다. 우리가 50년 전보다 자폐증을 훨씬 더 잘 알고 있고 진단도 잘한다는 사실이 아마도 이런 증가에 상당 부분 기여했을 것이다. 그러나 부모들이 아이를 갖는 나이가 점점 더 늦어지고 있다는 점도 이런 증가의 한 가지 이유다. 우리는 현재 아버지의 나이가 많을수록 정자에 신생 돌연변이가 더 많고, 이 돌연변이가 자식에게 전해져 자폐 위험을 높인다는 것을 알고 있다.

나이 많은 아버지의 정자에 들어 있는 신생 돌연변이가 조현병뿐만 아니라(그림 2.9), 양극성장애에 기여한다는 증거도 있다(한 세기 전에 블로일러가 관찰했듯이, 자폐증의 특징인 사회성 부족은 일부 조현병 환자에게도 나타난다). 게다가 우리는 조현병과 양극성장애가 어떤 하나의 유전자로 생기는 것이 아니라는 점을 알고 있다. 이 때문에 자폐증을 일으키는 유전적 조합은 다른 정신 질환들에도 나타나는 듯하다. 자폐증에 기여하는 유전자가 몇 개나 되는지 우리는 아직 정확하게 알지 못하지만, 적으면 50개, 많으면 수백 개에 달한다는 것을 알고 있다.

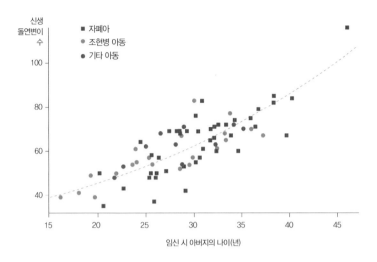

그림 2.9 | 아버지의 영향: 연구자들은 자폐아 44명을 포함하여 아이슬란드 아이 78명과 그 부모의 유전물질을 분석했다. 아버지의 나이가 더 많을수록 신생 돌연변이, 즉 부모의 유전체에 없는 돌연변이의 수는 더 늘어났다.

신생 돌연변이는 자폐증의 또 다른 흥미로운 특징도 마침내 설명해 낼지 모른다. 바로 자폐증 자체가 줄어들지 않는다는 점 말이다. 자폐증이 있는 어른들은 신경전형적인 사람들보다 아이를 가질 가능성이 적음에도 불구하고, 해마다 자폐 스펙트럼 장애의 진단을 받는 아이의 수는 줄지 않고 있다. 전체 집단에서 자폐증 환자의 비율이 줄어들지 않는 한 가지 원인은, 정상적인 아버지의 정자에서 발생하는 신생 돌연변이 때문일 수 있다.

돌연변이의 표적, 신경 회로

최근에 자폐증을 지닌 청소년의 뇌를 조사했더니, 그 안에 시냅스가 너무 많다는 것이 드러났다.[19] 우리 뇌는 보통 **시냅스 가지치기**synaptic pruning라는 과정을 거치고 나서 남아 있는 시냅스, 즉 쓰지 않는 시냅스를 제거한다. 이 과정은 유년기 초에 시작해, 사춘기와 성년기 초에 정점에 이른다. 시냅스가 너무 많다는 것은 가지치기가 충분히 이루어지지 않아, 신경 연결이 간소화된 효율적인 형태가 아니라 덤불처럼 무성한 형태로 자리 잡았다는 것을 뜻한다. 재미있게도, 자폐증의 경우 시냅스의 가지치기가 비효율적으로 일어나는 반면, 4장에서 살펴보겠지만, 조현병의 경우에는 시냅스의 가지치기가 지나치게 많이 일어난다.

발달하는 뇌에서 회로가 배선되는 과정은 엄청나게 복잡하고, 그만큼 잘못 연결될 가능성도 크다. 게다가 우리 유전자 가운데 절반 가까이는 뇌에서 활동하는데, 뉴런들의 시냅스가 형성되기 위해서는 정상적으로 기능하는 단백질이 아주 많이 필요하다. 앞서 말했듯이, 단백질은 유전자의 명령을 따라 합성된다. 그런 유전자에서 돌연변이가 발생해 시냅스에 있는 정상 단백질들의 조성이나 작동이 교란된다면, 또 다른 교란들이 연달아 나타난다. 시냅스가 제대로 기능하지 못하고, 뉴런이 서로 의사소통하지 못하게 되고, 뉴런들이 형성한 신경 회로가 망가질 것이다.

자폐 스펙트럼 장애에 기여하는 유전자 돌연변이는 23쌍의 염색체 가운데 어디에나 있을 수 있다. 어디에 있든 간에, 이런 돌연변이는 사회적 뇌의 신경 회로를 교란하고, 신경 회로의 교란은 우리가 마음 이론을 세우지 못하게 방해한다.

일부 돌연변이는 시냅스의 활동에서 핵심적인 역할을 수행한다. 사실 신생 돌연변이는 시냅스 단백질의 암호를 지닌 유전자에서 더 자주 일어나는데, 이것을 이용해 자폐증 같은 발달장애들을 치료하면 효과가 있을 것이라는 흥미로운 가능성도 제기된다. 다시 말해, 망가진 시냅스를 고침으로써 유전적 장애를 치료할 수 있을지도 모른다(그림 2.10).

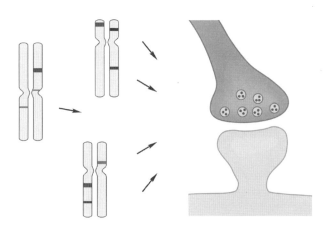

그림 2.10 | 유전체 전체에서 수백 개의 유전자가 시냅스 기능에 관여한다. 이런 유전자들 가운데 어느 하나 이상에 돌연변이가 일어나면, 자폐증 같은 장애가 생길 수 있다. 특정한 유전자가 아니라 시냅스를 표적으로 한 약물을 개발한다면, 유전적으로 복합적인 장애를 치료할 수 있을지도 모른다.

이는 사고방식의 근본적인 변화다. 발달장애가 태생적인 불변의 조건이 아니라, 되돌릴 수 있거나 적어도 치료 가능한 증후군에 불과할지도 모른다는 것이다.

동물 모형의 유전적·사회적 행동

대다수 동물들은, 적어도 생애의 특정 시기에는, 같은 종의 구성원들과 함께 지낸다. 물고기 떼, 거위 떼, 벌 떼와 같은 용어들은 그들이 이런 습성을 가지고 있다는 것을 말해준다. 동물들은 분명 서로를 알아보고, 서로 의사소통하고 어울린다. 자연사학자 E. O. 윌슨E. O. Wilson은 동물들의 사회적 행동들 가운데 상당수가 비슷하다는 점, 심지어 전혀 다른 동물들 사이에 일어나는 행동들도 상당히 유사하다는 점을 깨달았다. 생물학에서는 누군가가 이와 같은 사실을 관찰하면, 그것은 그 행동의 기초를 이루는 유전자가 아주 오래된 것이고 이 유전자가 다양한 동물들 안에서 동일한 결과를 산출한다는 것을 뜻한다. 사실 우리 유전자는 거의 모든 다른 동물들도 가지고 있다.

사회적 행동과 유전자 둘 다 진화를 거쳐 보존되었기 때문에, 행동의 유전적 토대를 연구하는 과학자들은 보통 예쁜꼬마선충 Caenorhabditis elegans과 초파리Drosophila 같은 단순한 동물들에게 시선을 돌린다. 챈 저커버그 재단을 이끌고 있는 록펠러대학교의 유전학자

코리 바그만Cori Bargmann은 흙에서 세균을 먹고 사는 예쁜꼬마선충을 연구한다. 이 종은 대부분 동료 선충들과 함께 지내고 싶어 한다. 때때로 혼자 돌아다니다가도, 늘 다시 무리에 합류한다. 이런 행동을 보이는 이유는 먹이 때문도 아니고, 짝짓기 때문도 아니다. 이 동물은 사회성을 가지고 있다. 그냥 서로 어울리는 것을 좋아하는 것이다.

그러나 혼자 생활하는 선충들도 있다. 그들은 세균들이 자라는 밭에서 각자 먹이를 찾아다니며 흩어진다. 사회적인 무리와 독립적인 무리를 나누는 것은 한 유전자에 생기는 자연적인 변이다. 즉 염기 하나가 바뀌어 생기는 것이다.[20]

더 복잡한 동물에게도 사회성과 독립성은 유전자 하나에서 비롯될 수 있다. 토머스 인셀은 에모리대학교에 재직할 때, 쥐와 비슷한 설치류인 초원들쥐prairie vole를 대상으로 옥시토신 호르몬이 어떤 역할을 하는지 조사했다.[21] 연구진은 이 호르몬이 젖 생산을 자극하고 어미와 새끼의 유대를 비롯한 사회적 행동을 조절한다는 것을 밝혀냈다. 새끼를 키우기 위해, 암컷과 수컷 초원들쥐는 지속적인 유대 관계를 형성한다. 이 관계는 짝짓기 때 암컷의 뇌에서 분비되는 옥시토신과 수컷의 뇌에서 분비되는 그와 유사한 호르몬인 바소프레신에 자극을 받아 형성된다. 바소프레신은 아비의 육아 행동에도 기여한다.

수컷 초원들쥐는 암컷과 확고한 유대 관계를 형성하고 육아를 돕는 한편, 가까운 종인 산악들쥐montane vole의 수컷은 난잡한 번식

행위를 하고 육아 행동은 전혀 보이지 않는다. 두 종의 차이는 수컷의 뇌에 있는 바소프레신 수용체의 수와 관련 있고, 따라서 바소프레신의 양과 관련 있다. 초원들쥐는 짝 유대pair bonding에 관여하는 뇌 영역에 바소프레신의 농도가 아주 높은 반면, 산악들쥐는 그렇지 않다. 또 이 두 종의 짝 유대와 육아 행동의 차이는 특정한 뇌 영역에서 옥시토신의 농도가 다르다는 것으로도 설명할 수 있다.[22]

옥시토신과 바소프레신이 사람의 짝 유대와 육아에도 중요한 역할을 한다는 증거가 점점 늘어나고 있다. 옥시토신은 시상하부hypothalamus에서 생성되어, 뇌하수체후엽posterior pituitary gland을 통해 혈액으로 분비되는 펩타이드호르몬이다. 옥시토신은 아기가 젖을 빠는 것에 반응해 엄마의 젖 생산량을 조절한다. 또 이 호르몬은 긴장 이완, 신뢰, 공감, 이타심과 같은 감정을 강화해 긍정적인 사회적 상호작용을 증진시킨다. 오리건주립대학교의 사리나 로드리게스Sarina Rodrigues는 옥시토신 생산의 유전적 변이가 공감 행동에 영향을 미친다는 것을 발견했다. 즉 뇌 안에 이 호르몬의 농도가 낮은 사람은 사람의 얼굴 표정을 읽기가 더 어렵고 아픈 사람을 볼 때 가슴이 아픈 감정을 덜 느낀다.[23]

옥시토신이 사회 인지social cognition에도 영향을 미칠 수 있다는 점을 시사하는 연구도 있다.[24] 이 호르몬을 들이마신 사람은, 두려움을 일으키는 자극에는 덜 반응하는 한편, 긍정적인 의사소통에는 강해지는 듯하다. 드물기는 하지만, 옥시토신을 들이마시자 자폐증을 가진 사람의 사회적 능력이 향상되는 사례도 있었다. 옥시토신은 우정, 사랑, 가정에 필수적인 요소들인 신뢰와 위험을 무릅쓰려는 의지를 키운다.

이런 연구들이 보여주듯이, 동일한 호르몬들, 그러니까 동일한 유전자들이 사람과 동물 들의 사회적 행동에 기여한다. 이것은 그런 유전자들에 생기는 돌연변이가 자폐 스펙트럼 장애에 기여할 수 있다는 것을 시사한다. 자폐증의 동물 도형을 만들면, 자폐증의 생물학적 토대를 여러 측면에서 살펴볼 수 있다. UCLA의 데이비드 설처David Sultzer와 그의 동료들은 자폐증의 생쥐 모형에서 정상적인 시냅스 가지치기를 복원해, 생쥐의 유사 자폐 행동을 줄이는 약물을 찾아냈다.[25] 따라서 사람뿐만 아니라, 동물에 관한 유전학적 연구도 우리의 사회적 뇌와 같은 복잡한 체계가 어떻게 잘못될 수 있는지를 이해하는 데 대단히 유용하다.

미래 전망

과학자들은 그동안 대체로 어둠 속을 헤매다가, 이제야 자폐증에 관한 유전학 분야에서 커다란 발전을 가지고 올 도구를 손에 쥐었다. 유전체 전체의 서열을 빠르고 비교적 저렴하게 분석하는 기술 등 지난 몇 년 사이에 출현한 새로운 기술들 덕분에, 머지않아 중요한 자폐 유전자를 더 많이 찾아낼 수 있을 것이다.

이 탐색에서 중점을 두어야 할 것은 네 가지다. 첫째, 자폐 스펙트럼 장애에 기여할 수 있는 유전자는 수백 개다. 그 수백 개가 반드시 어느 한 사람 안에서 작용한다는 의미가 아니라, 집단 전체를 볼 때 그렇다는 것이다. 둘째, 헌팅턴병처럼 어떤 한 가지 유전자의 돌연변이로 생기는 돌연변이도 있지만, 자폐증, 우울증, 양극성장애, 조현병 등 다른 대다수의 뇌 질환은 어떤 한 가지 돌연변이로 생기는 것이 아니다. 셋째, 자폐증에 기여하는 유전자들을 찾을 수 있다면, 세포와 분자 수준에서 무엇이 잘못되었는지를 이해하는 쪽으로도 큰 발전을 이루게 될 것이다. 자폐증에 관한 유전학 분야에서 최초로 이루어진 몇몇 발견들은 시냅스의 기능에 이상이 있다는 것을 가리킨다.

무엇보다도 자폐에 기여하는 유전자들을 찾아낸다면, 사회적 뇌를 생성하는 유전자들과 신경 경로들을 보다 잘 이해할 수 있을 것이다. 즉 우리를 사회적 존재로 만드는 유전자들 말이다. 더 나아가 우리는 유전적 성향이 환경 요인들과 어떻게 상호작용해 특정한 장애를 빚어내는지를 알아낼 것이다.

3
감정과 자아의 통합: 우울증과 양극성장애

우리 모두는 감정 상태를 경험한다. 우리 언어에는 자신이 어떻게 느끼는지를 다채롭게 묘사하는 말이 가득하다. '오늘은 아침부터 기분이 안 좋다.' '그는 우울하게 노래한다.' '그녀는 새 직장이 너무나 마음에 든다.' 이런 경우에 우리는 감정을 오고 가는 일시적인 마음 상태로 묘사한다. 그런 감정 변화는 지극히 정상적이며, 바람직하기도 하다. 감정 자각은 사회적 존재로 살아가며 복잡한 문제들을 헤치고 나아가는 데 대단히 중요하다.

개인의 감정 상태는 대개는 일시적이며, 환경의 특정한 자극에 반응해 나타난다. 어떤 특정한 감정 상태가 일관되게 계속되면, 우리는 그것을 기분mood이라고 부른다. 감정을 하루하루 변하는 날씨, 기분을 주된 기후라고 생각해 보라. 지구 전체로 보면 기후가 다양한 것처럼, 주된 기분도 개인마다 다르다. 활기찬 기분을 안정적으로 누리는 사람이 있는 반면, 세상을 더 암울하게 보는 사람도 있다. 이렇게 우리가 세상과 관련을 맺는 방식의 차이(정신의학자들이 기질temperament이라고 하는 것)는 개인의 행동과 긴밀하게 얽혀 있다. 따라서 여기서 우리가 말하고자 하는 것은 가장 깊고 사적인 의미에서 자아에 관한 생물학이다.

정신 질환은 정상 행동이 과장되어 나타나는 것이 특징이다. 따라서 자신의 기분이 특이한 상태로 지속되거나 누군가의 기분이 그렇게 보인다면, 걱정할 만한 이유가 생긴 것이다. 기분장애는 만연하고도 오래 지속되는 감정 상태를 일컫는다. 개인의 인생관에 색을 입히고 행동에 영향을 미치는 극단적인 감정 말이다. 예를 들어, 우울증은 활력 부족과 감정 결핍이 수반되는 극단적인 형태의 우울과 슬픔을 가리키며, 조증은 들뜸과 과다 활동의 극단적인 형태다. 양극성장애에서는 이 두 극단적인 기분이 번갈아 나타난다.

이 장에서는 먼저 감정이 우리의 일상생활과 자기감에 관해 어떤 역할을 하는지를 살펴볼 것이다. 그다음에는 우울증과 양극성장애의 특징들을 설명하고, 그것들이 우리 자신에 관해 무엇을 말해 주는지 알아볼 것이다. 또 우울증과 양극성장애의 원인들을 알려주고, 이 장애들에 관한 유망하고 새로운 치료법으로 발전한 뇌과학의 몇 가지 놀라운 발견을 탐구할 것이다. 약물과 별개로, 또는 약물과 함께 쓰이는 심리요법이 기분장애자에게 매우 중요한 기여를 한다는 것도 살펴볼 것이다. 마지막으로, 유전자가 기분장애에 어떤 역할을 하는지도 알아볼 것이다. 이때 유전자 연구는 뇌 질환 연구와 건강한 감정적 뇌가 작동하는 방식에 관한 우리의 지식을 연결하는 중요한 역할을 담당할 것이다.

감정, 기분, 자아

우리의 감정은 편도체가 조절한다. 편도체는 뇌의 양쪽 관자엽 안쪽 깊숙한 자리에 놓여 있다. 편도체는 시상하부와 이마앞겉질prefrontal cortex을 비롯한 몇몇 뇌 구조들과 연결되어 있다. 시상하부는 심박 수, 혈압, 수면 주기, 감정 반응에 반응하는 여러 신체 기능을 조절한다. 행복, 슬픔, 공격성, 성애, 성교 등과 관련된 감정의 집행자인 것이다. 집행 기능과 자존감을 담당하는 이마앞겉질은 감정과, 감정이 생각과 기억에 미치는 영향을 조절한다. 뒤에서 살펴보겠지만, 이 구조들의 연결 양상에 따라 기분장애의 정신적·신체적 발현 양상도 달라진다.

감정은 뇌의 조기 경보 시스템의 일부이며, 몸의 오래된 생존 기구와 밀접한 관련이 있다. 찰스 다윈이 처음 지적했듯이, 감정은 우리가 다른 동물들과 공유하는 것으로, 언어 이전의 사회적 의사소통 체계의 일부다. 비범한 언어능력을 가지고 있음에도, 우리는 일상생활에서 남들에게 욕구를 전달하고 사회적 환경을 살필 때 감정을 이용한다. 상황이 위험하거나 좋지 않은 쪽으로 흐르고 있다고 우리에게 감정이 신호를 보낼 때, 우리는 불안, 짜증, 경계심을 느끼고, 그 뒤에는 흔히 슬픔이 뒤따른다. 이 스펙트럼의 반대편에는 새로운 활력과 낙관적인 생각을 불어넣는 경이로운 느낌, 사랑에 빠지는 것과 같은 긍정적인 감정들이 있다.

변화하는 사회적 세계 안에서 우리 뇌가 기회와 스트레스를 계속해서 엿보고 그에 따른 적절한 반응을 찾기 때문에, 우리의 주관적 감정 경험은 끊임없이 변화한다. 이런 감정적인 평가가 없다면 우리는 아무런 기준점도 없이, 즉 자기감이 전혀 없는 상태에서 세계를 무작위한 일련의 사건들로 경험할 것이다.

기분장애는 자아의 통합성을 방해하는 뇌 질환이다. 여기서 자아란 우리 각자를 독특한 인간으로 만드는 중요한 감정, 기억, 믿음, 행동의 집합을 가리킨다. 우리가 기분장애를 비정상적인 것이라고 파악하고 받아들이는 일을 잘 못하는 이유는, 감정이 우리의 생각과 느낌에 핵심적인 역할을 수행하고, 일상생활에서 늘 기분 변화를 경험하기 때문이다. 기분장애자가 종종 낙인찍히는 이유는 이런 어려움으로 설명할 수 있다. 단순하게 말하면, 과학과 의학의 발전에도 불구하고, 여전히 많은 사람이 기분장애를 질환의 집합이 아니라 개인의 약점이나 나쁜 행동으로 보는 경향이 있다.

기분장애와 현대 정신의학의 기원

1장에서 언급한 에밀 크레펠린은 과학적인 현대 정신의학의 창시자다. 그는 약물이 기분, 생각, 행동에 미치는 영향을 연구하는 정신약리학의 창시자이기도 하다. 1883년에 그는 《정신의학 총람 *Compendium of Psychiatry*》을 펴냈다. 그 책은 계속 개정되어, 여러 권으로 된 《정신의학 교과서 *Textbook of Psychiatry*》로 개선되었다. 1891년에 그는 하이델베르크대학교에서 가르치기 시작했고, 그 뒤에는 뮌헨대학교로 옮겼다. 크레펠린은 정신 질환이 생물학적인 것이기에 유전될 수 있다는 견해를 고수했다. 그는 더 나아가 다른 의학 분야들에서 이루어지는 진단과 동일한 기준을 따라 정신의학적 진단을 내릴 수 있다고 주장했다.

크레펠린은 어려운 과제를 스스로 떠맡았다. 정신 질환은 뇌에 뚜렷한 흔적을 남기지 않고 뇌 영상 기술은 한 세기 뒤에나 나올 것이었기에, 당시에는 부검을 통해서도 정신 질환에 관한 진단이 옳은지 확인할 수 없었다. 생물학적인 흔적과 뇌 영상 기술이 없는 상황이었기에, 크레펠린은 환자들을 임상적으로 관찰해 진단을 내려야 했다.

그는 일반 의학에 쓰이는 것과 동일한 세 가지 기준에 따라 관찰 사항들을 정리했다. 병의 증상들은 무엇인가? 병의 진행 과정은 어떠한가? 최종 결과는 무엇인가?

이런 기준들을 정신 질환에 적용해, 크레펠린은 정신 질환을 크게 두 집단, 즉 사고장애와 기분장애로 나누었다. 그는 사고장애를 '조발성치매dementia praecox', 즉 젊은이의 치매라고 불렀다. 사고장애는 알츠하이머병과 같은 다른 치매들보다 더 이른 나이에 시작되기 때문이다. 기분장애는 우울하거나 고양된 감정 상태를 보이기 때문에, 기분장애를 '조울병manic-depressive illness'이라고 불렀다. 지금은 조발성치매를 조현병이라고 하고, 조울병을 양극성장애라고 한다. 조증 없이 우울한 상태만 지속되면 주요우울증major depression 또는 단극우울증unipolar depression이라고 한다. 우울증이 있는 사람들의 대다수는 단극성이다.

정신 질환을 크게 조현병과 양극성장애로 분류한 크레펠린의 견해는 지금까지도 유효하다. 그러나 최근의 유전학 연구들에 따르면 일부 유전자들이 양쪽 유형의 장애에 모두 기여하는 것으로 드러나고 있기 때문에, 현재 우리는 두 유형의 정신 질환이 서로 겹칠 수 있다는 점을 알고 있다. 또 이런 장애들은 크레펠린의 고전적인 연구가 이루어진 지 반세기 만에야 질병으로 인정된 자폐증과 겹치기도 한다.

사고장애와 기분장애는 사람들에게 미치는 영향이 서로 다를 뿐만 아니라, 진행 경로도 다르고 결과도 다르다. 조현병은 보통 성년기 초에 처음 발병해 인지력 쇠퇴가 함께 진행되고 평생 지속된다는 점이 특징인데, 많은 경우에 병은 완화되지 않는다. 대조적으로 기분장애는 가장 흔하게 발병하고, 몇 달에서 몇 년에 걸쳐 재발하고는 한다. 주요우울증은 대체로 10대 말과 20대 초에 시작되는 반면, 양극성장애는 대개 청소년기 말에 시작된다. 주요우울증의 평균 완화 기간은 약 3개월이다. 이는 적어도 초기에는 우울증으로 이어진 신경 회로와 뇌 기능의 변화가 가역적이라는 점을 나타낸다. 나이가 들수록, 우울증 삽화episode는 더 오래 지속되고 완화 간격은 점점 짧아진다. 기분장애자는 완화 기간에는 거의 문제없이 생활할 수 있으며, 조현병을 지닌 사람보다 증세가 덜 심각하다.

기분장애는 뇌의 많은 영역에서 신경 회로에 영향을 미치기 때문에, 활력, 수면 패턴, 생각에도 영향을 미친다. 예를 들어, 많은 우울증 환자는 잠이 들거나 수면 상태를 유지하는 데 어려움을 겪는다. 한편 계속 잠만 자는 이들도 있는데, 불안해하기보다 회피하는 성향을 지닌 사람들은 더욱 그렇다. 수면 박탈은 편도체의 활성을 더 자극하기 때문에, 일부 양극성장애자에게 조증 삽화를 촉발할 수 있다.

필리프 피넬이 살페트리에르 병원의 환자들을 사슬에서 풀어준 이래로, 정신 질환자의 치료법은 간헐적으로만 개선되는 양상을 보였을 뿐이다. 정신 질환이 본질적으로 의학적인 것이라고 피넬이 주장한 지 한 세기가 흐른 뒤에야, 크레펠린은 유전이 정신 질환에서 특정 역할을 한다는 주장을 내놓았다. 피넬의 인간적인 치료법이 심리요법으로 성숙하는 데에도 마찬가지로 기나긴 세월이 흘러야 했다. 그 뒤로 새로운 형태의 심리요법과 약물요법이 개발되어 왔으며, 과학자들은 이런 요법들이 어떻게 작용하고 상호작용하는지를 생물학적으로 더 깊이 이해하게 되었다. 치료의 한 가지 핵심 요소는, 정신 질환은 평생 안고 살아가는 것이라는 점을 환자 스스로 이해하고 받아들이는 것이다. 따라서 기분장애자는 자신의 감정과 마음 상태에 끊임없이 주의를 기울여야 한다.

기분장애가 정상적인 기분 상태에 관해 무엇을 알려주는지를 살펴보기 위해, 이 장에서는 우울증과 양극성장애를 따로 알아볼 것이다.

우울증

우울증은 기원전 5세기에 그리스 의사 히포크라테스Hippocrates가 처음 기술했다. 그는 역사상 가장 많은 영향을 끼친 의사 가운데 한 명이고, 일반적으로 서양 의학의 아버지로 여겨진다. 히포크라테스 시대의 의사들은 질병이 몸의 특정한 기관에 영향을 미친다고 믿지 않았다. 그 대신 그들은 모든 질병이 몸의 네 가지 '체액humor'의 불균형 때문에 발생한다는 이론을 믿었다. 그것은 혈액, 점액, 황담즙, 흑담즙을 말한다. 그래서 히포크라테스는 우울증이 몸에 흑담즙이 지나치게 많아진 탓에 생긴다고 생각했다. 우울증을 뜻하는 고대 그리스의 용어 '멜랑콜리아'는 흑담즙을 뜻한다.

우울증의 임상적인 특징을 처음으로, 또 아마도 가장 잘 요약한 사람은 사람의 마음을 관찰하는 데 뛰어났던 윌리엄 셰익스피어 William Shakespeare일 것이다. 그의 작중 인물인 햄릿은 이렇게 선언한다. "이 세상의 모든 것이 나에게는 너무나 따분하고 시시하고 밋밋하고 쓸모없구나." 우울증의 가장 흔한 증상은 끊임없이 슬픔과 극심한 정신적 괴로움에 시달리고, 희망이 없고 무력하며 모든 것이 무의미하다는 느낌을 받는 것이다. 이런 감정 때문에 사람들로부터 아예 멀어지는 편을 선택하는 이들도 많다. 때로는 자살을 생각하거나 시도하기도 한다. 세계 인구의 약 5퍼센트는 주요우울증을 앓고 있으며, 미국인만 해도 약 2,000만 명에 달한다. 주요우울증은 15~45세의 사람들을 무력하게 만드는 주된 원인이다.

우울증 환자는 종종 강렬한 심리적 고통과 고립감을 겪는다. 미국 소설가이자 수필가인 윌리엄 스타이런William Styron은 우울증 경험담인 《보이는 어둠Darkness Visible》에서 이렇게 썼다. "고통이 끊임없이 이어지고, 어떤 약도 나오지 않을 것이기 때문에 상황은 더욱 견딜 수 없다. 하루든, 한 시간이든, 한 달이든, 아니 단 1분이라도 멈출 수 있는 약이 있다면."[1]

현재 우리는 우울증이 흑담즙이 아니라 뇌의 화학적 변화 때문에 생긴다는 것을 안다. 하지만 그런 변화에 관여하는 뇌의 메커니즘을 아직 완전히 이해하지는 못하고 있다. 앞으로 살펴보겠지만, 과학자들은 큰 발전을 이루어왔지만, 우울증은 복합적인 상태다. 우울증은 아마도 하나의 장애가 아니라, 심각한 정도와 생물학적 메커니즘에 따라 서로 다른 여러 종류의 장애일 것이다.

우울증과 스트레스

사랑하는 사람이 죽거나, 직장을 잃거나, 먼 곳으로 이사를 가거나, 연인에게 차이는 것과 같이, 스트레스를 주는 사건들은 우울증을 촉발시킬 수 있다. 거꾸로 우울증도 스트레스를 일으키거나 악화시킬 수 있다. 컬럼비아대학교의 임상심리학 교수이자 탁월한 작가인 앤드루 솔로몬Andrew Solomon은 살면서 몇 가지 스트레스받는 사건을 겪고 우울증에 걸리게 된 일을 적고 있다(그림 3.1).

나는 늘 스스로 꽤 강인하고 굳세고 어떤 일에도 충분히 대처할 수 있는 사람이라고 생각했다. 그러다 몇 차례 개인적인 상실의 아픔을 겪었다. 어머니가 돌아가셨고, 누군가와 인연을 끊었고, 그 밖의 여러 가지 일들이 어긋났다. 나는 위기들을 무난하게 그럭저럭 헤쳐 나갔다. 그런데 2년이 흐른 뒤, 갑자기 인생 자체가 너무 지루하다는 느낌을 받았다. … 특히 집에 돌아와 자동 응답기에 녹음된 메시지를 들을 때면, 친구들의 목소리를 들어서 기쁜 것이 아니라 지겹다는 느낌이 들면서, 답신을 할 사람이 끔찍하게 많다는 생각이 들었던 것으로 기억한다. 나는 첫 소설을 냈고, 서평도 꽤 좋게 받았다. 하지만 나는 그런 것들에 관심이 없었다. 소설을 내겠다는 꿈을 평생 지니고 있다가 실제로 내놓았는데, 그저 허무하다는 느낌만 들었다. 그런 상황이 얼마 동안 이어졌다. …

그러다 … 모든 일이 감당할 수 없이 엄청난 노력을 쏟아야 하

그림 3.1 | 앤드루 솔로몬

는 것처럼 보이기 시작했다. 어, 점심 먹어야겠다, 생각하다가도 곧바로 이렇게 생각했다. 먹으려면 나가야 하잖아. 접시에 음식을 올려야겠지. 칼로 썰기도 해야 할 테고. 씹어야 하고. 삼켜야 하겠지. … 물론 내가 멍청이 같은 짓을 하고 있다는 것을 잘 알고 있었다. 그럼에도 그런 생각은 생생하고 예리하게 피부에 와닿았고, 나는 무력하게 그런 생각에 사로잡히고 말았다. 시간이 흐를수록 하는 일도 줄어들고, 외출도 덜 하고, 사람들도 덜 만나고, 생각도 덜 하고, 감정도 무뎌졌다.

그러다 불안 증세가 찾아왔다. … 우울증의 가장 극심한 고통은 결코 빠져나오지 못할 것이라는 느낌이다. 비참할지라도 그 느낌, 그 상태를 완화할 수만 있다면, 상황은 견딜 만하다. 그러나 누군가가 나에게 다음 달에도 급성 불안 증세가 계속될 것이라고 말한다면, 나는 자살하고 말 것이다. 매순간이 견딜 수 없이 끔찍할 테니까. 지독히도 두렵다는 느낌을 계속 받고 있으면서도, 대체 무엇을 겁내고 있는지 알지 못한다. 미끄러지거나 헛디뎌 넘어질 때, 바닥에 닿기 직전 땅이 눈앞으로 확 솟구쳐 올라오는 듯한 느낌과 비슷하다. 그 느낌은 약 1.5초 동안 지속된다. 우울증이 발병했을 때, 불안 단계는 6개월 동안 지속되었다. 거의 몸을 움직이기조차 힘들었다. …

증세는 점점 심해졌다. 어느 날 잠에서 깼는데, 뇌졸중이 찾아온 것 같다는 생각이 들었다. 침대에 누운 채 인생에서 이토록 지독한 기분을 느낀 적이 처음이고, 누군가에게 전화라도 해야겠다고 생각했다. 누운 채로 옆에 있는 탁자에 놓인 전화기를 바라보았지만, 손을 뻗어 번호를 누를 수가 없었다. 그렇게 전화기를 바라보며 네다섯 시간을 그저 누워만 있었다. 마침내 전화기가 울렸다. 나는 간신히 응답했다. "너무 몸이 안 좋아요." 그렇게 해서 나는 마침내 항우울제를 먹을 생각을 했고, 진지하게 내 병을 치료하기 시작했다.[2]

우울증과 스트레스는 몸에 동일한 생화학적 변화를 일으키는 것처럼 보인다. 신경내분비계의 시상하부-뇌하수체-부신 축을 활성화해, 부신에서 코르티솔을 분비하게 한다. 코르티솔이 일시적으로 분비될 경우 유익한 효과가 나타난다. 위험을 지각하고 반응해 몸의 각성을 높인다. 그러나 주요우울증과 만성 스트레스 상태에서 코르티솔이 장기적으로 분비되면 해롭다. 우울증에 빠져 있거나 심한 스트레스를 받는 사람의 식욕, 수면, 활력에 변화가 일어나는 것도 이 때문이다.

코르티솔 농도가 지나치게 높으면, 해마와 이마앞겉질에 있는 뉴런들의 시냅스 연결이 파괴된다. 해마는 기억 저장에 중요한 역할을 담당하고, 이마앞겉질은 살아가려는 의지를 조절하고 의사 결정과 기억 저장에 영향을 미치는 영역이다. 주요우울증과 만성 스트레스로 이 영역들에서 시냅스의 연결이 끊기면, 감정이 무뎌지고 기억력과 집중력이 떨어진다. 많은 뇌 영상 연구들은 우울증 환자들의 경우 이마앞겉질과 해마에 있는 뉴런 시냅스의 수와 전반적인 규모가 줄어들었다는 것을 보였다. 부검에서도 비슷한 변화가 드러났다. 게다가 생쥐와 쥐도 스트레스를 받으면 해마와 이마앞겉질의 시냅스 연결이 끊긴다는 것이 드러났다.

연구자들은 동물 모형을 이용해, 스트레스의 밑바탕에 놓인 공포 신경 회로에 관해 가치 있는 깨달음을 얻어왔다. 본능적인 공포와 학습된 공포는 모두 편도체 및 해마와 관련이 있다는 사실이 드러났다. 편도체는 어느 시점에 어떤 감정이 동원되는지 결정하며, 시상하부는 그 감정을 일으킨다. 편도체가 공포 반응을 요청하면, 시상하부는 교감신경계를 활성화한다. 교감신경계는 심박 수, 혈압, 스트레스 호르몬의 분비량을 높이고, 성욕, 공격성, 방어 행동, 회피 행동을 조절한다.

이런 발견들은 지속적인 스트레스, 즉 코르티솔의 장기 분비와

그에 따라 시냅스 연결에 손상을 일으키는 스트레스가 양극성장애
의 우울증 단계를 포함해, 우울장애의 중요한 측면이라는 개념에도
잘 들어맞는다.

우울증의 신경 회로

아주 최근까지도 정신 질환은 관련된 뇌 영역을 찾아내기가 무척
어렵기로 악명 높았다. 그러나 현재 뇌 영상 기술, 특히 PET와 기
능적 MRI를 사용해 과학자들은 우울증을 일으키는 신경 회로의 구
성 요소 가운데 적어도 일부를 찾아냈다. 과학자들은 연구에 자원
한 환자들을 통해 이 회로를 체계적으로 조사해, 어느 신경 활성 패
턴이 변형되는지를 이해하고, 항우울제와 심리요법이 그런 비정상
적인 활성 패턴에 어떤 영향을 미치는지를 조사했다. 더 나아가 최
근의 뇌 영상 기술을 이용하면, 뇌의 생물학적 지표를 파악해 심리
요법만 써도 되는 환자와 심리요법과 약물 치료를 병행해야 하는
환자를 구분할 수 있다.

현재 에모리대학교에 있는 신경학자 헬렌 메이버그Helen Mayberg
는 우울증의 신경 회로에 접속점node이 몇 군데 있으며, 그중 두 군
데가 매우 중요하다는 것을 알아냈다. 25번 겉질 영역, 즉 뇌들보밑
띠다발겉질subcallosal cingulate cortex과 오른앞뇌섬엽right anterior insula이 그
것이다.[3] 25번 영역은 생각, 운동 조절, 욕구를 종합하는 영역이다.

또 세로토닌 전달체(시냅스에서 세로토닌을 제거하는 단백질)를 생산하는 뉴런이 풍부하다. 세로토닌은 기분 조절을 돕기 위해 특정한 유형의 신경세포가 분비하는 조절 신경전달물질modulatory neurotransmitter이기 때문에, 제거하는 과정이 중요하다. 조절 신경전달물질은 단순히 한 세포에서 다음 세포로 신경 펄스를 전달하는 것이 아니라, 전체 회로나 영역을 조율한다. 세로토닌 전달체는 우울증 환자의 경우에 특히 활성을 띠고, 25번 영역의 세로토닌 농도를 낮추는 데 얼마간 기여한다. 두 번째로 중요한 접속점인 오른앞뇌섬엽은 자의식과 사회적 경험을 종합하는 영역이다. 앞뇌섬엽은 수면과 식욕과 성욕을 조절하는 시상하부, 편도체, 해마, 이마앞겉질에 연결되어 있다. 오른앞뇌섬엽은 몸의 생리적 상태에 관한 정보를 감각을 통해 받아들이고, 그에 따라 우리의 행동과 결정을 일으키는 감정을 생성한다.

조사가 진행될 때마다, 주요우울증과 양극성장애에 모두 관여하는 것으로 드러나는 또 다른 뇌 구조는 앞띠다발겉질anterior cingulate cortex의 이랑, 즉 솟아오른 부위다. 이 구조는 뇌들보corpus callosum와 나란히 뻗어 있다. 뇌들보는 뇌의 좌반구와 우반구를 연결하는 신경섬유 다발이다. 이 앞띠이랑anterior cingulate gyrus은 기능에 따라 두 영역으로 나뉜다. 한 영역(입과 등 쪽)은 감정 처리와 자율 기능에 관여하는 듯한데, 폭넓게 해마, 편도체, 눈확이마앞겉질orbital prefrontal cortex, 앞섬엽, 측좌핵nucleus accumbens과 연결되어 있다. 9장에서 살펴보겠지만, 측좌핵은 도파민 보상 및 쾌락 회로의 중요한 요소다. 또 한 영역(꼬리 쪽)은 인지 과정과 행동 조절에 관여하는 듯한데, 이마 앞겉질의 등 쪽 영역, 2차운동겉질secondary motor cortex, 뒤띠다발겉질 posterior cingulate cortex과 연결되어 있다.

기분장애가 있는 사람들의 경우, 두 영역의 기능이 비정상적이다. 이 때문에 여러 감정적·인지적·행동적 증상들이 나타난다. 주요우울증 삽화와 양극성장애의 우울증 단계에서는 감정과 관련된 영역이 한결같이 과다 활성을 띤다. 뒤에서 다루겠지만, 항우울제 치료가 성공한 사례들에서는 이 영역의 특정 부위, 즉 앞띠이랑 가운데 무릎밑 영역subgenual area의 활성이 줄어든 것으로 나타났다.

생각과 감정의 단절

메이버그는 우울증 환자의 경우 뇌의 25번 영역이 과다 활성을 띠는 반면, 이마앞겉질의 다른 영역들은 활성이 오히려 떨어진다는 것도 발견했다.[4] 이마앞겉질은 집중, 의사 결정, 판단, 장래 계획을 담당한다. 편도체, 시상하부, 해마, 뇌섬엽과 직접 연결되어 있고, 이 영역들 각각은 25번 영역과 직접 연결되어 있다. 우리 뇌에서 일어나는 이 영역들 사이의 대화는, 우리가 감정과 생각을 이용해 하루의 계획을 짜고 건강한 방식으로 주변 세계에 반응하는 데 도움을 준다.

뇌 영상은 기분장애를 지닌 사람들이 겪는 증상들 가운데 일부를 뇌의 구조에서 일어난 몇 가지 변화로 설명할 수 있다는 것을 보여준다. 예를 들어, 뇌 영상은 우울증에 걸린 사람들의 편도체가 더 커져 있고, 우울증, 양극성장애, 불안장애를 지닌 사람들의 경우 편도체의 활성이 증가했다는 것을 보여준다. 과학자들은 편도체의 활성 증가가 우울증을 가진 사람들이 느끼는 무력감, 슬픔, 마음의 고통을 설명할 수도 있다고 주장한다. 뇌 영상을 통해, 다른 많은 장애처럼 우울증도 해마의 시냅스를 더 줄이고 더 적게 만들 수 있다는 것도 드러났다. 사실 우울증 삽화가 길어질수록 해마의 부피는 더 줄어든다. 이런 상관관계는 우울증이 있는 이들이 겪는 기억력에 관한 문제도 설명해 줄지 모른다. 뇌 영상에서 나타나는 시상하부의 기능 결함은, 성욕이든 식욕이든 간에, 우울증에 걸린 사람들의 욕구 감퇴를 어느 정도 설명해 줄 수 있다. 또 신체 감각에 관여하는 뇌섬엽의 기능 결함은 우울증에 걸린 이들이 활기가 없고, 때로는 내면이 죽은 것처럼 느끼는 이유를 설명해 줄지 모른다.

우울증 연구는 25번 영역이 과다 활성을 띨 때마다 감정과 관련된 신경 회로의 구성 요소들이 말 그대로 생각하는 뇌와 단절되어 자기 정체성의 상실로 이어질 수 있다고 말한다. 메이버그의 우울증에 관한 뇌 영상 연구는 이런 회로 단절이 어디에서 일어나는지를 밝히고, 우울증이 환자가 위치를 찾지 못하게 하거나, 통제할 수 없는 신체 감각을 일으키는 이유를 설명하는 데 도움을 준다.[5]

우울증 환자의 치료

우울증의 효과적인 치료법을 개발해야 하는 가장 중요한 이유는 자살을 막아야 하기 때문이다. 미국에서 한 해 4만 3,000명이 자살하는데, 이 가운데 절반 이상은 우울증이 원인이다. 게다가 우울증을 앓는 사람 가운데 거의 15퍼센트가 자살한다. 이 비율은 질병 말기에 있는 사람들의 자살률보다 훨씬 높고, 미국인 전체의 살인율과 비슷하며, 미국의 교통사고 사망률보다도 높다. 비록 여성이 남성보다 우울증에 걸릴 확률이 두 배 높고, 자살 시도도 세 배 더 많이 하지만, 실제로 자살하는 경우는 남성이 서너 배 더 높다. 그 이유는 남성이 총을 쏘거나 다리에서 뛰어내리거나 지하철에 뛰어드는 것과 같이 더 공격적인 방법을 선택하는 경향이 있고, 그런 방법이 치명상을 입을 가능성이 더 크기 때문이다.

약물 치료

우울증 치료에 쓰인 최초의 약물은 정말이지 우연히 발견되었다. 이 우연한 발견은 환자에게 행운이었을 뿐만 아니라, 우울증의 토대인 생화학적 교란의 여러 측면을 처음으로 간파할 수 있게 해주었다.

1928년에 영국 케임브리지대학교의 생화학과 대학원생인 메리

번하임Mary Bernheim은 모노아민이라는 신경전달물질을 분해하는 효소, 모노아민 산화효소monoamine oxidase, MAO를 발견했다(앞서 말했듯이, 신경전달물질은 뉴런이 다른 뉴런들과 의사소통하기 위해 시냅스로 분비하는 화학적인 메신저다).[6] 그녀의 발견을 바탕으로, 이프로니아지드iproniazid라는 약이 나왔다. 이것은 원래 결핵 환자를 치료하는 데 쓰이는 약이었다. 1951년에 뉴욕주 스테이튼섬의 시뷰 병원의 결핵 병동에서 일하는 의사들과 간호사들은 이프로니아지드를 투여한 환자들이 그렇지 않은 환자들보다 더 기력이 넘치고 즐거워 보인다는 점을 알아차렸다. 그 뒤에 임상시험을 통해 이프로니아지드가 항우울제의 특성을 지닌다는 점이 드러났다. 그 직후에는 조현병 환자의 치료제로 개발된 약인 이미프라민imipramine 역시도 신경말단으로 모노아민이 재흡수되는 것을 방지함으로써 우울증의 증상을 완화한다는 점이 드러났다. **재흡수**reuptake란 신경전달물질을 재활용해 해당 신호를 멈추게 하는 과정을 말한다.

이프로니아지드와 이미프라민이 항우울제 효과를 일으킨다는 것은, 모노아민이 어떤 식으로든 우울증과 관련 있다는 점을 시사한다. 어떻게 그럴 수 있는 것일까?

연구자들은 모노아민 산화효소가 노르아드레날린과 세로토닌, 이 두 신경전달물질을 분해해 시냅스에서 제거한다는 것을 알아냈다. 이 신경전달물질들이 부족해지면, 우울증의 증상들을 겪는다. 과학자들은 시냅스에서 모노아민 전달물질을 제거하는 효소의 활동을 억제하면, 시냅스에 노르아드레날린과 세로토닌이 더 많아져

우울증의 증상이 완화된다고 추론했다. 모노아민 산화요소 억제제를 우울증 치료제로 쓰자는 개념이 탄생한 것이다. 나중에 연구자들은 이프로니아지드와 이미프라민이 스트레스와 우울증으로 시냅스의 연결이 손상되는 뇌 영역들인 해마와 이마앞겉질의 시냅스 크기와 수도 증가시킨다는 점을 발견했다.

두 항우울제가 어떻게 작용하는지를 이해하게 되면서, **모노아민 가설**, 즉 우울증이 노르아드레날린이나 세로토닌 또는 이 둘의 부분적인 결핍으로 생긴다는 가설이 출현했다. 이 가설은 레세르핀reserpine이라는 약물의 수수께끼도 해결했다. 레세르핀은 1950년대에 고혈압 치료에 쓰였는데, 그 약을 투여한 환자 가운데 15퍼센트가 우울증을 가지게 된 것이다. 나중에 드러났듯이, 레세르핀은 뇌에서 노르아드레날린과 세로토닌을 고갈시킨다.

우울증의 모노아민 가설은 1980년대에 플루옥세틴fluoxetine, 즉 프로작Prozac과 같은 약물이 등장하면서 수정되었다. 플루옥세틴은 **선택적 세로토닌 재흡수 억제제**selective serotonin reuptake inhibitor, SSRI다. 이런 약물은 세로토닌 재흡수를 차단해 시냅스의 세로토닌 농도를 증가시키는데, 노르아드레날린에는 작용하지 않는다. 이 발견을 토대로, 연구자들은 우울증이 노르아드레날린의 고갈이 아니라, 세로토닌의 고갈과 관련이 있다는 결론에 이르렀다.

그러나 곧 과학자들은 우울증 치료가 단순히 시냅스에 세로토닌을 채우는 문제가 아니라는 것을 깨달았다. 우선 세로토닌을 늘렸을 때, 모든 환자들의 상태가 나아지는 것은 아니었다. 세로토닌이 줄어들었을 때 우울증 환자의 증상들이 언제나 악화되는 것도 아니었고, 건강한 사람 모두가 우울증에 빠지는 것도 아니었다. 또 프로작과 같은 항우울제는 우울증 환자의 세로토닌 농도를 급격히 높이지만, 기분이나 시냅스 연결이 개선되기까지는 몇 주가 걸렸다. 모노아민 가설은 우울증의 생물학을 완벽하게 설명하지 못하지만, 여러 탁월한 뇌 연구들을 자극했고, 세로토닌이 기분 조절에 중요한 역할을 한다는 점을 밝히는 데 기여했다. 이 가설은 우울증을 앓는 많은 이의 삶에 도움을 주었다.

선택적 세로토닌 재흡수 억제제가 효과를 발휘하기까지 약 2주가 걸리고(그사이 자살 시도가 이루어질 수도 있다), 이런 재흡수 억제제가 아예 듣지 않는 사람도 꽤 많기 때문에, 새로운 약물을 개발할 필요가 있었다. 그러나 온갖 노력에도 불구하고, 우울장애자에게 빠른 효과를 보이는 약물이 출현한 것은 20년이 흐른 뒤였다.

그 약물은 바로 수의학에서 쓰이는 마취제인 케타민ketamine이다. 케타민의 작용 메커니즘은 예일대학교의 로널드 더먼Ronald Duman과 조지 아가자니안George Aghajanian이 발견했다.[7] 케타민은 기존 치료제로 효과를 보지 못했던 우울증 환자들에게도 몇 시간 내에 약효를 보인다. 게다가 한 번 투여하면, 약효가 며칠 동안 지속되기도 한다. 또 케타민은 자살에 관한 생각을 줄이는 듯하고, 현재는 우울증 삽화를 겪는 양극성장애자를 단기적으로 치료하는 용도로 쓰일 수 있을지 연구가 진행되고 있다.

케타민은 기존의 항우울제와는 다른 식으로 작용한다. 우선 세로토닌이 아니라 글루탐산을 표적으로 한다. 이 점이 왜 중요한지를 이해하려면, 먼저 신경전달물질이 매개형과 조절형이라는 두 범주로 나뉜다는 것을 알아야 한다. 매개형 신경전달물질은 시냅스의 한쪽 뉴런에서 분비되어 표적 세포에 직접 작용하며, 표적 세포를 흥분시키거나 억제한다. 글루탐산은 가장 흔한 흥분성 신경전달물질이고, 감마아미노부틸산gamma aminobutyric acid, GABA은 가장 흔한 억제성 신경전달물질이다. 한편 조절형 신경전달물질은 흥분성 및 억제성 신경전달물질의 작용을 조절한다. 도파민과 세로토닌은 조절형 신경전달물질이다.

케타민은 표적 세포에 직접 영향을 미치는 흥분성 신경전달물질인 글루탐산에 작용하므로, 조절형 신경전달물질인 세로토닌에 작용하는 약물보다 더 빨리 우울증을 완화시킨다. 게다가 케타민은 표적 세포의 특정한 글루탐산 수용체를 차단해, 한 뉴런에서 다른 뉴런으로 글루탐산이 전달되는 것을 막는다. 케타민에 차단된 수용체는 글루탐산에 결합할 수 없기 때문에, 해당 신경전달물질은 표적 세포에 영향을 미치지 못한다. 케타민의 항우울제 효과가 드러나면서, 우울증에 대한 관점에도 큰 변화가 생겼다.

케타민의 이로운 효과는 우울증에 기여하는 또 다른 메커니즘을 드러냈다. 앞서 살펴보았듯이, 우울증은 단순히 세로토닌과 아드레날린이 부족할 때만 발생하는 것이 아니라, 스트레스로도 발생한다. 스트레스는 코르티솔을 지나치게 분비시켜, 해마와 이마앞겉질의 뉴런을 손상시킨다. 또 고농도의 코르티솔은 글루탐산의 양을 증가시키고, 다량의 글루탐산은 뇌의 같은 영역에 있는 뉴런들을 손상시킨다.

케타민을 비롯한 항우울제는 거의 모두 해마와 이마앞겉질의 시냅스가 성장하도록 촉진해, 코르티솔과 글루탐산 때문에 생긴 손상을 복구한다. 따라서 이런 약물이 그렇게 효과를 보이는 데에는 또 한 가지 이유가 있는 셈이다. 게다가 설치류의 경우에는, 케타민이 시냅스의 성장을 빠르게 유도하고 만성 스트레스가 일으키는 위축증을 복구한다. 그 결과 케타민의 발견은 지난 반세기 동안 우울증 연구 분야에서 가장 중요한 발전이라는 찬사를 받았다. 그러나 욕지기, 구토, 방향감각 상실과 같은 부작용을 일으키기 때문에 장기적으로 투여할 수 없고, 따라서 선택적 세로토닌 재흡수 억제제를 대체할 수 없다. 그 대신 작용 속도가 빠르므로, 케타민은 세로토닌 강화 약물이 효과를 발휘하는 데 필요한 약 2주 동안 자살 위험을 줄이는 데 쓰인다.

심리요법: 대화 치료법

심리요법은 대다수 정신 질환자에게 쓰이는 치료법의 일부가 되었다. 짧게 말해, 심리요법은 지원 관계를 유지하면서 환자와 치료사가 서로 대화를 주고받는 방식이다. 심리요법은 종류에 따라 이론적 토대가 조금씩 다르기는 해도, 이런 핵심적인 요소를 공통으로 지니고 있다. 심리요법은 이미 한 세기가 넘게 환자들을 치료하는 데 쓰였지만, 과학자들은 이제야 비로소 이 치료법이 뇌에 어떻게 작용하는지를 이해하기 시작했다.

심리요법의 초기 형태는 정신분석psychoanalysis이었다. 정신분석은 빈대학교 의과대학에서 프로이트의 선배 동료인 요제프 브로이어Josef Breuer가 창시한 것이다. 1895년에 브로이어와 함께 프로이트는 안나 O.(Anna O.)라는 환자를 치료한 사례를 담아 논문을 작성했다. 그녀는 몸의 왼편이 마비되는 증세를 가지고 있었다. 신경학적으로는 아무런 문제도 없이 나타난 마비 증세였다.[8] 브로이어는 안나 O.에게 기억, 환상, 꿈 등 아무 이야기나 해보라고 했다. 그가 나중에 명명한 **자유연상**free association을 통해 그녀는 심리적으로 외상을 일으킨 사건들을 떠올렸다. 그런 기억들로부터 벗어나자 마비 증세가 완화되었다.

프로이트는 이 사례에 깊은 인상을 받았다. 그는 브로이어의 기법을 받아들여 자기 환자들을 치료하면서 여러 깨달음을 얻었다. 프로이트는 환자들의 환상과 기억을 바탕으로, 정신 질환이 유아기와 유년기 초에서 기원한다고 추론했다. 현대 정신분석학자인 컬럼비아대학교 내외과대학의 스티븐 루스Steven Roose, 웨일 코넬 메디컬 센터의 아널드 쿠퍼Arnold Cooper, 런던 유니버시티 칼리지의 피터 포너지Peter Fonagy는 프로이트가 간파한 세 가지가 정신분석의 핵심을 이룬다고 말한다.[9]

첫째, 아이들은 성적 및 공격적인 행동 본능을 지닌다. 이 본능적 욕구를 억제하는 사회적 금기는 생애 초기에 시작되어 성년기까지 이어진다. 다시 말해, 성욕과 공격성은 성년기에 출현하는 것이 아니라, 유아기 때부터 이미 존재하는 것이다.

둘째, 아이들은 초기의 욕구와 금기 사이의 갈등 그리고 초기의 심리적 외상을 억눌러서 무의식에 집어넣는다. 이런 억압된 감정은 성년기에 정신 질환 증상을 낳을 수 있다. 정신분석의 자유연상 과정을 통해, 환자는 이런 억압된 갈등을 해방시킨다. 치료사는 그렇게 드러난 갈등들을 해석해 환자가 해소하는 데 도움을 주고, 환자의 심리적 증상들을 완화할 수 있다.

셋째, 환자와 치료사의 관계는 환자의 초기 관계를 재연한다. 이 재연을 **전이**transference라고 한다. 전이와 치료사의 전이 해석은 치료 과정에서 핵심적인 역할을 한다.

정신분석은 새로운 심리 조사 방법, 즉 자유연상과 해석에 토대를 둔 방법을 제시했다. 프로이트는 분석가들에게 이전까지 아무도 쓰지 않았던 방식으로 환자들의 말에 세심하게 귀를 기울이라고 가르쳤다. 또 그는 서로 무관하고 일관성 없어 보이는 연상들로부터 상황에 맞게 의미를 추출하는 방법을 개괄적으로 제시했다.

역사적으로 보면, 정신분석은 본래 과학이 되고자 했지만, 그 방법은 거의 과학적이지 못했다(11장 참고). 사실 프로이트를 비롯한 정신분석의 창시자들은 정신요법이 효과가 있다는 증거를 제시하려는 진지한 노력을 거의 하지 않았다. 이런 사고방식은 1970년대에 펜실베이니아대학교의 정신분석가 아론 벡Aaron Beck이 우울증에 관한 프로이트의 개념을 검증하려고 시도하면서 변화를 맞이했다.

프로이트에 따르면, 우울증 환자들은 자신이 사랑하는 사람에게 적대감을 느끼면서도, 자신에게 중요한 사람을 향한 그런 부정적인 감정을 숨기기가 어렵다고 했다. 그래서 그들은 부정적인 감정을 억눌러서 무의식에 집어넣는다. 이 분노는 결국 자신이 쓸모없는 존재라는 느낌과 자존감 상실로 이어지는데 이는 우울증의 특징이기도 하다.

그러나 벡은 자신의 우울증 환자들이 다른 환자들보다 덜 적대적이라는 점을 알아차렸다. 그 대신 우울증 환자들은 한결같이 자신을 패배자로 여겼고, 자신에게 비현실적으로 높은 기댓값을 부여했으며, 가장 단순한 실수에도 몹시 실망했다. 이런 사고방식은 인지 양식, 즉 세계 속에서 자기 자신을 지각하는 방식에 문제가 있다는 것을 뜻한다.

벡은 부정적인 믿음과 사고 과정을 찾아내 보다 긍정적인 생각으로 대체한다면, 무의식적 갈등이 무엇인지를 구체적으로 따질 필요 없이 우울증을 완화할 수도 있지 않을까 생각했다. 그는 환자들에게 그들이 이룬 성취, 성과, 성공의 증거를 보여주고 그들 스스로 부정적인 생각과 맞서도록 해, 자신의 생각이 옳은지 검사했다. 환자들은 겨우 몇 번의 치료만으로도 기분과 활동이 나아지는 등 놀라운 속도로 증상이 개선되기도 했다.

이런 긍정적인 결과에 고무되어, 벡은 환자의 인지 양식과 생각의 왜곡 방식을 토대로 우울증을 치료하는 단기적이고도 체계적인 심리요법을 고안했고, 이 치료법을 **인지행동요법**cognitive behavioral therapy이라고 불렀다. 여러 환자들에게 이 방법이 효과가 있다는 것이 확실해지자, 그는 다른 사람들도 동일한 치료법을 쓸 수 있도록 지침서를 내놓았다.[10] 마지막으로는 효능을 규명하는 연구를 수행했다.

연구 결과는 약하거나 중간 수준의 우울증에는 인지행동요법이 플라세보보다 더 낫고, 항우울제보다는 더 낫지는 않다고 하더라도 대등한 효과가 있다는 점을 보여주었다. 심각한 우울증에는 항우울제보다는 효과가 떨어졌다. 하지만 인지행동요법과 항우울제는 상승효과를 보였다. 즉 둘을 따로 쓸 때보다 병행할 때 효과가 더 좋았다.[11]

인지행동요법은 정신의학과 정신분석에 지대한 영향을 미쳤다. 심리요법과 같은 복잡한 과정을 연구하고 그 결과를 평가할 수도 있다는 점을 보여주었다. 결과적으로, 현재 심리요법은 경험적으로 검증이 이루어지고 있다.

이전까지 정신의학자들은 심리요법과 약물이 서로 다른 방식으로 작용한다고 생각했다. 심리요법은 마음에 작용하고 약물은 뇌에 작용한다고 본 것이다. 지금은 이보다 더 잘 이해하고 있다. 치료사와 환자의 상호작용은 뇌에 생물학적 변화를 일으킨다. 이런 발견에 놀랄 필요는 없다. 나는 학습이 뉴런 사이의 연결에 해부학적 변화를 일으킨다는 것을 이미 연구를 통해 밝힌 바 있다. 이런 해부학적 변화는 기억의 기초를 이루며, 심리요법도 어쨌거나 학습 과정의 하나일 뿐이다.

따라서 심리요법은 행동에 지속성을 띤 변화를 일으킬 뿐만 아니라, 뇌에도 변화를 일으킨다. 현재 이루어지는 연구들을 통해, 어떤 종류의 심리요법이 어떤 환자에게 가장 효과가 있는지도 서서히 드러나고 있다.

약물과 심리요법의 결합

모든 약물 치료는 성가신 수준부터 생명을 위협하는 수준에 이르기까지 여러 부작용을 수반하며, 그 결과 환자들은 약을 끊기도 한다. 효과가 있다고 알려진 심리요법은 그런 부작용이 없다. 따라서 많은 우울증 환자들에게 약물과 심리요법을 조합하는 것이 최선의 치료법이다.

1990년대에 벡 같은 임상 연구자들은 상승효과가 일어나도록 약물과 심리요법을 조합하는 방법을 찾아냈다. 약물은 뇌의 화학물질들이 균형을 회복하도록 돕고, 심리요법은 치료사와 지속적이고 탄탄한 관계를 맺게 해준다. 이것들이 정신 질환에서 벗어나 만족스럽고 생산적인 삶을 살아갈 수 있도록 돕는 핵심 요소들이다.

존스홉킨스대학교 의과대학의 기분장애센터 공동 소장이면서, 그 자신이 양극성장애 환자이기도 한 케이 레드필즈 재미슨Kay Redfield Jamison도 이 점에 적극적으로 동의한다. 그녀는 저서《요동치는 마음*An Unquiet Mind*》에서, 심리요법이 "혼란 상태에서 어느 정도 벗어나게 하고, 끔찍한 생각과 감정을 억제하고, 통제력과 희망과 그 모든 것에서 무언가를 배울 가능성을 얼마간 돌려준다"고 썼다. "약은 그처럼 쉽게 현실로 돌아오게 만들지 못한다. 그럴 수 없다."[12] 앤드루 솔로몬도 이에 동의한다.

내 자신의 분별력 있는 복사본으로 돌아가 보자. … 나는 무엇이 우울증 삽화를 촉발하고, 어떻게 하면 억제할 수 있을지를 알아내야 했다. 나는 처음부터 함께한 분석 치료사의 도움을 받았다. … 우울증에 걸렸다면 그리고 특히 자신의 정신 상태를 변화시키는 약물을 투여받았다면, 가장 근본적인 수준에서 자신이 누구인지를 이해할 필요가 있다. …

지금 나는 정신약리학자 한 명과 정신분석가 한 명과 함께 일하며, 그들의 연구나 그들과 함께한 연구가 없었다면 나는 지금의 내가 아닐 것이다. 우울증을 생물학적으로 설명하는 유행은, 화학이 정신역학적으로도 기술할 수 있는 현상들에 다른 어휘를 쓴다는 사실을 놓치고 있는 듯하다. 우리의 약리학도 분석적 통찰도 아직 이 모든 것들을 다룰 수 있을 만큼 발전하지 못한 상태다. 우울증 문제를 양쪽의 각도에서 접근하려면, 회복할 방법뿐만 아니라 회복한 뒤에 어떻게 살아갈지도 파악해야 한다.[13]

최근에 메이버그는 우울증 환자들을 인지행동요법이나 항우울제 중 하나로만 치료하면서 관찰해 보았다. 처음에 오른앞뇌섬엽의 활성이 평균보다 낮았던 사람들은 인지행동요법에 잘 반응한 반면, 항우울제는 그들에게 별 효과가 없었다. 한편 해당 부위의 활성이 평균보다 높았던 이들은 항우울제에는 잘 반응했지만, 인지행동요법으로는 큰 효과를 보지 못했다. 즉 메이버그는 오른앞뇌섬엽의 활성을 토대로, 우울증 환자가 어느 치료법에 더 잘 반응할지 예측할 수 있다는 것을 알아냈다.[14]

이런 연구 결과들은 뇌 장애의 생물학에 관해 아주 중요한 네 가지 특징을 알려준다. 첫째, 정신 질환으로 인해 신경 회로가 교란되는 양상은 복잡하다. 둘째, 우리는 뇌 장애의 측정 가능한 지표들을 알아낼 수 있고, 그런 생물학적 지표들을 바탕으로 심리요법과 약물이라는 두 치료법의 결과가 어떨지 예측할 수 있다. 셋째, 심리요법은 생물학적 치료법이다. 뇌에서 검출 가능하고, 뇌에 지속적인 물리적 변화를 일으킨다. 넷째, 심리요법의 효과는 경험적으로 연구할 수 있다.

많은 심리치료사가 차기 치료법의 경험적 토대를 조사하는 일에 미적거렸다. 어느 정도는 그들 가운데 상당수가 인간의 행동을 과학적으로 연구하기가 너무 어렵다고 믿었기 때문이기도 하다. 인지행동요법이 생물학적 치료법이라는 메이버그의 발견 덕분에, 이제는 객관적인 방식으로 엄밀하게 심리요법의 결과를 평가할 수 있게 되었다.

뇌 자극 요법

우울증 환자 가운데 약물도 심리요법도 듣지 않는 이들이 있다. 그들 중 상당수에게는 전기경련요법electroconvulsive therapy이나 심부뇌자극법deep-brain stimulation과 같은 방법들이 효과가 있었다.

전기경련요법 또는 전기충격요법은 1940~50년대에 나쁜 평판을 얻었다. 마취제 없이 강한 전기 충격을 가해, 환자들에게 고통이나 골절과 같은 심각한 부작용을 일으켰기 때문이다. 오늘날의 전기경련요법은 통증이 없다. 전신 마취제와 근육 이완제를 투여한 다음 약한 전류를 가해 짧은 발작을 유도하는데, 대체로 효과가 아주 좋다. 환자는 보통 몇 주에 걸쳐 6~12회 치료를 받는다. 과학자들은 이 치료법이 어떻게 작용하는지 아직 확실히 알지는 못하지만, 뇌에 화학적 변화를 일으켜 우울증을 완화하는 듯하다. 불행하게도 전기경련요법의 효과는 대개 오래 지속되지 않는다.

1990년대에 에모리대학교의 맬런 들롱Mahlon DeLong과 프랑스의 조제프푸리에대학교의 알림루이 베나비드Alim-Louis Benabid는 파킨슨병 환자를 치료하기 위해, 심부뇌자극법을 개발했다. 신경 회로의 기능에 이상이 생긴 영역에 전극을 꽂고, 그 영역으로 고주파 전기 펄스를 보내는 장치를 환자의 몸에 이식한다. 이것은 심장 박동기가 심박 수를 조절하는 원리와 비슷하다. 이 펄스는 비정상적인 신호를 보내는 뉴런의 발화를 차단하는데, 이 신호는 파킨슨병의 증상을 일으키는 것으로 알려져 있다.

메이버그는 이런 발전들을 잘 알고 있었고, 25번 영역의 뉴런 발화 비율을 낮추면 우울증 증상들이 완화되지 않을까 짐작했다. 그녀는 치료가 듣지 않는 우울증 환자 25명의 앞뇌섬엽에 심부뇌자극법을 써보았다. 전극을 이식하기 위해 처음에는 토론토대학교, 그다음에는 에모리대학교의 신경외과 의사들의 도움을 받았다. 그녀는 수술실에서 전기를 흐르게 하자마자, 거의 즉각적으로 환자의 기분이 바뀌는 것을 보았다. 환자들은 우울증의 특징인 끝없는 마음의 고통을 더 이상 느끼지 못했다. 게다가 우울증의 다른 증상들도 서서히 개선되었다. 사람들은 회복되어 장기간 안정 상태를 유지했다.[15]

양극성장애

양극성장애는 기분, 생각, 활력, 행동의 극단적인 변화가 특징이며, 대개 우울증과 조증이 번갈아 나타난다. 이 기분 변화가 양극성장애와 주요우울증을 구분하는 특징이다.

조증 삽화는 고조되거나 대범해지거나 흥분한 기분 상태가 특징이며, 활동 고조, 줄달음치는 생각, 충동성, 수면 욕구 감소와 같은 몇몇 증상들도 함께 나타난다. 이런 삽화 단계에서는 약물 남용, 난잡한 성생활, 과소비, 나아가 폭력과 같은 위험한 행동이 나타나기도 한다. 조증 삽화 때, 사람들은 인간관계를 해치는 말이나 행동을 할 수도 있다. 법적으로 문제가 생기거나 직장에서 문제를 일으킬 수도 있다. 조증 삽화는 양극성장애 환자 자신과 그 주변 사람들을 두렵게 만들기도 한다.

주요우울증 환자의 약 25퍼센트는 조증 삽화를 겪는다. 초기의 조증 삽화는 대개 개인적인 상황, 환경 상황, 또는 이 두 상황의 조합을 통해 촉발된다. 긍정적이든 부정적이든, 살면서 스트레스를 받는 사건들, 갈등이나 스트레스를 일으키는 인간관계, 수면 패턴의 교란, 과잉 자극, 질병은 흔한 촉발 요인이다.

조증 삽화 뒤에는 우울증 삽화가 따라온다. 우울증 삽화는 대개 어떤 형태로든지 우울증이 재발하지만, 양극성장애 환자에게는 두 배나 더 자주 재발한다. 그리고 양극성장애는 조증과 우울증이 번갈아 나타나는 것이므로, 이는 조증 삽화도 그만큼 자주 재발한다는 뜻이다.

일단 처음 조증 삽화가 시작되면(보통 17~19세), 뇌는 우리가 아직 이해하지 못하는 방식으로 변화하고, 이로 인해 사소한 사건도 조증 삽화를 촉발할 수 있다. 세 번째나 네 번째 조증 삽화 이후에는 촉발 요인조차 필요 없을 때도 있다. 양극성장애 환자가 나이를 먹을수록, 병은 더 악화되고 삽화 사이의 간격이 더 짧아지기도 한다. 환자가 치료를 중단하면 특히 그렇다.

미국인의 약 1퍼센트, 그러니까 약 300만 명이 양극성장애를 앓고 있다. 우울증이 남성보다 여성에게 더 취약하다면, 양극성장애는 남녀의 발병 비율이 같다. 이 장애는 몇 가지 형태를 취하지만,

가장 흔한 형태는 양극성장애 I형과 II형이다. I형 환자는 조증 삽화를 겪으며, 때로는 망상과 환각 같은 증상들을 지닌 정신병으로 악화되기도 하는데, II형 환자는 덜 심각한 경조증 삽화를 겪는다. 조증과 우울증의 증상들을 동시에 겪는 이들도 있는데, 이 경우는 혼합 상태 mixed state라고 말한다.

우리는 양극성장애의 원인이 무엇인지 정확하게 알지 못하지만, 기원이 복잡하며, 유전적·생화학적·환경적 요인들을 수반한다는 것을 안다. 누구나 기분 변화를 느끼기 마련이다. 흥분을 일으키는 사건이 행복감을 일으키고, 불쾌한 사건이 기분을 울적하게 만들고는 한다. 우리 대부분은 금방 정상적인 상태로 돌아간다. 하지만 양극성장애자는 같은 사건에 장기간 극도의 우울증이나 조증에 빠져들 수 있다. 양극성장애의 경우 두 가지 위험 요인이 특히 중요하다. 첫째는 양극성장애를 지닌 형제자매나 부모의 유전적 성향이며, 둘째는 스트레스를 크게 받는 기간이다.

양극성장애자의 우울증 삽화는 주요우울증 환자의 삽화와 비슷하다. 따라서 주요우울증의 생물학에 관해 수행된 연구들, 즉 스트레스의 핵심적인 역할, 우울증의 신경 회로, 생각과 감정의 단절, 항우울제의 작용, 심리요법의 중요성 등은 양극성장애의 우울증 단계에도 적용된다. 불행하게도, 분자적인 차원에서 조증을 이해하는 수준은 우울증을 이해하는 수준에 한참 못 미친다.

양극성장애자 치료

양극성장애자는 지속적인 치료가 불필요하다고 느낄 수도 있다. 조증 단계일 때는 특히 그렇다. 예를 들어, 활력 넘치고 탁월해 보이는 착상이 머릿속에 가득하고, 생각이 빠르고 격렬하게 오가는 밤낮 없는 18세의 젊은이에게 장애를 앓고 있다고 설득하기란 무척 어려운 일이다. 그러나 조증이 진행될수록, 양극성장애자는 혼란에 빠지고 정신병적으로 또 자기 파괴적으로 변할 수 있다.

앞서 이야기한 케이 재미슨은 고등학생 때인 17세 무렵에 자신이 병을 앓고 있다는 사실을 처음 깨달았다(그림 3.2). 그녀는 자신의 양극성장애와 치료제 및 심리요법의 상호작용에 관해 다음과 같이 적었다.

그림 3.2 | 케이 레드필드 재미슨

이런 유형의 광기에는 특정한 종류의 고통, 들뜸, 외로움, 공포가 수반된다. 고조된 상태에 있을 때, 그 기분은 엄청나다. 생각과 감정이 별똥별 쏟아지듯이 빠르게 마구 오고 가며, 이는 더 나은 더 밝은 별똥별을 찾을 때까지 계속 이어진다. 수줍음이 사라지고, 적절한 단어와 몸짓이 갑작스럽게 떠오르고, 자신이 남들을 매료시킬 만한 힘을 가지고 있다고 확신하게 된다. 관심 없던 사람들에게 관심을 갖게 되고, 색욕이 샘솟고, 유혹하고 유혹당하려는 욕구를 참지 못한다. 여유, 강렬함, 힘, 건강, 재력, 행복감이 뼛속까지 충만해진다. 하지만 어느 순간 상황이 변한다. 빠릿빠릿한 생각들은 너무 팽팽 돌아가고, 너무 많아진다. 명료함을 압도적인 혼란이 대체한다. 기억은 계속된다. 친구의 얼굴에 배어 있던 유머와 매력은 두려움과 걱정으로 대체된다. 앞서 자신의 성미에 잘 맞았던 것들은 더 이상 맞지 않으며, 짜증과 분노와 두려움과 통제 불능을 비롯해 마음의 가장 어두컴컴한 동굴들에 빠진다. 이전엔 거기에 동굴이 있다는 것을 결코 알지 못했다. 동굴은 결코 끝나지 않을 것이다. 광기가 자신의 현실을 조각할 테니까.[16]

뇌 기능 영상 연구들은 건강한 뇌와 양극성장애자의 뇌 사이에 다양한 차이가 있다는 것을 보여준다. 놀라운 일도 아니다. 그러나 조증 삽화가 양극성장애와 우울증을 구별하는 것이라면, 우리는 양극성장애자의 뇌에서 추가적인 차이들이나 다른 차이들도 보아야 한다. 조증과 한 상태에서 다른 상태로 주기적인 변화를 일으키는 차이들 말이다. 그러나 사실 이러저러한 것들이 분명한 차이점이라고 말하기는 쉽지 않았다. 최고의 돌파구는 조증의 가장 성공적인 치료제인 리튬이 뇌에 어떤 영향을 미치는지를 이해하려고 한 시도에서 나왔다.

기원전 2세기에 그리스 의사 소라누스Soranus는 알칼리성 물로 조증 환자를 치료했다. 그 물에는 리튬이 많이 들어 있었다고 추정된다. 리튬의 장점은 1948년에 호주의 정신의학자 존 케이드John Cade가 재발견했다. 그는 리튬이 기니피그를 일시적으로 졸음에 빠지게 한다는 것을 알아냈다. 케이드는 리튬을 1949년에 양극성장애의 치료제로 공식적으로 도입했고, 그 뒤로도 리튬은 계속 쓰이고 있다.

정신 질환을 치료하는 데 쓰이는 다른 약물들과 달리, 리튬은 염salt이다. 따라서 리튬은 뉴런의 표면에 있는 수용체에 결합하지 않는다. 오히려 외부 자극에 반응해서 열리는 세포막의 나트륨 이온 통로를 통해 뉴런 속으로 능동적으로 운반된다(1장 참조). 나트륨 이온 통로가 열릴 때, 나트륨과 리튬 둘 다 세포 안으로 들어간다. 그 뒤에 나트륨은 다시 세포 밖으로 빠져 나오지만, 리튬은 세포 안에 남는다. 리튬은 직접적으로 또는 2차 신호 전달 체계와 상호작용해, 신경전달물질의 활동에 영향을 미치고 오락가락하는 기분을 안정시키는 것인지도 모른다.

앞서 살펴보았듯이, 신경전달물질은 세포막의 수용체에 결합한다. 그러면서 2차 신호 전달 체계의 활성을 둔화시켜, 감도를 줄이는 것일 수도 있다. 리튬이 양극성장애에 매우 잘 듣는 이유가 이 때문일지 모른다. 리튬이 외부 및 내부 자극에 대한 뉴런의 반응을 둔화시키는 것일 수도 있다. 게다가 리튬은 매개성 신경전달물질인 GABA뿐만 아니라, 조절성 신경전달물질인 세로토닌과 도파민에도 영향을 미친다. 따라서 리튬의 약효는 어느 한 메커니즘이 아니라 폭넓은 신경생물학적 효과에서 비롯되는 것일 수 있다.

지나치게 많이 활동하는 뉴런의 이온 항상성을 재설정함으로써, 리튬이 유익한 효과를 일으킬 가능성도 있다. 이것은 리튬이 자극에 대한 반응 감도를 높이거나 낮추어, 뉴런을 휴지 상태로 돌려놓는다는 것이다. 이 경우에도 리튬은 뉴런의 표면 수용체에 직접 작용하거나, 세포 안의 2차 신호 전달 체계와 상호작용을 통해 작용할 수 있다. 리튬을 이용한 조증 치료의 한 가지 흥미로운 점은, 효과가 나타나기까지 며칠이 걸리며 치료를 중단한 뒤에도 효과가 곧바로 사라지지 않는다는 것이다.

현재 양극성장애의 경우, 기분을 안정시키는 약물과 심리요법의 조합으로 치료가 진행된다. 심리요법은 양극성장애자가 어떤 감정적이거나 신체적인 상황이 우울증 삽화나 조증 삽화를 촉발하는지 깨닫게 만들고, 스트레스를 관리하고 줄이는 것이 중요하다는 점을 강조한다. 리튬과 같은 기분 안정제, 비전형 정신병 약, 간질 약으로도 억제되지 않는 양극성장애의 우울증 삽화는 항우울제로 다루어진다. 많은 환자의 경우, 리튬은 조증 삽화의 빈도와 강도를 줄여주지만, 어떤 양극성장애자들에게는 별 효과가 없다. 게다가 리튬은 불쾌한 부작용을 일으킨다. 그래서 더 나은 치료제를 찾을 필요가 있다.

기분장애와 창의성

기분장애와 창의성의 관계, 특히 창의성과 양극성장애의 관계는 고대 그리스부터 현대에 이르기까지 인류 역사 내내 주목받아 왔다. 예를 들어, 빈센트 반 고흐Vincent van Gogh는 성년기의 상당 기간을 우울증에 시달리다가 37세에 자살했다. 생애 마지막 2년 동안 심각한 정신병적 우울증과 조증에 시달렸음에도, 그는 그 시기에 가장 중요한 작품 300점을 그렸다. 이 작품들은 반 고흐가 자연의 실제 모습이 아니라 기분을 전달하기 위해 임의로 색을 썼다는 점에서, 현대 미술사에서 중요한 위상을 가진다.

현대 화가와 작가 들을 조사하면, 양극성장애자의 비율이 높게 나온다. 창의성과 기분장애의 관계는 6장에서 더 살펴보기로 하자.

기분장애의 유전학

기분장애에 걸릴지 아닐지는 대체로 유전자로 결정된다. 1장에서 살펴보았듯이, 따로 떨어져 자란 일란성 쌍둥이에 관한 연구들(본성과 양육을 분리하는 가장 좋은 방법)은 쌍둥이 가운데 한 명이 양극성장애를 앓는다면, 다른 한 명도 같은 병에 걸릴 확률이 70퍼센트에 이른다. 주요우울증이라면 확률은 50퍼센트다.

최근에 과학자들은 우울증, 양극성장애, 조현병, 자폐증과 같은 복잡한 뇌 질환들이, 이런 장애들 가운데 하나가 생길 위험을 키우는 공통의 유전적 변이체variant를 지닌다는 것을 발견했다. 따라서 양극성장애는 유전적 요인 및 발달 요인이 환경 요인과 상호작용해 생긴다. 또 과학자들은 조현병과 기분장애의 위험을 키울 수 있는 두 유전자를 발견했다. 그러니 어느 한 유전자가 양극성장애나 조현병의 발달에 중요한 영향을 미치는 것이 아니라는 점은 분명하다. 많은 유전자가 관여하며, 그것들은 복잡한 방식으로 환경 요인들과 협력한다. 유전적 연구를 통해 드러난 이런 내용들은 4장에서 더 상세하게 논의할 것이다.

최근에 국제적인 한 연구 팀이 양극성장애자 2,266명과 양극성장애가 없는 대조군 5,028명의 유전정보를 분석했다. 또 그 분석 자료를 앞서 다른 연구들에서 진행한 수천 명의 자료와 통합했다. 양극성장애자 9,747명과 대조군 14,278명의 유전정보 데이터베이스가 구축된 것이다.

연구 팀은 DNA의 약 230만 개 영역을 분석했다. 그 결과 다섯 개의 영역이 양극성장애와 관련이 있다는 것이 드러났다.[17] 그중 5번 염색체와 6번 염색체 두 영역에서는 양극성장애의 위험을 키울 수 있는 새로운 후보 유전자들이 발견되었다. 나머지 세 영역은 이전부터 관련이 있다고 추정되었던 곳으로, 이번 연구를 통해 연관성이 확인되었다. 새로 발견된 유전자 가운데 하나인 ADCY2는 특히 관심 대상이다. 이 유전자는 신경 신호 전달을 촉진하는 효소의 생산을 감독하는데, 이는 양극성장애자의 경우에 뇌의 특정 영역에서 정보 전달이 제대로 이루어지지 않는다는 관찰 결과에 잘 들어맞는 발견이다.

연구 팀이 찾아낸 것과 같이, 양극성장애에 취약하게 만드는 유전자들을 찾아내는 일은 기분장애가 어떻게 생기는지를 이해하는 데 중요하다. 일단 생물학적 토대를 이해하고 나면, 더 효과적이고 정확한 치료법을 개발하는 일에 나설 수 있다. 또 취약한 사람을 식별해, 더 일찍 조치를 취하고 유전자와 상호작용해 기분장애를 일으킬 만한 환경 요인들을 파악할 수도 있다. 결과적으로, 우리는 기분장애의 생물학을 이해함으로써 정서적 안녕의 기초라고 할 수 있는 정상적인 기분 상태의 생물학을 이해할 수 있을 것이다.

미래 전망

우울증과 양극성장애의 유전학을 이해하는 일은 아직 초기 단계에 있다. 어쨌거나 이런 질병들은 아주 복잡하다. 감정, 생각, 기억을 맡은 뇌 구조들의 연결, 우리의 자기감에 중요한 연결이 망가진 상태인 것이다. 기분장애자가 온갖 심리적·신체적 증상들을 겪는 것도 바로 이 때문이다. 신경과학자들은 최근에야 이런 장애자들의 뇌에서 어떤 일이 일어나는지를 실시간으로 볼 수 있게 되었고, 이로써 유전학, 뇌 생리학, 행동을 연관 지을 가능성이 열리고 있다.

그럼에도 그동안 다른 연구 분야들에서는 엄청난 발전이 이루어졌다. 우울증에 관한 연구 분야가 특히 그렇다. 우울증의 신경 회로를 발견하고, 심부뇌자극법을 이용해 해당 회로의 뉴런 발화 양상을 바꾸고, 감정과 생각을 담당하는 뇌 구조들의 단절을 보고, 심리요법의 생물학적 특성을 이해하는 일까지 해냈다. 이런 발전들은 기분장애자의 치료에도 개선을 가지고 왔다.

충분한 지식을 갖춘 임상의들의 지속적인 주목, 적절한 치료, 전문성, 연민 어린 지원을 받는다면, 현재 대다수의 기분장애자들은 정서적 평형을 회복하거나 유지하고, 문제없이 살아갈 수 있다. 식구나 친구를 더 잘 이해함으로써, 즉 환자의 경험과 그 병에 관한 과학을 이해함으로써, 관계에 손상이 생기는 것을 피하거나 복구할 수 있다. 자아의 생물학적 토대를 이해하게 되면서, 기분장애는 점차 치료 가능한 질병이 되고 있다.

4

생각하고 결정을 내리고 수행하는 능력: 조현병

조현병은 아마 태어나기 전에 시작되겠지만, 보통 청년기 말이나 성년기 초에야 뚜렷해진다. 일단 발병하고 나면, 조현병은 생각, 의욕, 행동, 기억, 사회적 상호작용, 다시 말해 자기감의 토대들을 황폐화하고는 한다. 젊은이가 독립적으로 변하기 시작하는 바로 그 시기에 말이다. 우울증과 양극성장애처럼, 조현병도 뇌의 많은 영역에 영향을 미치고 궁극적으로 자아의 통합성을 훼손하는 복잡한 정신 질환이다.

조현병은 뇌와 행동에 폭넓게 영향을 미치기 때문에, 생물학적으로 유달리 규명하기가 어렵다. 이 장에서는 뇌과학자들이 지금까지 조현병에 관해 무엇을 발견했는지를 알아보기로 하자. 이 장애가 뇌의 어떤 회로를 교란하고, 어떤 치료법이 나와 있으며, 어떤 유전적·발달적 요소가 이 병에 관여하는지를 살펴보자. 조현병의 유전학적 연구가 상당히 진척되면서, 이 병이 자폐증과 달리 더 늦은 시기에 발현되는 신경 발달장애라는 견해가 출현했다.

과학자들은 유전학과 뇌 영상 분야에서 이루어진 최신 기술의 발전에 힘입어, 조현병의 생물학에 관해 새로운 깨달음을 얻어왔다. 이런 발전들을 바탕으로, 현재 우리는 조현병이 뇌에 어떤 영향을 미치는지 이해하기 시작했으며, 이 병이 어떻게 시작되는지를 조사하고, 다양한 가설들을 검증하는 데 사용할 동물 모형들을 개발하고 있다. 최근에 이루어진 이런 발전들 덕분에, 일찍 조치를 취하고 조현병을 치료하는 길이 열릴지도 모른다.

조현병의 핵심 증상들

조현병은 세 종류의 증후군을 일으키는데, 각각은 뇌의 서로 다른 영역이 교란되어 생긴다. 그래서 조현병은 이해하고 치료하기가 더욱 어렵다.

조현병의 '양성' 증후군은 이 병에 관해 이야기할 때 가장 자주 언급되고 환자가 보통 가장 먼저 알아차리는 것이다. 양성 증후군은 의욕과 생각에 장애가 생겼다는 것을 반영한다. 사고장애는 환자를 현실과 분리해, 환각과 망상처럼 지각과 행동의 변형을 낳는다. 이런 정신병적 증상들은 당사자뿐만 아니라 주변 사람들에게도 끔찍한 것이다. 이는 사람들이 조현병을 지닌 이들에게 낙인을 찍는 주된 원인이기도 하다.

영국의 화가인 루이스 웨인Louis Wain은 고양이 그림을 통해 조현병의 양성 증상들(특히 변형된 지각)을 보여준다(화보 2). 6장에서도 자세히 설명하겠지만, 크레펠린이 인식했듯이 조현병이 발병할 때 탁월한 예술적 능력도 처음으로 모습을 드러내고는 한다. 그래서 화가가 조현병에 걸린 뒤로도 계속 그림을 그리거나, 그림을 그려본 적이 없었던 사람이 조현병에 걸린 뒤에 자신의 감정을 드러낸 수단으로 그림을 택하기도 한다.

가장 흔한 양성 증상인 환각은 시각적이거나 청각적인 형태를 띤다. 청각적 환각은 특히 성가시다. 환자는 몹시 혹독하게 비판하거나, 심지어 욕설까지 내뱉는 목소리를 듣고는 한다. 그 목소리는 환자 자신이나 남에게 해를 끼칠 수도 있다. 망상, 즉 근거 없는 잘못된 믿음도 흔하다. 망상은 몇 가지 범주로 나뉘는데, 그중 편집증적 망상이 가장 흔하다. 이런 망상을 지닌 환자는 종종 남들이 자신을 잡으러 오거나 따라오거나 해를 끼치려 한다고 느낀다. 누군가가 자신을 독살하려고 한다고 믿는 환자도 드물지 않다. 환자들은 특히 약을 처방받을 때 그런 생각을 한다.

망상의 또 한 가지 아주 흔한 유형은, 자신이 지시나 통제를 받는다고 느끼는 것이다. 환자는 텔레비전이나 라디오를 통해 자신만

특수한 메시지를 받고 있다고 느낀다. 남이 자신의 마음을 통제할 수 있다고 느끼기도 한다. 마지막으로 스스로가 위대한 인물, 즉 특수한 능력을 지닌 인물이라고 느끼는 망상도 있다.

조현병의 음성 증상들(사회적 위축과 동기 결핍)은 보통 양성 증상들보다 먼저 나타나지만, 대체로 정신병 삽화를 겪기 전까지는 알아차리지 못한 채 넘어간다. 사회적 위축은 실제로 사람들을 피하기보다는 장벽을 쌓고서 자신만의 세계에 빠져드는 양상을 보이기도 한다. 동기 결핍은 무력감과 무심함이라는 형태로 드러난다.

조현병의 인지적 증상들은 자기 삶을 꾸려가는 데 관여하는 집행 기능인 의지 및 작업 기억(단기 기억의 한 형태)에 문제가 생겼다는 것을 반영하며, 이는 치매의 조기 증상들이기도 하다. 환자들은 때로 자신의 생각을 추스르거나 흐름을 따라가지 못한다. 게다가 직장에서 성공하거나 타인과 관계를 유지하는 데 필요한 일상적인 일들을 하지 못할 수도 있다. 그래서 직장을 얻거나 결혼해 자식을 키우는 데 어려움을 겪기도 한다.

치료를 받지 않는 조현병 환자들의 뇌 영상을 보면, 시간이 흐를수록 회백질이 미세하기는 하지만 알아차릴 있을 정도로 줄어든다는 것을 알 수 있다. 회백질은 대뇌겉질에서 뉴런의 세포체와 가지돌기가 있는 곳이다. 조현병의 인지 증상들을 야기하는 상실된 회백질은 뇌가 발달하는 동안 가지돌기의 가지치기가 지나치게 많이 이루어진 결과라고 여겨지는데, 그 결과로 뉴런들의 시냅스 연결이 줄어든다. 이 이야기는 이 장 뒷부분에서 다시 다루기로 하자.

조현병의 이런 증상들이 얼마나 완벽하게 우리의 현실감각을 없애고 독립심과 자기감을 파괴하는지 감을 잡을 수 있도록, 이 장애가 있는 사람의 이야기를 들어보자. 서던캘리포니아대학교의 법학교수이자 색스정신건강법·정책·윤리연구소의 설립자인 엘린 색스Elyn Saks가 바로 그 사람이다(그림 4.1). 2007년 색스는 《통제할 수 없는 중추The Center Cannot Hold》라는 책을 냈다. 책에서 그녀는 자신의 조현병 경험을 솔직하고도 감동적으로 그리면서, 조현병 환자들에게 제약을 가하지 말고 스스로 한계를 찾을 수 있도록 해달라고 청원한다. 2015년 9월 그녀는 맥아더 재단의 '천재상genius grant'을 받았다. 그녀는 처음으로 겪었던 끔찍한 정신병 경험을 이렇게 묘사한다.

그림 4.1 | 엘린 색스

금요일 밤 10시다. 나는 동료 두 명과 함께 예일대학교 법대 도서관에 앉아 있다. 그들은 도서관에 틀어박혀 있으려니, 그리 기분이 좋지 않은 듯하다. 어쨌든 주말이니까. 재미있게 할 수 있는 일들이 얼마나 많은데. 하지만 나는 우리 소모임 회의를 열기로 결정한다. 우리는 해야 할 쪽지 과제가 있다. 과제를 해야 하고, 끝내야 하고, 과제물을 작성해야 하고, 또… 잠깐만. 아니, 잠깐. "쪽지는 계시야." 나는 선언한다. "무언가를 가리키지. 너희 머릿속에 있는 무언가를. 너희는 누구를 죽여본 적 있니?"

그들은 마치 자신들이나 내가 얼음물을 뒤집어쓴 듯한 표정으로 나를 쳐다본다. "농담하는 거지?" 한 명이 묻는다. "대체 무슨 소리를 하는 거야?" 또 한 명이 묻는다.

"음, 늘 그렇지. 좋은 일이 있으면 나쁜 일도 있지. 누가 무슨 짓을 하고 무슨 짓을 누가 할까, 애들아!" 나는 벌떡 일어난다. "지붕으로 가자!"

나는 가장 가까운 큰 창문으로 전력 질주해, 밖으로 나가 지붕을 기어오른다. 잠시 후 동료들이 스스로 범죄를 저지르는 듯한 표정으로 마지못해 따라온다. "이게 바로 진짜 나야!" 나는 두 팔을 높이 흔들면서 소리친다. "이리 와서 플로리다 레몬나무를 좀 봐! 빛나는 플로리다 덤불을! 레몬은 어디에 있지? 악마는 어디에 있지? 어이, 너희 왜 그래?"

"너, 좀 무서워." 한 명이 불쑥 내뱉는다. 잠시 머뭇거리는가 싶더니 다른 한 명이 말한다. "나 그냥 들어갈래." 그들은 겁먹은 듯하다. 유령이라도 본 걸까? 아, 잠깐. 그들이 창문으로 기어 들어가고 있다.

"왜 들어가는 거야?" 내가 물어도 그들은 이미 들어가고 없다. 나 혼자 남았다. 몇 분 뒤, 나도 창문으로 마지못해 기어 들어간다.

모두가 다시 책상 앞에 앉았을 때, 나는 교과서들을 빼곡하게 쌓아 올린 뒤 내 파일의 페이지들을 정렬한다. 그리고 다시 정렬한다. 과제를 볼 수 있지만, 해답은 볼 수 없다. 매우 걱정되는 상황이다. "단어들이 이 페이지 저 페이지로 날뛰고 있어. 너희도 이런 적 있니? 누군가가 내 판례 자료에 침투한 것 같아. 잘 철해놓았는데. 묶어놓은 걸 못 믿겠어. 그런데 너희 관절은 몸을 잘 묶어놓고 있지." 나는 고개를 들어 두 동료를 흘깃 쳐다본다. 둘은 나를 뚫어지게 쳐다보고 있다. "음… 나는 가봐야겠어." 한 명이 말한다. "나도." 다른 한 명이 따라 말한다. 그들은 초조한 기색으로 서둘러 자기 물건들을 꾸려서 떠난다. 과제는 나중에 만나서 하자는 애매한 말을 남긴 채.

나는 서가 뒤에 숨어 바닥에 앉아서 홀로 중얼거리고 있다. 한밤중 시간이 한참 지날 때까지. 도서관이 점점 조용해진다. 조명이 꺼지고 있다. 안에 갇힐까 봐 겁이 나서 결국 종종걸음으로 도서관 밖으로 나간다. 경비원에게 들키지 않도록 몸을 숙인 채 그늘진 곳을 지나서. 밖은 컴컴하다. 기숙사로 걸어가는데 가고 싶지가 않다. 방에 들어갔는데 도저히 잠을 이룰 수가 없다. 머릿속이 온갖 소음으로 가득하다. 레몬이, 쪽지 과제가, 내가 다루어야 하는 대

량 학살 사건이 너무나 많다. 공부해야 한다. 그런데 할 수 없다. 생각할 수가 없다.[1]

조현병의 역사

3장에서 알아보았듯이, 과학적인 현대 정신의학의 창시자인 에밀 크레펠린은 주요 정신 질환을 기분장애와 사고장애로 구분했다. 그가 이렇게 구분할 수 있었던 것은 임상 관찰을 빈틈없이 했을 뿐만 아니라, 실험심리학의 선구자인 빌헬름 분트Wilhelm Wundt의 연구실에서 지내며 정신 질환을 공부한 덕분이었다. 크레펠린은 여생 동안 정신의학의 개념들을 타당한 심리학적 기초 위에 올려놓으려고 애썼다.

크레펠린은 주된 사고장애를 조발성치매, 즉 젊은이의 치매라고 했다. 그 직후에 스위스 정신의학자 오이겐 블로일러는 이 용어에 이의를 제기했다. 블로일러는 치매가 이 병의 한 요소에 불과할 뿐이라고 보았다. 게다가 그의 환자들 중에는 훨씬 더 늦은 나이에 이 병에 걸린 이들도 있었고, 발병한 뒤로도 여러 해 동안 별 문제없이 살아가는 이들도 있었다. 이들은 직장에 다니고 가정도 꾸릴 수 있었다. 그래서 블로일러는 이 병을 '정신분열증schizophrenias'이라고 했다. 그는 정신분열증을 마음이 분열되는 병, 즉 감정이 인지와 동기로부터 분리되는 병이라고 보았고, 서너 가지 장애를 이 범주에 포함시킬 수 있다고 보고 복수 명사를 썼다. 블로일러의 개념은 이 병을 이해하는 기초가 되었고 그의 정의는 지금도 통용되고 있다.

조현병 환자의 치료

조현병은 드문 병이 아니다. 세계 인구의 약 1퍼센트, 미국인만 따져도 약 300만 명이 앓고 있는 병이다. 계층, 인종, 성별, 문화에 관계없이 발병하며, 증세도 천차만별이다. 중증 환자 가운데 상당수는 사적인 관계를 맺거나, 일을 하거나, 심지어 혼자 살아가는 것조차 어려워한다. 반면 이보다 경증을 지닌 사람들 중에는 작가 잭 케루악Jack Kerouac, 노벨경제학상 수상자 존 내시John Nash, 음악가 브라이언 윌슨Brian Wilson처럼 특출한 업적을 이루는 이들도 있다. 조현병은 대개 약물 치료나 심리요법을 통해 증상이 억제된다.

조현병 환자를 치료하기 위해 개발된 약들은 처음에는 장애의 양성 증상들, 즉 정신병적 증상인 환각과 망상을 완화하는 데 초점이 맞추어졌다. 정신병 약은 효과가 아주 좋았다. 실제로 오늘날 우리가 쓰는 약물 대부분은 조현병 환자 80퍼센트의 양성 증상들을 어느 정도 완화한다. 그러나 정신병 약은 조현병의 음성 및 인지적 증상들을 줄이는 데에는 그다지 효과가 없다. 그리고 그런 증상들이야말로 환자에게 가장 해롭고 그들을 피폐하게 만들 수 있다.

심리요법은 조현병 환자에게 필수적인 치료법이다. 흥미롭게도 지금은 종종 심리요법이 우선적으로 쓰인다. 위험 소지가 있는 청소년과 젊은이들의 정신병 증상이 발생하는 것을 예방하는 데에도 쓰이는 것이다. 여러 가지 심리요법이 가능한데, 그중 하나는 환자가 장애나 질병에 걸려 있다는 것을 스스로 깨닫도록 돕는 것이다. 다시 말해, 자신이 나쁜 사람이 아니라 망상이나 환각에 시달리고 있는 선한 사람이라는 것을 깨닫도록 돕는 것이다.

생물학적 치료법

우울증의 경우와 마찬가지로, 과학자들은 효과적인 약이 등장하면서 조현병의 생물학을 처음 생각하기 시작했다. 우울증과 조현병의 경우, 최초의 약은 다른 질병을 치료하는 데 쓰일 약물로부터 우연히 만들어졌다.

제약 회사 론풀랑크Rhone-Poulenc에서 일하는 프랑스 화학자 폴 샤르팡티에Paul Charpentier는 새로운 항히스타민제를 연구하기 시작했다. 기존 항히스타민제와 달리 이 약이 부작용을 일으키지 않고 알레르기에 효과가 있기를 기대하며, 그는 1950년에 소라진Thorazine이라는 약을 개발했다. 화학명은 클로르프로마진chlorpromazine이었다. 소라진을 임상 시험했을 때, 모두가 그 효과에 깜짝 놀랐다. 그 약물은 사람들을 더 차분하게, 훨씬 더 느긋하게 만들었다.

소라진의 효과를 알아차린 프랑스의 두 정신의학자 피에르 드니케르Pierre Deniker와 장 들레Jean Delay는 정신 질환자들에게 그 약을 처방해 보기로 했다. 그 약은 마법의 탄환이나 다름없었다. 조현병 환자들에게 특히 그랬다. 1954년 미국 식품의약청이 이 약물을 승인했을 때, 이미 소라진으로 치료를 받은 사람이 미국에서만 200만 명이 달한 상태였다. 그들 가운데 상당수가 국립 정신병원에서 퇴원할 수 있었다.

과학자들은 원래 소라진이 환자의 상태를 너무 가라앉히지 않으면서도 차분하게 만드는 신경안정제의 역할을 한다고 생각했다. 그러나 1964년에 소라진과 유사 약물들이 조현병의 양성 증상들에 구체적인 영향을 미친다는 점이 뚜렷해졌다. 예를 들어, 이 약들은 망상, 환각과 같은 몇몇 유형의 비정상적인 생각을 완화하거나 없앤다. 게다가 이런 정신병 약은 환자들이 재발 과정에 있을 때, 재발률을 줄이는 경향도 있다. 그러나 이 약들은 파킨슨병 특유의 신경학적 증상들을 비롯해, 상당한 부작용을 일으킨다. 약을 먹는 사람들은 손이 떨리고, 걸을 때 몸이 앞으로 굽고, 몸이 굳는 증상을 겪는다.

이윽고 과학자들은 신경학적 부작용이 더 적은 새로운 약들을 개발했다. 이들 가운데 클로자핀clozapine, 리스페리돈risperidone, 올란자핀olanzapine이 대표적이며, 모두 그 병의 양성 증상들을 억제하는 데 효과가 있다. 조현병의 음성 증상들과 인지적 결함을 치료하는 데 이전 정신병 약들보다 더 효과가 있다고 여겨지는 것은 클로자핀뿐이며, 그것도 약간 더 나은 정도일 뿐이다. 이런 새로운 약물들은 '비전형' 정신병 약으로 불린다. 모두 이전의 '전형적인' 약들보다 파킨슨병의 증상과 비슷한 부작용이 더 적기 때문이다.

비전형 정신병 약이 어떻게 작용하는지를 알려주는 첫 번째 단서는 신경학적 부작용을 분석하는 과정에서 나타났다. 이 약물들이 운동에 관한 한 파킨슨병과 동일한 효과를 일으키고, 파킨슨병의 운동 이상은 조절성 신경전달물질인 도파민의 결핍으로 생기기에, 과학자들은 약들이 뇌의 도파민을 줄이는 것이 아닐까 추론했다. 또 조현병도 어느 정도 도파민의 과다 작용으로 발생하는 것이 아닐까 생각했다. 다시 말해, 이 약들의 치료 효과와 부작용 효과는 모두 뇌의 도파민이 줄어들었기 때문일 수 있었다.

어떻게 이것이 가능할까? 한 약물이 어떻게 해로운 효과와 이로운 효과를 동시에 일으킬 수 있을까? 이것은 약물이 뇌의 어느 영역에 작용하는지에 따라 달라진다.

뉴런이 시냅스로 도파민을 분비하면, 도파민은 보통 표적 뉴런의 수용체에 결합한다. 정신병 약이 수용체를 차단하면, 도파민의 작용은 약해진다. 많은 전형적인 정신병 약은 도파민 수용체를 차단함으로써 작용한다는 것이 밝혀졌다. 이 발견은 도파민의 과다 생산이나 너무 많은 도파민 수용체가 조현병을 일으키는 중요한 요인이라는 개념을 뒷받침했다. 도파민 결핍이 비정상적인 움직임을 일으킨다는 파킨슨병 연구의 개념도 뒷받침했다. 따라서 도파민이 조현병에 어떤 역할을 하는지를 이해함으로써, 우리는 신경전달물질의 정상적인 기능도 조금 더 알 수 있었다.

도파민 생산 뉴런은 대부분 중간뇌의 두 영역에 들어 있다. 배쪽뒤판영역ventral tegmental area과 흑색질substantia nigra이 그곳들이다. 이 두 뉴런 집합에서 바깥으로 뻗어나가는 축삭들은 **도파민 경로**dopaminer-gic pathway라는 신경 회로를 이룬다. 이 도파민 경로 중 두 가지, 즉 **중간둘레 경로**mesolimbic pathway와 **흑색질줄무늬체 경로**nigrostriatal pathway는 조현병에 걸릴 때 주로 영향을 받는 신경 경로이기 때문에, 치료제를 찾을 때 조사해야 할 가장 중요한 곳들이다(그림 4.2).

중간둘레 경로는 배쪽뒤판영역에서 이마앞겉질의 여러 부위, 해마, 편도체, 측좌핵으로 뻗어 있다. 이 영역들은 생각, 기억, 감정, 행동에 중요한데, 조현병에 걸렸을 때 악영향을 받는 정신 기능들이

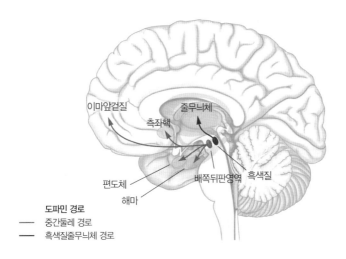

그림 4.2 | 정신병 약에 영향을 받는 두 도파민 경로인 중간둘레 경로와 흑색질줄무늬체 경로. 도파민 생산 뉴런은 배쪽뒤판영역과 흑색질에 집중되어 있다. 전자는 중간둘레 경로로, 후자는 흑색질줄무늬체 경로로 도파민을 보낸다.

다. 흑색질줄무늬체 경로는 공간 및 운동 기능에 관여하는 뇌 영역으로, 흑색질에서 시작되어 등쪽줄무늬체dorsal striatum로 뻗어 있다. 이 경로도 파킨슨병에 걸리면 퇴화한다. 정신병 약은 이 두 경로에 작용하는데, 이것이 바로 정신병 약이 치료 효과와 부작용 효과를 모두 일으킬 수 있는 이유다.

전형적인 정신병 약이 도파민 수용체를 차단한다는 개념이 맞는지를 검증하려면, 이 약이 효과를 발휘하는 도파민 수용체를 찾아야 한다. 알려진 주요 도파민 수용체들은 D1에서 D5까지 다섯 종류로 나뉜다. 전형적인 정신병 약은 D2 수용체에 친화성이 높고, 비전형 정신병 약은 이 수용체에 대한 친화성이 낮다.

D2 수용체는 보통 줄무늬체에 유달리 많고, 그보다 적기는 하지만 편도체, 해마, 대뇌겉질의 여러 부위들에도 있다. 흑색질줄무늬체 경로의 D2 수용체를 완전히 차단하면 줄무늬체 영역들에 정상적인 운동을 하는 데 필요한 도파민이 매우 부족해진다는 연구 결과가 나와 있다. 전형적인 정신병 약이 파킨슨병과 유사 증상을 일으키는 이유를 이것으로 설명할 수 있다. 비전형적인 정신병 약도 줄무늬체의 D2 수용체를 차단하기는 하지만, D2 수용체와 친화성이 더 낮아 차단되는 수용체가 더 적기에 움직임에는 문제가 없다.

비전형적인 정신병 약이 전형적인 약과 다른 또 한 가지 이유는 친화성이 보다 다양하기 때문이다. 비전형적인 정신병 약은 D4 도파민 수용체뿐 아니라 다른 조절성 신경전달물질, 특히 세로토닌과 히스타민의 수용체에도 결합한다. 이 작용의 다양성은 조현병이 도파민 경로뿐 아니라, 세로토닌 경로와 히스타민 경로의 비정상도 수반할 가능성이 있다는 점을 시사한다.

조기 개입

어떤 질환이든, 치료 효과를 높이는 한 가지 방법은 조기에 개입하는 것이다. 과학자들은 심장 발작의 위험을 증가시키는 생활 습관을 파악하고, 예방 조치법을 개발하는 데 성공을 거두어 왔다. 조현병의 경우에도 성공하지 말라는 법은 없다.

우리는 유전적인 요인과 환경적인 요인이 태아와 영아의 뇌가 발달하는 동안 뇌에 영향을 미쳐 조현병의 위험을 증가시킨다는 것을 알고 있기에, 그 요인들을 파악해 발병하기 여러 해 전에 조치를 취할 수 있을지도 모른다. 뒤에서 살펴보겠지만, 발달하는 뇌에 영향을 미치는 유전적 변이 가운데 하나는 이미 밝혀졌다. 게다가 종종 뇌의 컴퓨터 단층 촬영 영상들은 조현병 환자들의 뇌에서 도파민 활성이 증가하는 영역들을 보여주기에, 발병 전에 그것을 생물학적 지표로 삼을 수 있을지도 모른다.

앞서 말했듯이, 조현병은 대개 사춘기 말이나 성년기 초에 처음으로 발병한다. 일상생활의 스트레스가 감당할 수 없을 만큼 심해지는 시기 말이다. 발병 즉시 치료를 시작하면, 젊은 사람들은 대개 안정 상태를 유지할 수 있다. 그러나 몇 년 동안 앓은 뒤에야 비로소 치료받을 생각을 하는 사례가 너무나 많다. 게다가 조현병 환자가 약물 투여를 중단하면, 도파민 경로를 비롯한 신경 회로들의 조절이 교란되고, 증상들을 다시 겪기 시작할 것이다.

가장 유망한 예방법은 조현병의 초기 징후들을 보이는 이른바 전구기 prodromal phase 에 청소년과 청년에게 인지 심리요법을 받도록 하는 것이다. 첫 발병 삽화에 앞서 나타나는 이런 징후들은 불행히도 조금 모호하다. 젊은 사람들은 약간 우울하거나, 평소보다 스트레스에 잘 대처하지 못하거나, 들뜬 기분을 느낄 수도 있다. 때로는 자신이 생각하고 있는 것을 큰소리로 내뱉기도 한다. 알다시피 주요 정신 질환들은 일상 행동이 과장되어 나타나는 것이 특징일 때가 많기 때문에, 처음에는 미묘한 변화를 알아차리기 힘들 수 있다.

예방 치료는 청소년과 청년들이 이마앞겉질의 인지력과 집행 기능을 구축할 수 있도록 돕는다. 이것은 자기 행동을 제어하는 능력을 함양하기 위한 것이다. 일상생활에서 받는 스트레스를 관리하는 능력이 개선되고 환자가 자신의 삶을 더 잘 꾸려가면, 조현병 삽화가 일어날 가능성이 줄어들 것이다.

해부학적 이상

영양부족, 감염, 스트레스, 독성 물질에 노출되는 환경 요인들이 유전자와 상호작용해 태아의 도파민 경로가 비정상적으로 발달할 위험을 높이기도 한다. 그리고 청소년기의 뇌가 도파민을 지나치게 많이 생산함으로써 일상생활의 스트레스에 반응하기 시작할 때, 기능 이상이 생긴 경로는 조현병의 무대를 마련한다.

안 좋은 환경이나 상황은 태아가 이마앞겉질의 특정한 회로들을 발달시키는 데에도 영향을 미칠 수 있다. 이 회로들은 뇌의 사고와 집행 기능을 매개하는데, 조현병 환자들이 겪는 인지적 증상들, 특히 작업 기억의 교란은 이 신경 회로들의 문제에서 비롯한다.

작업 기억이 생각이나 행동을 이끄는 데 필요한 정보들을 짧은 기간 동안 기억하는 능력이라는 점을 상기해 보라. 지금 당신은 작업 기억을 이용해 방금 읽은 내용의 요점을 머릿속에 담고 있다. 이 때문에 다음에 읽을 내용을 논리적으로 따라갈 수 있는 것이다. 작업 기억에 장애가 생기면 이런 행동이 어렵고, 마찬가지로 하루 계획을 짜거나 직장에서 일하기도 어려워진다.

작업 기억은 유년기부터 십대 말까지 발달하며, 시간이 흐르면서 점점 나아진다. 10~15년 뒤에 조현병이라는 진단을 받게 될 아이들은 7세 때에는 정상적인 작업 기억을 지닌다. 그러나 13세에는 작업 기억이 그 나이에 걸맞은 수준보다 한참이나 뒤떨어져 있다. 작업 기억의 한 가지 구성 요소는 이마앞겉질의 피라미드 뉴런pyramidal neuron이다. 세포체의 모양이 거의 삼각형이어서 이런 이름이 붙었다. 그것 말고는 다른 모든 뉴런들과 구조나 기능 면에서 다르지 않다.

앞서 알아보았듯이, 뉴런은 축삭을 따라 바깥으로 정보를 전달

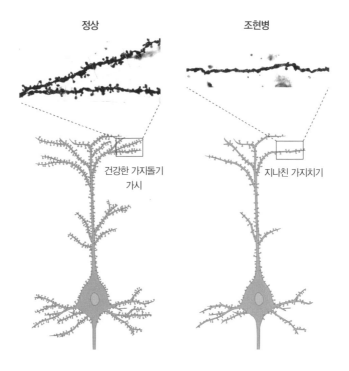

그림 4.3 | 피라미드 뉴런에서 많이 뻗어 나온 가지돌기의 가지치기. 정상적인 뇌와 조현병 환자의 뇌에 있는 가지돌기 가시들.

하며, 축삭은 표적 세포의 가지돌기와 시냅스 연결을 이루고 있다. 피라미드 뉴런의 시냅스는 대부분 가지돌기 가시dendritic spine라는 가지돌기로부터 작게 삐죽 튀어나온 부위에 있다. 뉴런의 가지돌기 가시의 수는 대체로 그 뉴런이 받는 정보의 양과 풍부함을 알려주는 척도다.

가지돌기 가시는 임신 3분기에 피라미드 뉴런에서 형성되기 시작한다. 그때부터 생후 첫 몇 년에 걸쳐 가지돌기 가시의 수와 거기에 연결되는 시냅스의 수는 빠르게 늘어난다. 사실 세 살의 뇌는 성인의 뇌보다 시냅스가 두 배 더 많다. 사춘기 때부터 시냅스 가지치기가 일어나면서, 작업 기억에 도움이 안 되는 가시를 비롯해 뇌는 쓰지 않는 가지돌기 가시를 제거한다. 시냅스 가지치기는 청소년기와 성년기 초에 특히 활발하게 일어난다.

조현병 환자의 경우에는 시냅스 가지치기가 청소년기에 지나치게 활발해지면서, 너무 많은 가지돌기 가시를 제거하는 듯하다(그림 4.3). 그 결과 이마앞겉질에서 피라미드 뉴런들의 시냅스 연결이 적어져 충분한 작업 기억을 비롯해 복잡한 인지 기능들에 필요한 튼튼한 신경 회로를 형성하지 못한다. 조현병의 이 과잉 가지치기 가설은 현재 캘리포니아대학교 데이비스 분교에 있는 어윈 파인버그Irwin Feinberg가 처음 제시했고,[2] 피츠버그대학교 데이비드 루이스David Lewis와 질 글로시어Jill Glausier가 규명해 냈다.[3] 조현병 환자의 해마에 있는 피라미드 뉴런에서도 비슷한 결함이 생겨 기억에 악영향을 미칠 수 있다고 여겨진다.

시냅스 가지치기가 본래 뇌에서 쓰이지 않는 가지돌기를 제거하기 때문에, 루이스는 과잉 가지치기가 가지돌기가 충분히 쓰이지 않은 결과일 수 있다고 추론했다. 즉 피라미드 뉴런이 감각 신호를 충분히 받아야 가지돌기 가시들이 바쁘게 제 기능을 할 수 있는데, 무언가가 수신을 막는 것일 수도 있다고 추론한 것이다. 그리고 그 범인은 시상thalamus일 가능성이 높았다. 시상은 감각 신호를 이마앞겉질로 전달한다고 여겨지는 영역이다. 시상이 제대로 기능하지 못한다면, 그것은 시상 자체의 세포가 줄어들었기 때문일 수 있다. 실제로 연구 결과들에 따르면 조현병 환자의 시상은 정상적인 경우보다 더 적다.

따라서 조현병은 우울증이나 양극성장애와는 전혀 다른 문제를 안고 있다. 3장에서 살펴보았듯이, 그 장애들은 **기능 결함**에서 생긴다. 다시 말해, 적절히 구축된 신경 회로가 제 기능을 하지 못하면서 생긴다. 그리고 그런 결함은 때로는 복구할 수 있다. 반면에 조현병은 자폐 스펙트럼 장애와 마찬가지로 **해부학적 결함**을 수반한다. 즉 특정한 신경 회로가 제대로 발달하지 못한다. 조현병의 해부학적 결함을 복구하려면, 신경 회로가 발달할 때 시냅스 가지치기에 개입하거나 나중에 새로운 가지돌기 가시의 성장을 자극하는 화합물을 개발할 방법을 찾아야 한다.

해부학적으로 비정상으로 보이는 조현병 환자의 뇌 부위들은 그 밖에도 더 있다. 겉질의 관자엽과 마루엽parietal lobe, 해마의 회백질층이 더 얇고, 뇌척수액이 들어 있는 빈 공간인 가쪽뇌실이 더 늘어나 있다. 가쪽뇌실이 커진 것은 겉질의 회백질이 줄어들어서 나타난 결과일 것이다. 과잉 시냅스 가지치기처럼 이런 이상들도 일찍부터 나타나는데, 이것은 이 이상들이 조현병의 발달에 기여한다는 점을 시사한다. 해부학적 이상이 인지적 증상들과 함께 나타난다는 것은 조현병의 인지적 증상들이 대뇌겉질의 회백질 기능에 이상이 생겨 나타난다는 기존 견해를 뒷받침한다.

조현병의 유전학

당신의 일란성 쌍둥이가 조현병에 걸렸다면, 당신도 그 병에 걸릴 확률이 약 50퍼센트다. 함께 자랐든 떨어져 자랐든 상관없다. 전체 인구에서 조현병에 걸릴 확률은 100분의 1이므로, 이것은 그보다 훨씬 더 높은 수치다. 따라서 유전자와 환경은 상호작용해 그 병을 일으키는 것이 분명하다(그림 4.4).

최근에 많은 과학자들이 조현병 환자와 그 가족 수만 명의 도움을 받아, 그 병의 유전적 위험을 이해하기 위한 공동 연구를 시작했다. 그들은 조현병 환자의 뇌에 이상을 일으키는 유전자들이 무엇이며, 그 유전자들이 어떤 기능을 매개하는지 알아내고자 했다.[4] 그

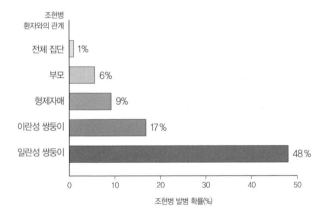

그림 4.4 | 조현병 발달의 유전적 위험. 집단 전체의 조현병 발생 위험, 즉 확률은 100분의 1(1퍼센트)인 반면, 그 병을 지닌 사람의 친척은 그 병에 걸릴 확률이 더 높다. 일란성 쌍둥이는 거의 50퍼센트에 달한다.

들은 설령 그 병의 증상들이 십대 말이 되어서야 나타난다고 해도, 조현병에 관여하는 유전자들 중 상당수는 태어나기 전에 뇌에서 이미 작용하고 있다는 것을 알아냈다. 이 발견은 설령 그 병의 징후들이 훨씬 뒤에야 드러난다고 해도, 그들이 생애 초기에 접하는 환경의 위험 요인에 취약하다는 사실과 들어맞는다.

과학자들은 자폐증, 조현병, 양극성장애와 같은 복잡한 장애에 기여하는 유전적 변이들이 흔한지 아니면 드문지를 파악해 왔다. 흔한 변이 가운데 하나는 여러 세대 전에 인류 유전체에 도입되어, 지금은 세계 인구의 1퍼센트 이상이 지니고 있는 것이다. 그런 변이를 **다형**polymorphism이라고 한다. 희귀한 변이, 즉 돌연변이는 세계 인구의 1퍼센트 미만이 지닌 변이를 말한다. 어느 쪽이든 간에 변이는 어떤 질병이나 발달장애에 걸릴 확률을 높일 수 있다. 양쪽 변이 모두 조현병에 기여할 수 있는 것이다.

질병의 희귀한 변이체 메커니즘은 유전체에 있는 희귀한 돌연변이가 비교적 흔한 장애의 발병 위험을 대폭 증가시킨다는 것을 보여준다. 2장에서 보았듯이, 사본 수 변이라고 하는 염색체 구조에 생기는 희귀한 변화는 자폐 스펙트럼 장애의 위험을 크게 증가시킨다. 조현병도 마찬가지다. 사실 자폐 스펙트럼 장애의 위험을 증가시키는 7번 염색체의 사본 수 돌연변이는 조현병의 위험도 증가시킨다. 게다가 자폐 스펙트럼 장애의 경우처럼, DNA에 일어나는 희귀한 신생 돌연변이, 즉 아버지의 정자에서 자연적으로 생기는 돌연변이는 조현병과 양극성장애의 위험을 증가시킨다. 남성이 나이를 먹을수록 정자는 분열을 더 많이 거치고 오래된 정자일수록 돌연변이가 더 많이 들어 있으므로, 아버지의 나이가 많을수록 아이가 조현병에 걸릴 위험이 더 크다.

질병의 흔한 변이체 메커니즘은 많은 유전자의 흔한 다형이 함께 작용해, 조현병과 자폐 스펙트럼 장애의 위험이 증가한다는 것을 보여준다. 위험에 특별히 큰 영향을 미치는 희귀한 돌연변이와는 달리, 이런 흔한 변이체들 하나하나가 미치는 영향은 아주 미미하다. 흔한 변이체 메커니즘의 가장 강력한 증거는 위에서 말한 대규모 조현병 연구로부터 나왔다. 연구진은 수만 명의 유전체에서 흔한 변이체 수백만 개와 조현병 사이의 관계를 조사해 왔는데, 지금까지 100여 개의 유전자 변이체가 조현병과 관련이 있다고 드러났다. 이런 면에서 조현병은 당뇨병, 심장병, 뇌졸중, 자가면역질환과 같은 흔한 질환들과 유전적으로 매우 유사하다.

한때 연구진들은 희귀한 변이체와 흔한 변이체의 질병 메커니즘이 상호 배타적이라고 생각했는데, 최근의 자폐증, 조현병, 양극성 장애 연구들은 사본 수 변이나 신생 돌연변이로 생기는 희귀한 유전적 변이와는 별개로, 각각의 장애가 한 가지 기본적인 유전적 위험을 지니고 있다고 말한다(1장, 표 1). 예를 들어, 조현병의 위험은 기본적으로 전체 집단에서 1퍼센트, 즉 100명 가운데 한 명꼴이다. 희귀한 유전적 변이와 흔한 유전적 변이가 위험 수준에 기여하는 상대적인 비율은 장애마다 다르지만, 보편적인 특징들이 있다. 사소한 위험을 가하는 흔한 변이는, 그 변이를 상대적으로 많이 가진 사람들의 장애에 기여하는 반면, 더 큰 위험을 가하는 희귀한 돌연변이는 대개 환자 100명 가운데 한 명 이하로 그 장애에 기여한다.

아마 최근에 조현병의 유전학을 밝히려는 대규모 공동 연구를 통해 드러난 가장 놀라운 발견은, 조현병 위험을 일으키는 바로 그 유전자들 중 일부가 양극성장애의 위험도 일으킨다는 것이다. 게다가 조현병의 위험을 일으키는 또 다른 유전자 집합은 자폐 스펙트럼 장애도 일으킨다.

따라서 자폐증, 조현병, 양극성장애라는 세 가지 병에는 공통된 유전적 변이체들이 있다. 이런 중복 현상은 세 장애에서 장애 초기에 공통적으로 나타나는 특징들이 더 있다는 점을 암시한다.

누락된 유전자

신생아 4,000명 가운데 한 명은 유전체에서 22번 염색체의 일부가 누락되어 있다. 누락된 DNA의 양은 사람마다 다를 수 있지만, 보통은 **염기雙**base pair 약 300만 개, 유전자 30~40개가 빠진다. 누락된 DNA에는 그 염색체의 중앙 가까이에 q11이라는 영역이 있기 때문에, 이 결실을 22q11 결실 증후군이라고 한다.

이 증후군은 다시 매우 다양한 증후군을 일으킬 수 있다. 결실을 지닌 사람은 입술갈림증이나 입천장갈림처럼 거의 머리와 얼굴에 이상이 생기고, 절반 이상은 심혈관 질환을 갖는다. 또 작업 기억과 집행 기능에 문제가 있고, 가벼운 학습장애부터 정신지체에 이르기까지 다양한 인지적 결함을 보인다. 결실 증후군을 가진 성인의 약 30퍼센트는 양극성장애와 불안장애와 같은 정신 질환을 진단받는다. 그러나 이런 정신 질환 가운데 조현병이 월등히 많다. 22q11 결실 증후군을 가진 사람은 전체 집단에 비해 조현병에 걸릴 위험이 20~25배 더 크다.

해당 증후군과 관련된 다양한 의학적 문제들을 일으키는 유전자들이 무엇인지 찾아내기 위해, 과학자들은 모형으로 쓸 만한 동물을 찾아보았다. 생쥐의 16번 염색체에 있는 한 DNA 영역에, 사람의 22번 염색체 q11 영역에 있는 유전자들이 거의 다 들어 있다는 것이 드러났다. 다양한 생쥐로부터 해당 영역의 각기 다른 부위를 제거하는 실험을 통해, 과학자들은 인간 증후군의 생쥐 모형을 몇 종류 만들어낼 수 있었다.

그 모형들은 한 전사 인자(유전자의 발현에 관여하는 단백질의 일종)의 상실이 입천장갈림증과 몇몇 심장 기형을 비롯해, 정신 질환이 아닌 증상들 가운데 상당수를 일으킨다는 것을 보여주었다. 많은 과학자가 현재 생쥐 모형을 이용해 22q11 영역의 어떤 유전자가 누락될 때 조현병의 위험을 증가시키는지 알아내기 위해 애쓰고 있다. 이런 결실을 지닌 사람들에게 조현병이 강하게 나타난다는 점을 고려할 때, 과학자들이 해당 유전자를 찾아낼 가능성은 매우 높아 보인다.

1990년 당시 에든버러대학교의 데이비드 세인트 클레어 David St.

Clair 연구 팀은 스코틀랜드의 한 집안에 특정한 정신 질환이 높게 나타난다고 보고했다.[5] 그 집안사람 중 34명이 상염색체 균형 전위balanced autosomal translocation라는 것을 지니고 있었다. 이것은 성염색체가 아닌 어느 두 상염색체의 어느 조각이 끊어져 서로 위치가 바뀌어 끼워졌다는 뜻이다. 이 염색체 전위를 지닌 34명 가운데 다섯 명은 조현병이나 분열정동장애schizoaffective disorder(조현병 더하기 조증이나 우울증 또는 양쪽 다)를 지니고 있었고, 일곱 명은 우울증 진단을 받았다.

연구 팀은 이 전위로 유전자 두 개가 파괴된다는 것을 알아냈다. DISC1(조현병 교란 1)과 DISC2(조현병 교란 2)다. 이 전위는 단 한 집안에서만 발견되었지만, 그 집안에 정신 질환자의 비율이 유달리 높다는 것은 이 '두 유전자' 그리고 염색체가 끊긴 지점 근처의 다른 유전자들이 조현병과 기분장애의 정신병적 증상들을 일으키는 것일지도 모른다고 암시한다. 다른 두 연구진은 또 다른 유전적 단서를 찾아냈다. DISC1 유전자의 몇몇 다형은 자주 함께 나타나며, 조현병 위험에 기여하는 듯했다.[6] 지금까지의 연구는 DISC1 유전자에 초점을 맞추어 왔다. DISC2 유전자는 단백질을 만들지 않기 때문이다. 그러나 DISC2 유전자는 DISC1 유전자를 조절하는 역할을 하는 듯하다.

초파리와 생쥐를 대상으로 한 많은 연구들은 DISC1이 세포 내 신호 전달과 유전자 발현을 비롯해 뇌 전체에서 다양한 세포 기능에 영향을 미친다는 것을 보였다. DISC1은 발달하는 뇌에 특히 중요한데, 태아의 뇌에서 뉴런들이 적절한 위치로 옮겨가고, 자리를 잡고, 다양한 세포 유형으로 분화하도록 돕기 때문이다. DISC1 유전자가 교란되면 이 중요한 발달 기능들을 수행하는 능력에 지장이 생긴다.

종합해 보자면, 생쥐 모형들은 DISC1 유전자의 교란된 기능이 조현병 특유의 결함으로 이어진다는 것을 명확하게 보여준다. 게다가 모든 모형들은 조현병 환자의 경우에 관찰되는 것과 비슷한 뇌 구조의 변화를 보여준다. 예를 들어, 한 모형의 뇌 영상을 보면, 조현병 환자에게 관찰되는 것과 마찬가지로 가쪽뇌실이 커지고 겉질이 더 작아졌다는 것을 알 수 있다. 또 한 모형은 태어난 직후에 그 유전자의 기능이 교란되면 성체 때 비정상적인 행동을 한다는 것을 보여준다. DISC1 유전자가 조현병에 관여한다는 것과 생쥐를 이용한 발견들은 조현병이 뇌 발달장애라는 개념에 들어맞는다.

유전자와 과잉 시냅스 가지치기

뇌가 뉴런들의 불필요한 연결을 걸러내는 정상적인 시냅스 가지치기는 청소년기와 성년기 초에 대단히 활발하며, 주로 이마앞겉질에서 일어난다. 앞서 보았듯이, 조현병에 걸린 이들은 그렇지 않은 사람들보다 해당 뇌 영역에 시냅스 수가 더 적기에, 연구자들은 오랫동안 조현병 환자의 경우에 시냅스 가지치기가 지나치게 많이 일어난다고 추측해 왔다.

최근에 하버드 의대의 스티븐 매캐럴Steven McCarroll, 배스 스티븐스Beth Stevens, 애즈윈 세카Aswin Sekar 연구 팀은 이 개념을 뒷받침하는 추가 증거를 내놓았다. 그들은 가지치기가 어떻게, 또 왜 잘못될 수 있는지를 설명했고, 가지치기를 담당하는 유전자도 찾아냈다.[7]

연구 팀은 인간 유전체의 어느 특정한 영역에 초점을 맞추었다. 바로 주 조직적합성 복합체major histocompatibility complex, MHC라는 영역이다. 6번 염색체에 있는 이 유전자 복합체는 외래 분자를 인식하는 데(이런 인식은 몸의 면역 반응에 중요한 단계다) 핵심적인 역할을 수행하는 단백질들을 만든다. MHC의 자리는 이전의 유전적 연구를 통해 조현병과 강한 관련이 있다고 밝혀졌으며, 그 안에는 C4라는 유전자가 들어 있다. C4 유전자의 활성 또는 발현 수준은 개인마다 상당한 차이가 있다. 연구 팀은 C4 유전자의 변이가 발현 수준과 어떻게 관련이 있는지, 또 발현 수준이 조현병과 관련이 있는지 알고자 했다.

매캐럴, 스티븐스, 세카 연구 팀은 조현병을 지닌 사람들과 지니지 않은 사람들을 모두 포함해 6만 4,000명이 넘는 이들의 유전체를 분석해, 조현병을 가진 이들이 C4-A라는 C4 유전자의 특정한 변이체를 지닐 확률이 더 높다는 것을 발견했다. 이 발견은 C4-A가 조현병의 위험을 키울 수 있다는 점을 나타낸다.

MHC의 자리에 있는 유전자들이 만드는 단백질이, 면역계와 정상적인 발달 동안 이루어지는 시냅스 가지치기에 관여한다는 것이 이전의 연구들을 통해 밝혀진 바 있었다. 그런데 한 가지 중요한 질문이 남아 있었다. C4-A 유전자가 만드는 단백질은 정확히 어떤 역할을 할까? 이 질문에 대한 답을 얻기 위해, 과학자들은 해당 유전자가 없는 생쥐를 만들었다. 연구 팀은 이 생쥐들에게 시냅스 가지치기가 정상적인 수준보다 덜 일어난다는 것을 알아냈다. 이는 그 단백질의 역할이 가지치기를 촉진하는 것이고, 해당 단백질이 너무 많아지면 가지치기가 지나치게 많이 일어날 수 있다는 점을 시사한다. 매캐럴, 스티븐스, 세카 연구 팀은 이런 생쥐들을 연구함으로써, 정상적인 발달 시 C4-A 단백질이 가지치기를 할 시냅스에 '꼬리표'를 붙인다는 것도 발견했다. C4 유전자가 더 활성을 띨수록, 잘려나가는 시냅스도 더 많아진다.

종합해 보자면, 이런 연구들은 C4-A 변이체의 과잉 발현이 과잉 시냅스 가지치기를 낳는다는 것을 나타낸다. 청소년기 말과 성년기 초, 즉 정상적인 시냅스 가지치기가 왕성하게 이루어지기 시작하는 시기에 일어나는 과잉 가지치기는 뇌의 해부학적 구조를 바꾸며, 그것이 바로 조현병이 그때쯤에야 발병하고 장애자의 이마앞겉질이 더 얇은 이유를 설명해 준다.

공격적인 가지치기를 촉진하는 유전자 변이체를 지닌다고 해서, 그 자체가 조현병을 일으키는 것은 아니다. 다른 많은 요인도 발병에 영향을 미친다. 그러나 한 소집단에서는 C4-A 유전자라는 특정한 하나의 유전자가 조현병으로 이어지는 해부학적 변화를 일으킨다. 따라서 매캐럴, 스티븐스, 세카 연구진은 조현병의 병인학^{etiology}

으로 향하는 진정한 진입로를 최초로 제시한 것이다. 이 진입로를 통해 나중에 새로운 치료제가 나올지도 모른다. 게다가 이런 중요한 연구들은 다른 연구자들이 유전학을 이용해 정신 질환을 이해하도록 자극한다.[8]

조현병의 인지 증상 모형화

앞에서 지나친 도파민 생산이 조현병의 발생에 기여할 수 있고, 정신병 약이 중간둘레 경로의 도파민 수용체를 차단함으로써 약효를 일으킨다는 점을 살펴보았다. 또 우리는 뇌 영상 연구가 조현병 환자의 줄무늬체에 도파민과 D2 수용체가 더 많다는 것을 배웠다. 게다가 적어도 일부 환자들에게는 D2 수용체가 정상적인 수준보다 많은 것이 유전적으로 결정될 수도 있다. 이런 발견들을 토대로, 나는 엘리너 심프슨Eleanor Simpson, 크리스토프 켈렌동크Christoph Kellendonk와 함께 줄무늬체의 D2 수용체가 지나치게 많은 것이 조현병의 인지적 증상들을 일으키는지 알아보기로 했다.[9]

우리는 생쥐 모형을 만들었는데, 이 생쥐 모형은 줄무늬체에서 D2 수용체가 너무 많아지게 만드는 인간 유전체를 가지고 있었다. 이렇게 인간에서 생쥐로 옮겨진 유전자, 즉 전이유전자transgene는 조현병 환자의 경우와 마찬가지로 생쥐에게도 동일한 인지적 과정들을 방해하는 것으로 드러났다. 게다가 이 생쥐는 조현병의 음성 증상들의 특징인 결핍, 즉 동기 부족을 보였다. 그러나 가장 흥미로운 결과는 전이유전자가 꺼졌을 때 동기 부족은 사라진 반면, 인지적 결함은 그렇지 않다는 점이다. 그것은 그 뒤로도 오래 이어졌다. 전이유전자는 출생 전에 작용하는 것만으로도 성년기의 인지적 결함을 일으키기에 충분했다.

이런 발견들은 중요하고도 새로운 세 가지 개념을 제시한다.

첫째, D2 수용체의 과잉이 야기하는 중간둘레 경로의 도파민 과잉 활동은 조현병의 인지적 증상들의 주된 원인일 가능성이 있다. 이 경로가 인지적 증상들이 일어나는 자리인 이마앞겉질과 연결되어 있기 때문이다. 둘째, D2 수용체를 차단하는 정신병 약은 조현병의 양성 증상들을 개선하지만, 인지적 증상들에는 이로운 효과를 거의 제공하지 못한다. 왜 그럴까? 이 약의 투여가 너무 늦은 시기에 이루어지고, 비가역적인 변화가 일어난 지 한참이 지나 환자가 약을 처방받기 때문이다. 셋째, 인지적 증상과 음성 증상은 조현병 환자들과 강한 상관관계를 보이기 때문에, 몇몇 동일한 요인들이 일으키는 것일지도 모른다.

생쥐에게 결실이 일어나고, 전이유전자를 삽입하고, D2 수용체를 늘리는 이 모든 놀라운 조작들은 현재 과학자들이 조현병, 우울증, 양극성장애의 원인을 찾아내기 위해 사용하는 많은 도구들 중 일부일 뿐이다. 더 거시적으로 보면, 우리는 이런 조작들을 통해 뇌과학과 인지심리학의 관계, 즉 뇌와 마음의 관계를 이제야 겨우 깨닫기 시작했다.

미래 전망

다른 뇌 질환들을 알아보기 전에, 자폐 스펙트럼 장애, 기분장애, 조현병의 연구들이 건강한 뇌를 이해하는 데 어떤 중요한 기여를 했는지 다시 짚어보고 넘어가는 편이 좋겠다.

뇌 영상은 정말 중요하다. 이것은 아무리 여러 번 말해도 부족하다. 영상 기술의 발전에 발맞추어, 우리가 정신 질환과 자폐 스펙트럼 장애가 뇌의 어느 영역에 어떻게 영향을 미치는지 이해하는 수준도 그만큼 깊어져 왔다. 그리고 영상 연구는 보통 특정 정신 질환이 있는 사람과 없는 사람의 뇌를 비교하기 때문에, 건강한 뇌에 관한 이해도 추가로 제공해 왔다. 뇌의 어떤 영역이, 때로는 더 나아가 그 영역 내의 어떤 신경 회로들이 정상적인 기능에 핵심적인 역할을 하는지 보여줄 수 있는 수준까지 뇌 영상이 발전했다.

또 뇌 영상은 심리요법이 생물학적 치료법이라는 것을, 즉 약물처럼 뇌에 물리적 변화를 일으키는 방법이라는 것을 입증했다. 더 나아가 몇몇 우울증의 경우에는 환자에게 약물 치료 또는 심리요법이 최선인지, 아니면 둘의 조합이 최선인지도 우리가 예측할 수 있게 한다.

다른 질환을 치료하기 위해 개발한 약물이 뇌 질환을 지닌 환자들에게 이로운 효과를 발휘한다는 것을 관찰하면서, 우리는 우울증과 조현병의 특성에 관한 중요한 통찰이 어떤 식으로 우연히 찾아오는지도 알아보았다. 그 뒤에 이런 약물이 어떻게 작용하는지를 연구하자 우울증과 조현병의 중요한 생화학적 기초가 드러났고, 이런 장애를 지닌 사람들을 위한 더 좋은 치료제가 개발되었다.

유전학이 발전하면서, 흔한 것이든 희귀한 것이든 유전적 변이가 복잡한 뇌 질환에 걸릴 위험을 어떻게 키우는지도 밝혀지고 있다. 특히 흥미로운 점은 조현병과 양극성장애, 또 조현병과 자폐 스펙트럼 장애에 관여하는 공통의 유전자들이 있다는 발견이다. 그렇게 우울증과 조현병의 분자적 특성을 이해하며, 우리는 정상적인 기분과 정연한 생각이 무엇인지도 더 깊이 이해할 수 있었다.

마지막으로, 우리가 질병에 관한 동물 모형에 얼마나 큰 빚을 지고 있는지를 되새기자. 동물의 사회적 행동에 관한 유전적 연구를 통해, 동물 모형의 사회적 행동에 관여하는 유전자들이 우리 자신의 사회적 행동에도 개입한다는 것이 드러났다. 따라서 그런 유전자들에 일어나는 돌연변이는 자폐 스펙트럼 장애와 관련이 있을 수 있다. 최근 들어, 특히 조현병 연구는 사고와 의지에 관한 원인을 알려주는 핵심 단서를 주로 생쥐 모형에 의존해 찾고 있다.

더 큰 맥락에서, 자폐증, 우울증, 양극성장애, 조현병과 그 질환들에 영향을 받는 뇌 기능들을 연구함으로써, 우리의 마음과 자기감의 특성도 꽤 많이 밝혀졌다. 이런 깨달음들은 우리가 인간 본성을 새롭게 이해하도록 만들기에, 새로운 휴머니즘의 출현에도 기여하고 있다.

5
기억, 자아의 저장소:
치매

학습과 기억은 우리 마음의 가장 놀라운 능력들이다. 학습은 세계에 관한 새로운 지식을 얻는 과정이며, 기억은 그 지식을 계속 보유하는 과정이다. 세계에 관한 우리 지식 대부분과 우리가 지닌 능력 대부분은 물려받은 것이 아니라, 시간이 흐르면서 학습하고 축적한 것이다. 그렇게 배운 것과 기억하는 것은 우리가 바로 우리 자신이게끔 만든다.

기억은 지각부터 행동에 이르는 모든 뇌 기능의 일부다. 우리 뇌는 세계를 이해하기 위해 끊임없이 기억을 이용하면서, 기억을 만들고 저장하고 수정한다. 우리는 생각, 학습, 의사 결정, 사회적 상호작용을 할 때 기억에 의존한다. 기억이 교란되면, 이 핵심적인 정신 기능들에도 문제가 생긴다. 따라서 기억은 우리 정신생활을 하나로 엮는 접착제다. 이렇게 통합하는 힘이 없다면, 우리 의식은 하루가 초 단위로 나뉘듯이 수많은 조각들로 해체될 것이다.

우리가 기억의 신뢰성을 계속 우려하는 것도 놀랄 일이 아니다.

우리는 우울증과 조현병에 기억의 교란이 수반된다는 것을 살펴보았다. 그런데 그런 기억의 감퇴는 왜 일어나는 것일까? 나이가 들면 불가피하게 일어나는 일일까? 정상적인 노화에 따른 기억 감퇴는 알츠하이머병과 같은 기억에 영향을 미치는 질환들로 생기는 기억 감퇴와 다를까?

이 장에서는 먼저 우리가 어떻게 학습하고, 어떻게 뇌가 배운 것을 기억의 형태로 저장하는지 등 기억에 관해 알려진 사실들을 이야기한다. 그런 뒤 늙어가는 뇌와 기억에 영향을 미치는 세 가지 신경 질환, 즉 노화 관련 기억 감퇴, 알츠하이머병, 이마관자엽치매를 살펴본다.

알츠하이머병과 이마관자엽치매는 7장에서 다룰 파킨슨병이나 헌팅턴병과 마찬가지로, 어느 정도는 단백질 접힘이 잘못되어 생긴다고 여겨진다. 하지만 늙어가는 뇌와 단백질 접힘을 다루기 전에, 기억에는 어떤 종류가 있고, 어떻게 생성되고, 뇌의 어디에 저장되는지를 살펴보자.

기억 연구

기억은 복잡한 정신 기능이다. 사실 너무 복잡해서, 처음에 과학자들은 기억이 뇌의 특정한 영역에 저장된다는 생각에 의문을 품었고, 그것이 가능하지 않다고 생각한 이들도 많았다. 그러나 1장에서 말했듯이, 저명한 캐나다 신경외과의 와일더 펜필드가 1930년대에 놀라운 발견을 했다. 그가 수술을 앞둔 간질 환자들의 관자엽을 자극하자(그림 5.1), 일부 환자가 어머니의 자장가나 자신을 쫓던 개나 고양이 같은 옛 기억을 떠올리는 것처럼 보였다.

펜필드는 앞서 뇌 기능의 감각 지도와 운동 지도를 개괄했지만, 기억은 그와 달리 보다 복합적인 문제였다. 그는 몬트리올신경학연구소의 대단히 뛰어난 젊은 인지심리학자 브렌다 밀너Brenda Milner에게 도움을 청했고, 그들은 관자엽, 특히 안쪽 표면과 그 부위가 기억과 관련해 어떤 역할을 미치는지 조사했다.

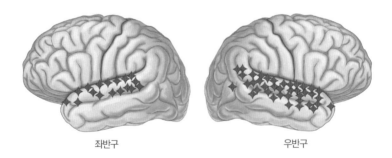

좌반구   우반구

그림 5.1 | 뇌의 좌반구와 우반구에서 청각 기억을 이끌어내는 관자엽의 자극 지점들(다이아몬드 표시)

어느 날, 펜필드는 코네티컷주 뉴헤이븐에서 일하는 신경외과의 윌리엄 스코빌William Scoville의 전화를 받았다. 그녀는 심한 발작을 겪고 있는 환자를 최근에 수술했다고 했다. 그 환자는 H. M.으로(그림 5.2), 신경과학의 역사상 아주 중요한 환자 가운데 한 명이다.

H. M.은 아홉 살 때 지나가던 자전거에 받혔다. 그때 머리에 손상을 입어 간질이 생겼다. 16살 무렵에는 심한 간질 경련을 일으켰다. 당시 가능했던 항경련제를 최대 용량으로 투여했지만, 약은 그다지 도움이 되지 않았다. 그는 영리하기는 했지만, 잦은 발작 때문에 고등학교를 마치기도, 일자리 얻기도 힘들었다. 결국 H. M.은 스코빌을 찾아왔다. 스코빌은 H. M.이 관자엽 안쪽 깊숙이 들어 있는 해마 구조의 흉터 때문에 간질을 일으킨다고 추론했다. 그래서 H. M.의 뇌 양쪽에서 관자엽의 안쪽 영역을 일부 제거했다. 해마도 포

그림 5.2 | H. M.

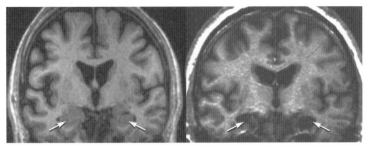

온전한 뇌   H. M.의 뇌.

그림 5.3 | 온전한 뇌와 양쪽 관자엽의 안쪽 영역의 일부가 제거된 H. M.의 뇌

함해서 말이다(그림 5.3).

  수술로 H. M.의 간질은 치료되었지만, 기억력이 심하게 손상되었다. 그는 늘 예의 바르고 점잖고 차분하고 유쾌한 젊은이였지만, 장기 기억을 새롭게 형성하는 능력을 잃었다. 수술을 받기 오래전부터 알고 지낸 사람들은 기억했지만, 수술한 뒤로 만나는 사람은 전혀 기억하지 못했다. 그는 병원에서 화장실에 가는 법조차 배울 수 없었다. 스코빌은 H. M.을 연구하자고 밀너에게 권유했고, 그녀는 20년 동안이나 그와 함께 연구했다. 하지만 그녀가 H. M.이 있는 방으로 들어갈 때마다, H. M.은 마치 그녀를 처음 만나는 것처럼 행동했다.

  오랫동안 밀너는 H. M.의 기억 결함이 모든 지식 영역에 적용된다고 생각했다. 그러다가 놀라운 발견을 했다. 그녀는 H. M.에게 거울에 비친 자기 손을 보면서 종이에 별을 따라 그려보라고 했다. 이

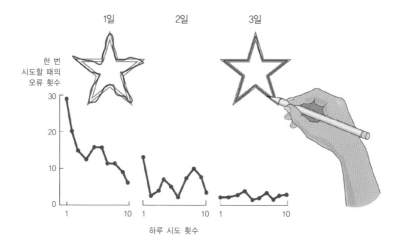

그림 5.4 | 운동 과제 학습하기

윤곽 그리기를 시도하는 이들은 모두 첫날에는 실수를 한다. 연필심이 별의 윤곽선 안팎으로 비껴나갔다가 다시 돌아오고는 하는 것이다. 하지만 기억력이 정상인 사람들은 사흘째에는 거의 완벽하게 그린다. H. M.의 기억상실이 모든 지식 영역에 적용된다면, 그는 이런 방면으로도 전혀 개선을 보이지 않아야 한다. 그러나 사흘 뒤, 해당 과제를 연습했다거나 밀너를 보았다는 기억조차도 없음에도, H. M.은 남들과 똑같이 이 운동 과제를 학습했다(그림 5.4).

H. M.은 자신이 연습했다는 것을 기억하지 못했기 때문에, 과학자들은 운동학습이 다른 학습 유형들과 달리 특정한 형태의 기억을 수반하는 것이 틀림없다고 추정했다. 운동학습은 뇌의 다른 체계들을 통해 매개되는 것이 틀림없었다.

신경과학자들은 이 문제에 관해 오랫동안 고심했다. 그러다가 샌디에이고에 있는 캘리포니아대학교의 래리 스콰이어Larry Squire가 양쪽 관자엽의 안쪽 영역(H. M.에게서 제거된 바로 그 영역)이 손상된 사람들이 운동 기술뿐만 아니라 다른 것들도 배울 수 있다는 것을 알아차렸다. 그들은 언어능력도 정상이고, 거울에 비친 글을 읽는 것 등 학습된 지각 기술들을 모두 수행할 수 있었다. 습관도 습득하고 다른 단순한 유형의 학습들도 수행할 수 있었다. 스콰이어는 이런 다양한 범위의 학습 능력이 온전히 남아 있다면, 이들이 다른 유형의 기억 체계에 의지하고 있는지도 모른다고 추론했다.[1]

스콰이어는 뇌에 주요한 기억 체계가 두 가지 있다는 점을 깨달았다. 하나는 **명시적 기억**explicit memory 또는 **선언적 기억**declarative memory이다. 이 기억 덕분에 우리는 사람, 장소, 사물을 의식적으로 떠올릴 수 있다. 일상생활에서 우리가 '기억'이라는 말을 바로 이런 의미로 쓰는데, 이것은 사실과 사건을 의식적으로 떠올리는 능력을 반영한다. 명시적 기억은 관자엽의 안쪽 영역에 의존하는데, H. M.이 새로운 사실이나 사람, 하루하루의 사건들을 더 이상 기억할 수 없는 이유가 바로 여기에 있다.

스콰이어가 파악한 또 한 가지 기억 유형은 **암묵적 기억**implicit memory 또는 **비선언적 기억**non-declarative memory이다. 우리 뇌는 차를 몰거나 올바른 문법을 쓰는 것처럼 자동적으로 수행하는 운동 기술과 지각 기술에 이 기억을 사용한다. 말할 때, 우리는 대개 문법에 맞게 말하고 있는지를 의식하지 않는다. 그냥 말할 뿐이다. 암묵적 기억을 그토록 수수께끼로 만드는 것은, 또 우리가 암묵적 기억에 주의를 거의 기울이지 않는 이유는, 그것이 대체로 무의식적으로 이루어지기 때문이다. 어떤 과제를 수행하는 능력은 경험이 쌓이면서 향상되지만, 우리는 그것을 의식하지 않으며 그 과제를 수행할 때 기억을 쓴다는 것도 의식하지 않는다. 사실 암묵적 과제를 수행하는 능력은 우리가 그 행동을 의식하려고 할 때 오히려 방해받을 수 있다.

놀랄 일도 아니지만, 암묵적 기억은 명시적 기억과 다른 뇌 체계들에 의존한다. 암묵적 기억은 관자엽의 안쪽 영역과 같은 더 고등한 인지 영역들에 의존하기보다는, 편도체, 소뇌, 바닥핵처럼 자극에 반응하는 영역이나 가장 단순한 사례에서는 반사 경로 자체에 더 의존한다.

암묵적 기억의 하위 범주 가운데 유달리 중요한 한 가지는 조건형성conditioning과 관련된 기억에서 뚜렷이 드러난다. 아리스토텔레스는 특정한 학습 유형이 개념 연상을 필요로 한다는 주장을 펼친 최초의 인물이다. 예를 들어, 전구로 뒤덮인 나무를 볼 때면, 우리는 크리스마스를 생각한다. 현대 심리학의 조상들인 존 로크John Locke, 데이비드 흄David Hume, 존 스튜어트 밀John Stuart Mill 같은 영국 경험주의자들은 이 개념을 다듬고 체계화했다.

1910년 러시아 심리학자 이반 파블로프Ivan Pavlov는 이 개념을 한 단계 더 밀고 나갔다. 앞서 개를 연구하면서, 그는 자신이 먹이를 들고 있지 않아도 방에 들어오면 개가 침을 흘리기 시작하는 것을 알아차렸다. 다시 말해, 개는 중립 자극(그가 방에 들어오는 것)을 긍정적인 자극(먹이)과 연관 짓는 법을 배웠다. 파블로프는 중립 자극을 **조건자극**conditioned stimulus, 긍정적 자극을 **무조건자극**unconditioned stimulus이라고 불렀다. 그리고 이런 유형의 연상 학습을 **조건형성**이라고 했다.

파블로프는 자신의 관찰을 바탕으로, 개가 먹이의 도착을 예측하는 모든 신호에 반응해 침을 흘리도록 학습하는지 알아보고자 실험을 설계했다. 그는 종을 울린 뒤 개에게 먹이를 주었다. 처음에는 종을 울렸을 때 아무 반응이 없었다. 그러나 종소리와 먹이를 몇 번 짝짓고 나자, 개는 종이 울리면 침을 흘리는 반응을 보였다. 그 뒤에는 먹이가 나오지 않아도 그랬다.

파블로프의 연구는 심리학에 아주 큰 영향을 미쳤다. 행동의 학습 개념에 이정표가 된 연구였다. 파블로프는 학습이 개념 사이의 연상뿐 아니라, 자극과 행동 사이의 연상도 수반한다고 보았다. 이로써 학습은 실험적 분석이 가능해졌다. 자극에 대한 반응이 객관적으로 측정될 수 있었고, 반응의 변수들이 지정되고 더 나아가 수정될 수 있었다.

기억이 단일한 기능이 아니라는, 즉 각 유형의 기억이 서로 다른 방식으로 처리되고 뇌의 서로 다른 영역에 저장된다는 스콰이어의 발견은, 기억과 뇌에 관한 우리의 이해에 커다란 발전을 가지고 왔다. 하지만 피할 수 없는 새로운 의문들을 불러일으키기도 했다. 뉴런은 이런 기억 유형들을 어떻게 저장할까? 암묵적 기억과 명시적 기억을 담당하는 세포들은 서로 다를까? 그렇다면 서로 다르게 작동할까?

기억과 시냅스 연결의 세기

초기 연구들은 우리가 학습한 것에 대한 기억을 형성하고 저장하려면, 꽤 복잡한 신경 회로가 필요하다고 가정했다. 그러나 컬럼비아대학교의 동료들과 나, 지금 휴스턴의 텍사스대학교 보건과학센터에 있고 한때 내 제자이기도 했던 잭 번Jack Byrne은 무척추 해양동물인 군소에서 복잡한 신경 회로를 요구하지 않는 연상 학습 메커니즘을 발견했다.[2]

군소는 적은 수의 감각 뉴런과 운동 뉴런 사이의 연결로 매개되는 한 가지 중요한 방어 반사를 지닌다. 학습은 조절 뉴런의 활성으로 이어지고, 조절 뉴런은 감각 뉴런과 운동 뉴런의 연결을 강화한다. 동료들과 나는 무척추동물의 경우에 이 메커니즘이 고전적인 조건형성에 관한 암묵적 학습에 기여한다는 것을 발견했다. 그 메커니즘은 편도체에서도 작동한다. 편도체는 감정, 특히 공포의 암묵적 학습에 중요한 포유동물의 뇌 구조물이다.

학습하는 데 복잡한 신경 회로가 필요하다는 개념에 도전장을 던진 또 한 사람은 캐나다의 심리학자 도널드 헵Donald Hebb이다. 헵은 연상 학습이 두 뉴런의 단순한 상호작용만으로 이루어질 수 있다고 주장했다. 즉 뉴런 B가 활동전위(축삭을 따라 시냅스로 향하는 전기 펄스)를 일으키도록 뉴런 A가 뉴런 B를 반복해 자극한다면, 이 세포들의 한쪽 또는 양쪽에 변화가 일어난다는 것이다. 이 변화로 두 뉴런 사이의 시냅스 연결은 튼튼해지고, 강화된 연결은 단기적으로 그 상호작용의 기억을 생성하고 저장한다.[3] 스웨덴 예테보리 대학교의 홀게르 비그스트룀Holger Wigström과 벵트 구스타프손Bengt Gustafsson은 헵이 제시한 메커니즘이 해마에서 명시적 기억을 형성하는 데 관여하는 것처럼 보인다는 증거를 최초로 내놓았다.[4]

암묵적 기억과 명시적 기억 모두 단기적으로는 몇 분, 장기적으로는 며칠이나 몇 주, 또는 그보다 더 오래 저장될 수 있다. 각 기억 저장의 유형은 뇌에 특정한 변화를 필요로 한다. 단기 기억은 기존 시냅스 연결을 강화해 더 잘 기능하게 만든 결과인 반면, 장기 기억은 새 시냅스의 성장에서 나온다. 달리 말하면, 장기 기억은 뇌에 해부학적 변화를 일으키는 반면, 단기 기억은 그렇지 않다. 시간이 흐르면서 시냅스 연결이 약해지거나 사라지면, 단기 기억은 흐려지거나 사라진다.

기억과 늙어가는 뇌

폭넓은 영역에서 이루어지는 의학 발전 덕분에, 2019년에 태어난 미국인은 평균적으로 약 80세까지 살 것으로 예상된다. 1900년에

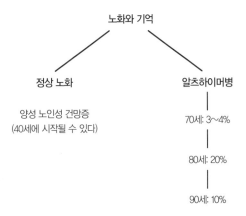

그림 5.5 | 나이든 집단에서의 기억 감퇴 양상

는 평균 나이가 50세에 불과했다. 그러나 나이 든 많은 미국인들은 나이를 먹을수록 인지능력, 특히 기억력이 쇠퇴하기 때문에 기대수명의 증가를 마냥 반길 수만은 없다(그림 5.5).

약 40세부터 기억력이 어느 정도 약해지기 시작하는 것은 정상이다. 그러나 최근까지도 이 노화 관련 기억 감퇴 또는 **양성 노인성 건망증**benign senescent forgetfulness이라고 불리는 것이 단순히 알츠하이머병의 초기 단계인지, 별개의 것인지가 불분명했다. 이 질문의 답은 과학적으로 아주 많은 관심을 끌 뿐만 아니라, 우리 사회와 나이 많은 이들에게 엄청난 경제적·정서적 영향을 미친다.

암묵적 기억과 명시적 기억이 뇌에서 서로 다른 체계의 통제를 받기 때문에, 노화는 양쪽에 다르게 영향을 미친다. 암묵적 기억은 노년에도 꽤 온전히 유지되고는 한다. 알츠하이머병 초기 단계의 경우에도 꽤 많이 남아 있다. 상당히 진행될 때까지, 그 병은 편도체, 소뇌 등 암묵적 기억에 중요한 영역들에는 영향을 미치지 않기 때문이다. 또 그 점은 사랑하던 사람들의 이름을 떠올릴 수 없는 이들이 여전히 자전거를 타고, 문장을 읽고, 피아노를 칠 수 있는 이유를 설명한다. 반면 알츠하이머병에 걸리면, 명시적 기억, 즉 사실과 사건에 관한 기억은 일찍 파괴된다.

알츠하이머병의 기억 감퇴와 노화 관련 기억 감퇴가 생물학적으로 다른지를 알아보기 위해, 컬럼비아대학교의 스콧 스몰Scott Small 연구 팀과 우리 연구 팀은 세 가지 변수를 비교했다. 각 장애의 발병 및 진행 연령, 관련 뇌 영역, 파악된 각 영역의 분자 결함이 그것이다.

발병 나이와 진행 나이를 비교하기 위해, 동료들과 나는 생쥐를 조사했다.[5] 생쥐는 알츠하이머병에 걸리지 않지만, 우리는 그들에게 해마를 중심으로 한 노화 관련 기억 감퇴가 일어난다는 것을 발견했다. 이 기억 감퇴는 중년에 시작된다. 사람에게 노화 관련 기억 감퇴가 일어나는 것과 비슷하다. 따라서 적어도 생쥐의 경우에 우리는 노화 관련 기억 감퇴가 알츠하이머병과 별개로 존재한다는 것을 알 수 있었다.

뇌의 어느 영역이 노화 관련 기억 감퇴에 관여하고 어느 영역이 알츠하이머병에 관여하는지 알아내기 위해, 스몰과 그의 팀은 뇌 영상을 사용해 38세부터 90세까지의 자원자들을 조사했다. 앞서 연구한 이들처럼 그들도 알츠하이머병이 내후각겉질entorhinal cortex에

서 시작된다는 것을 알아냈지만, 해마 안에 있는 치아이랑dentate gyrus
이 노화 관련 기억 감퇴에 관여한다는 것도 밝혀냈다.[6]

이어서 스몰의 연구진과 우리 연구진은 공동으로 치아이랑이 내
후각겉질에 들어 있지 않은 분자 결함을 지니는지를 조사했다.[7] 우
리는 알츠하이머병에 걸리지 않은 40~90세 사망자들의 뇌를 부검
했다. 2만 3,000개나 되는 유전자의 발현 양상 변화를 분석할 수
있는 기술인 애피메트릭스 유전자칩Affymetrix GeneChips을 이용해, 우
리는 지원자들의 나이에 따라 달라지는 유전자 전사체를 13가지
찾아냈다(전사체는 유전자 발현의 초기 단계에 생산되는 단일 가닥 RNA 분
자다). 첫 번째이자 가장 극적인 변화는 RbAp48이라는 유전자에서
일어났다. 이 유전자는 자원자의 나이가 많을수록 치아이랑에서 활
성이 점점 약해졌고, 그럼으로써 RNA 전사가 줄어들고 RbAp48
단백질의 합성도 줄어들었다. 게다가 그 변화는 해마의 다른 영역
이나 내후각겉질이 아니라 치아이랑에서만 일어났다.

RbAp48은 흥미로운 단백질이라는 점이 드러났다. 단기 기억이
장기 기억으로 전환되는 데 필요한 유전자를 발현시키는 데 중요한
단백질 집합인 CREB 복합체의 일부였다.

마지막으로, 스몰과 나는 생쥐도 나이를 먹을수록 치아이랑에서
RbAp48 단백질의 발현이 줄어드는지 알아보았다. 우리는 그렇다
는 것을 발견했다. 게다가 생쥐에게도 치아이랑에서만 감소가 일어
난다. 또 우리가 RbAp48 유전자를 제거하자, 젊은 생쥐가 늙은 생
쥐만큼 공간 과제를 제대로 해내지 못한다는 것을 알아냈다.

RbAp48 유전자의 발현을 증진시키자 노화 관련 기억 감퇴가 사라지면서, 늙은 생쥐가 젊은 생쥐 같은 수행 능력을 보였다.

이 무렵에 한 가지 놀라운 일이 일어났다. 컬럼비아대학교 유전학자 제러드 카센티Gerard Karsenty는 뼈가 내분비기관이며 오스테오칼신osteocalcin이라는 호르몬을 분비한다는 발견에 착안했다. 카센티는 오스테오칼신이 몸의 많은 기관에 작용하며, 뇌로도 들어가서 세로토닌, 도파민, GABA 같은 신경전달물질의 생산에 영향을 미쳐 공간 기억과 학습을 촉진한다는 것을 알아냈다.[8]

카센티와 나는 오스테오칼신이 노화 관련 기억 감퇴에도 영향을 미치는지에 관한 공동 연구를 진행했다.[9] 내 동료인 스틸리아노스 코스미디스Stylianos Kosmidis는 생쥐의 치아이랑에 오스테오칼신을 주사했다. 그러자 기억 형성에 필요한 단백질들인 PKA, CREB, RbAp48가 증가했다. 주사를 하지 않은 생쥐는 CREB와 RbAp48 단백질이 더 적었다. 흥미로운 점은 늙은 생쥐에게 오스테오칼신을 투여하자, 새로운 사물 인지 등 나이가 들수록 쇠퇴하는 기억 과제의 수행력이 향상되었다는 점이다. 그들의 기억력은 사실상 젊은 생쥐의 것과 맞먹었다. 게다가 오스테오칼신은 젊은 생쥐의 학습 능력도 향상시켰다.[10]

오스테오칼신이 나이를 먹을수록 감소하고 생쥐의 노화 관련 기억 감퇴를 역전시킬 수 있다는 이런 발견들은, 운동이 나이 많은 사람의 뇌에 유익한 효과를 준다는 또 한 가지 근거가 될 수 있다. 우리는 노화가 뼈 질량의 감소와 관련이 있으며, 그에 따른 오스테오칼신의 감소가 생쥐의 경우에 노화 관련 기억의 상실에 기여한다는 것을 안다. 아마 이것은 우리에게도 해당할 것이다. 또 우리는 격렬한 운동이 뼈 질량을 증가시킨다는 것도 안다. 따라서 뼈에서 분비되는 오스테오칼신은 생쥐뿐 아니라 사람에게서도 노화 관련 기억 감퇴를 완화할 가능성이 있다.

이런 연구들이 보여주듯이, 노화 관련 기억 감퇴는 알츠하이머병과 뚜렷이 구별되는 장애다. 알츠하이머병은 뇌의 다른 영역에서 다른 과정들에 작용한다. 게다가 건강한 몸에 건강한 정신이 깃든다는 로마의 격언은 이제 과학적 근거를 지니게 된 듯하다.

이는 정상적으로 늙어가는 뇌를 지닌 사람들에게는 희소식이다. 다시 말해, 그들은 건강하게 먹고 운동을 하고 사람들과 어울리기만 한다면, 중요한 정신 기능을 노년까지 유지할 수 있다. 우리는 몸의 수명을 연장할 방법을 찾아내 왔듯이, 마음의 수명도 연장해야 한다. 다행히도 앞서 살펴보았듯이, 기억에 영향을 미치는 질병을 언젠가는 예방할 수 있을 것이라고 격려하는 연구 결과들이 나오고 있다.

또 인지 기능에는 기억의 성숙을 그다지 필요로 하지 않는 측면들도 많다는 점도 생각해 두자. 분명히 지혜와 관점은 나이를 먹으면서 많아지고 성숙한다. 한편 불안은 나이를 먹을수록 줄어드는 경향이 있다. 노화의 혜택을 최대화하면서 단점은 최소화하기 위해 최선을 다하는 것이 우리 모두의 과제다.

알츠하이머병

노화는 뇌의 특정 영역들을 표적으로 삼는 듯하고, 앞서 보았듯이 해마는 가장 취약한 영역 중 하나다. 뇌는 혈류 부족이나 세포의 죽음 때문에 손상을 입기도 하지만, 알츠하이머병에 걸려서 손상을 입을 때가 많다.

알츠하이머병은 최근 기억의 결손이 특징이다. 뉴런들이 의사소통하는 접촉 부위인 시냅스가 사라진 결과다. 발병 초기에는 시냅스가 재생될 수 있지만, 병세가 진행될수록 사실상 뉴런 자체가 죽어나간다. 우리 뇌는 뉴런을 재생할 수는 없다. 그래서 세포의 죽음은 영구 손상을 일으킨다. 알츠하이머병은 세포의 죽음이 폭넓게 일어나기 전인 초기에 치료하는 것이 가장 효과적일 것이기에, 신경학자들은 기능적 뇌 영상 같은 방법을 써서 가능한 한 일찍 그 병을 찾아내려고 애쓴다.

과학자들은 알츠하이머병 증상들의 토대에 놓인 일련의 사건들을 규명하기 시작했다. 또 그들은 그 병에 관한 분자생물학도 아주 많이 밝혀냈다. 지식 창고에 세부적인 내용이 추가될수록 약물의 표적 후보가 늘어나며, 이 황폐한 질병의 진행을 막을 가능성이 있는 방법도 늘어난다.

알츠하이머병은 1906년에 발견되었다. 에밀 크레펠린의 동료인 독일 정신의학자 알로이스 알츠하이머 Alois Alzheimer는 51세의 여성 아우구스테 D.가 갑자기 불합리하게 남편에게 질투심을 가지게 된 사례를 학계에 보고했다. 그 직후에 그녀는 기억 결핍을 보이기 시작했고, 서서히 인지능력을 잃어갔다. 머지않아 그녀는 기억이 너무 손상되어 더 이상 홀로 돌아다닐 수 없게 되었다. 자기 집조차 찾지 못했고, 물건을 감추기 시작했으며, 남들이 자기를 죽이려 한다고 믿기 시작했다. 결국 정신병원에 들어갔지만, 발병한 지 5년도 안 되어 사망했다.

아우구스테 D.를 부검한 알츠하이머는 대뇌겉질에 세 가지 변형이 일어났음을 발견했다. 그 뒤로 그 변형은 알츠하이머병의 특징이라는 것이 드러났다. 첫째, 그녀의 뇌는 쪼그라들고 위축되었다. 둘째, 신경세포의 바깥에 빽빽한 물질이 쌓여 있었는데, 이것은 오늘날 우리가 **아밀로이드판**amyloid plaque이라고 부르는 것이다. 셋째, 뉴런 안에는 오늘날 우리가 **신경섬유매듭**neurofibrillary tangle이라고 부르는, 단백질 섬유들이 뒤엉킨 덩어리가 있었다. 이 발견이 중요하다는 점을 깨달은 크레펠린은 그 장애에 알로이스 알츠하이머의 이름을 붙였다.

병리학자가 부검할 때 현미경으로 보던 것을 지금 우리는 뇌 영상을 통해 볼 수 있다. 그림 5.6은 알츠하이머병의 특징인 아밀로이드판과 신경섬유매듭을 보여준다. 처음에 과학자들은 이런 비정상적인 단백질 덩어리들이 단순히 그 병의 부산물이라고 생각했지만, 현재 우리는 이것들이 그 병을 일으키는 요소라는 것을 안다. 한 가지 흥미로운 점은 덩어리들이 기억이나 사고에 변화가 시작되기 10~15년 전에 형성된다는 것이다. 이 구조물들이 처음 나타날 때

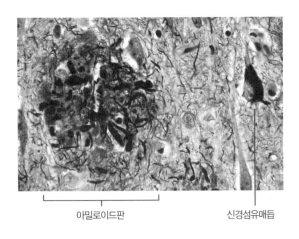

아밀로이드판   신경섬유매듭

그림 5.6 | 아밀로이드판과 신경섬유매듭이 잘 드러나도록 한 뇌 사진

검출할 수 있다면, 뇌의 손상을 예방하고 알츠하이머병의 진행을 멈추는 것도 가능할지도 모른다.

처음에 판은 뇌의 몇몇 특정 영역에서만 생긴다. 그중 한 곳은 이마앞겉질이다. 앞서 살펴보았듯이, 뇌의 이 영역은 주의, 자기 조절, 문제 해결에 관여한다. 매듭은 해마에서 시작된다. 이 두 영역에서 생긴 아밀로이드판과 매듭이 알츠하이머병 환자의 인지력 쇠퇴와 기억 감퇴를 설명해 준다. 처음에 뇌는 이런 문제를 충분히 보완할 수 있기 때문에, 식구들도 발병 초기에 있는 사람과 그렇지 않은 사람을 구별할 수가 없다. 그러나 시간이 흐르면서 시냅스가 점점 더 많이 손상되고 뉴런이 죽기 시작하면서, 해마 같은 영역들이 손상되어 뇌가 기억 저장과 같은 중요한 기능을 잃기 시작한다. 그러면서 기억 상실과 관련된 증상들도 드러나게 된다.

단백질이 알츠하이머병에서 맡은 역할

판과 매듭이 형성되는 원인이 무엇일까? 과학자들은 **아밀로이드베타 펩타이드**amyloid-beta peptide가 아밀로이드판을 형성한다는 것을 밝혀냈다. 이 펩타이드는 **아밀로이드 전구 단백질**amyloid precursor protein, APP이라는 훨씬 더 큰 단백질의 일부다. APP는 뉴런에서 짧게 가지를 뻗은 부위인 가지돌기의 세포막에 끼워져 있다고 여겨진다(그림 5.7). 두 가지 효소가 이 전구 단백질을 각기 다른 부위에서 잘라내는데, 그러면 아밀로이드베타 펩타이드가 세포막에서 빠져나온다(그림 5.7). 세포막에서 빠져나온 이 펩타이드는 뉴런 바깥의 공간을 떠다닌다.

아밀로이드베타 펩타이드의 생산과 방출은 모든 사람의 뇌에서 일어나는 정상적인 과정이다. 그러나 알츠하이머병 환자의 경우에는 이 단백질의 생산이 가속되거나 세포 주변에서 해당 단백질을 청소하는 과정이 느려질 수도 있다. 어느 쪽이든 간에, 펩타이드가 비정상적으로 축적되는 일이 생길 수 있다. 게다가 이 펩타이드는 끈적거린다. 서로 들러붙어서 결국 알츠하이머병의 특징인 아밀로이드판을 형성한다.

타우tau라는 단백질도 알츠하이머병에 관여한다. 타우는 뉴런 안에 들어 있다. 단백질은 제 기능을 하려면 3차원 형태를 이루어야한다. 3차원 모양은 한 줄로 죽 늘어선 아미노산 사슬이 접힘folding이라는 과정을 통해서 이리저리 접히고 꼬여 독특한 배치를 이루면

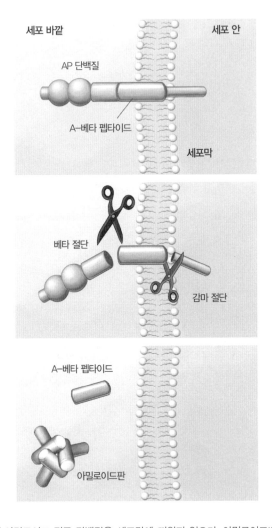

세포 바깥   세포 안

AP 단백질

A-베타 펩타이드

세포막

베타 절단

감마 절단

A-베타 펩타이드

아밀로이드판

그림 5.7 | 아밀로이드 전구 단백질은 세포막에 끼워져 있으며, 아밀로이드베타 펩타이드를 포함하고 있다(위). 두 효소가 아밀로이드 전구 단백질을 자른다. 베타 절단에 이어서 감마 절단이 일어난다(가운데). 남은 아밀로이드베타 펩타이드는 세포 바깥 공간으로 방출되며, 거기에서 아밀로이드판을 형성할 수 있다(아래).

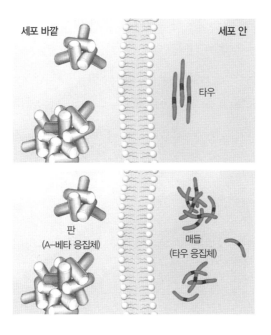

세포 바깥   세포 안

타우

판
(A-베타 응집체)

매듭
(타우 응집체)

그림 5.8 | 분자 결함으로 타우 단백질이 잘못 접힌다. 그러면 세포 안에서 그 단백질이
엉거서 신경섬유매듭을 형성한다.

서 만들어진다. 이 과정은 극도로 정교하고 복잡한 종이접기나 마
찬가지다. 분자 결함으로 타우 단백질이 잘못 접히면, 신경섬유매
듭을 이루는 유해한 덩어리가 형성된다(그림 5.8).

두 종류의 응집체, 즉 신경세포 바깥의 판과 신경세포 안 매듭의
조합이 뉴런을 죽이고 알츠하이머병을 악화시킨다.

알츠하이머병의 유전 연구

알츠하이머병은 보통 집안에 그 병력이 없는 70~80대의 사람들에게 생기지만, 일부 집안에서는 희귀하게도 알츠하이머병이 이른 나이에 나타나기도 한다. 현재 런던 유니버시티 칼리지에 있는 존 하디John Hardy는 캐럴 제닝스Carol Jennings를 만나면서 알츠하이머병의 유전적 기초를 연구할 특별한 기회를 얻었다.

1980년대 초에 캐럴의 아버지는 58세 때 알츠하이머병이라는 진단을 받았다. 그 직후에 50대 중반인 그의 누이와 형제도 차례로 같은 병에 걸렸다. 캐럴의 증조할아버지도 그 병이 있었고, 할아버지와 할아버지의 남자 형제도 그랬다. 그 집안의 본가에서는 자녀 10명 중 다섯 명이 같은 시기에 알츠하이머병에 걸렸다. 평균 발병 연령은 약 55세였다(가족성 알츠하이머병은 20대 말에 조기 발병한 기록도 있다).

하디 연구진은 제닝스 집안에서 그 병에 걸린 형제자매들에게는 있지만, 병에 걸리지 않은 형제자매들에게는 없는 유전자가 무엇인지 알아내고자 했다. 그들은 그 병에 걸린 형제자매 다섯 명과 친척한 명의 21번 염색체에서 한 영역이 똑같다는 것을 발견했다. 21번 염색체는 사람의 유전체에서 가장 작은 염색체다. 하지만 그 병에 걸리지 않은 형제자매 가운데 두 명도 21번 염색체의 해당 영역을 일부 지니고 있었다. 하디는 병에 걸리지 않은 형제자매들도 지니고 있는 21번 염색체 조각에는 알츠하이머병을 일으키는 유전자가 들어 있지 않다고 추론했다. 이어서 그는 알츠하이머병에 걸린 식구들만 물려받은 21번 염색체 부위를 세심하게 조사한 끝에, 아밀로이드베타 펩타이드를 엉기게 하는 결함 유전자를 찾아냈다.[11]

그것이 알츠하이머병과 관련이 있다고 드러난 최초의 유전자였으며, 그 발견으로 알츠하이머병을 연구하는 길이 열렸다. 병리학자들은 이미 아밀로이드베타 펩타이드가 판을 형성하는 것을 알고 있었지만, 하디는 제닝스 집안에서 그 병이 아밀로이드 전구 단백질 유전자의 돌연변이가 그 펩타이드를 엉기게 만들기 때문에 발생한다는 것을 보여주었다.

그 뒤로 하디를 비롯한 과학자들은 더 많은 돌연변이를 발견해왔다. 토론토의 한 연구 팀은 알츠하이머병이 유전되는 집안들에서 프레세닐린presenilin이라는 단백질을 만드는 유전자들에 돌연변이가 있음을 밝혀냈다.[12] 이 돌연변이들은 프레세닐린이 뉴런 사이의 공간에 떠다니는 아밀로이드베타 펩타이드 분해를 돕는 것을 막는다. 이 발견은 하디의 발견과 완벽하게 들어맞는다. 두 연구는 조발성 알츠하이머병을 지닌 모든 집안이 뇌에서 아밀로이드베타 펩타이드가 치명적인 덩어리를 형성하도록 만드는 돌연변이를 지니고 있음을 보여준다. 달리 표현하자면, 이 돌연변이들은 모두 조발성·가족성 알츠하이머병을 일으키는 단일한 경로로 수렴되는 듯하다(그림 5.9).

유전성 알츠하이머병을 지닌 집안들을 유전적으로 연구하는 과학자들은 아밀로이드베타 펩타이드의 수를 줄이는 돌연변이도 있

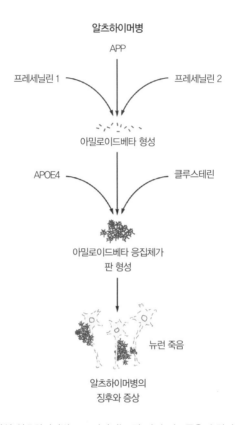

그림 5.9 | 조발성 알츠하이머병으로 이어지는 몇 가지 경로들은 수렴되어 공통의 산물을 만드는데, 그것이 바로 아밀로이드베타 응집체. 클루스테린은 알츠하이머병 환자에게 정상적인 경우보다 더 많이 생산되는 단백질 중 하나다. 아밀로이드베타 펩타이드와 상호작용해 내후각겉질 조직의 상실을 가속한다.

지 않을까 생각했다. 그런 돌연변이가 있다면, 알츠하이머병을 막아주지 않을까?

아이슬란드의 생명공학 기업인 디코드제네틱스의 토라쿠르 욘

손Thorlakur Jonsson과 그의 동료들은 그런 돌연변이를 하나 찾아냈다.[13] 그 돌연변이는 아미노산 전구 단백질에서 아미노산 하나를 다른 아미노산으로 대체하는데, 그 결과 아밀로이드베타 펩타이드의 생산량이 줄어든다. 이 돌연변이는 매우 흥미롭다. 전구 단백질의 같은 자리에서 다른 아미노산으로 치환이 일어나면 알츠하이머병이 생기기 때문이다. 더욱 흥미로운 점은 이 보호 돌연변이를 지닌 이들은 80세가 넘었을 때 해당 돌연변이가 없는 같은 연령의 다른 사람들보다 인지적 기능이 더 뛰어나다는 것이다.

알츠하이머병의 위험 요인

몇몇 과학자들은 더 흔한 후발성 알츠하이머병의 위험 요인들을 찾아내기 위해 애써왔다. 지금까지 밝혀진 위험 요인 중 가장 중요한 것은 **아포지질단백질 E**apolipoprotein E, APOE 유전자다. 이 유전자는 지방(지질)과 결합해 **지질단백질**lipoprotein이라는 분자를 형성하는 단백질을 만든다. 지질단백질은 콜레스테롤을 비롯한 지방들을 묶어 혈관을 통해 운반한다. 건강하기 위해서는 혈액의 콜레스테롤 양이 정상 수준을 유지해야 한다. 콜레스테롤이 비정상적으로 많아지면 동맥을 막아서 뇌졸중과 심장 질환을 일으킬 수 있다. 이 유전자의 대립유전자, 즉 변이체 중에 APOE4라는 것이 있다. APOE4 대립유전자는 인구 전체로 보면 드물지만, 후발성 알츠하이머병의 발생 위험을 증가시킨다. 사실 후발성 알츠하이머병 환자의 약 절반은 이 대립유전자를 지닌다.

우리가 우리 자신의 유전자를 바꿀 수는 없다. 그렇다면 알츠하이머병의 위험을 줄일 다른 방법이 있을까? 한 가지 가능성이 최근에 등장했다. 우리가 나이를 먹을 때 몸 안에서 포도당을 처리하는 방식이 달라지는데, 이 점을 활용한 방법이다.

포도당은 몸의 주된 에너지원이며, 우리는 음식에서 포도당을 얻는다. 췌장은 인슐린을 분비하며, 근육은 인슐린 덕분에 포도당을 흡수할 수 있다. 나이가 들면서 우리 모두는 어느 정도 인슐린에 내성을 가지게 된다. 다시 말해, 근육이 인슐린의 효과에 조금 더 둔감해진다. 그 결과, 췌장은 인슐린을 조금 더 분비하려고 하며, 이 때문에 포도당 조절은 약간 불안정해진다. 포도당 조절이 너무 불안정해지면, 제2형 당뇨병에 걸린다.

제2형 당뇨병이 알츠하이머병의 위험 요인임을 보여주는 연구는 많다. 게다가 제2형 당뇨병에 수반되는 포도당 조절의 변화는 노화 관련 기억 감퇴에 관여하는 해마 영역들에도 영향을 미치는 듯하다. 중요한 점은 식단과 운동을 통해 노화에 따른 이런 변화들을 변경할 수 있다는 것이다. 근육의 인슐린 민감도를 높이면서, 포도당 흡수를 도울 수 있는 것이다.

환경 요인들과 **동반질병**comorbidity, 즉 함께 지니고 있는 다른 질병들도 우리를 알츠하이머병에 더 취약하게 만들 수 있지만, 지금까지의 모든 연구들은 아밀로이드 덩어리가 치매의 근본 원인이라고 시사한다. 이 가설은 아주 강력하며, 대단히 중요한 연구 지침이 되어왔다. 최근의 연구들은 덩어리 형성을 예방하고, 이 덩어리를 인식하는 항체를 사용해 덩어리를 제거하는 데 초점을 맞추어왔다. 앞서 보았듯이, 조현병과 우울증 같은 장애는 어느 하나의 유전자가 아니라 수백 개의 유전자로 생기기에, 이 장애들이 어떻게 생기는지를 이해하는 일은 훨씬 더 어렵다. 그에 비하면 알츠하이머병에 대한 이해는 더디게 보일지라도 사실 놀라울 정도로 빠르게 발전하고 있다.

이마관자엽치매

치매가 알츠하이머병만이 있는 것은 아니다. 이마관자엽치매도 흔하다. 이마관자엽치매는 알츠하이머병보다 10년 전에 프라하대학교의 정신의학자 아르놀트 피크Arnold Pick가 발견했다. 이 장애는 드물다고 여겨졌지만, 지금 우리는 이 병과 알츠하이머병이 64세 이상의 사람들에게 나타나는 치매의 대부분을 차지한다는 것을 안다. 게다가 이마관자엽치매는 65세 미만의 사람들에게 가장 흔한 치매이며, 미국에만 4만 5,000~6만 5,000명의 환자가 있다고 추정된다. 이 병은 대체로 알츠하이머병보다 더 이른 나이에 시작되어 더 빨리 진행된다.

이마관자엽치매는 사회적 지능, 특히 충동을 억제하는 능력에 관여하는 이마엽의 아주 작은 영역들에서 시작된다(그림 5.10). 예전에는 그 장애에 걸린 사람과 알츠하이머병에 걸린 사람을 구별하는 것이 불가능하다고 여겨졌지만, 지금은 더 이상 그렇지 않다. 이마관자엽치매는 흔히 사회적 행동과 도덕적 추론에 심각한 결함을 일으킨다. 이마관자엽치매 환자는 쇼핑 중독처럼 독특하다고 할 수 없는 반사회적 행동을 할 수 있다. 그 병의 초기 환자 가운데 약 절반이 체포되었거나 체포될 만한 행동을 한다는 연구 결과가 있는데, 이런 행동은 알츠하이머병 환자의 특징이 아니다.

이마관자엽치매는 우리가 서로 인간관계를 맺을 수 있게 해주는 뇌 영역들에도 영향을 미친다. 어떤 사람이 원래 사랑스럽고 다정했다고 해도, 이 병에 걸리면 주변 사람들에게 무심해질 수 있다. 또 그들은 중독에 취약해, 과식이나 흡연과 같은 건강하지 못한 습관을 쉽게 들이기도 하고, 지출을 억제하지 못해 파산에 이르기도

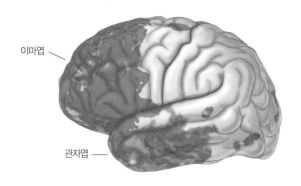

그림 5.10 | 이마관자엽치매는 뇌의 이마엽과 관자엽에 영향을 미친다.

한다. 이 치매는 대부분 아이가 있는 중년에 걸리기 때문에, 가족에게도 엄청난 충격을 안긴다.

이마관자엽치매의 유전학

이마엽과 관자엽이 손상되어 생기는 병인 이마관자엽치매의 생물학적 메커니즘은 알츠하이머병의 그것과 같다. 다시 말해, 이마관자엽치매는 유전적 돌연변이 때문에 단백질이 잘못 접혀서 뇌에 덩어리가 생긴 탓이다. 양쪽 환자들이 공통 증상들을 보이는 이유가 그 때문이다. 그러나 단백질을 잘못 접히게 만드는 유전자들 가운데 일부는 장애에 따라 다르다. 이마관자엽치매를 일으키는 돌연변이 유전자 세 가지는 타우 단백질을 만드는 유전자, C90RF72 유전자, 뇌에서 몇 가지 역할을 하는 단백질인 프로그래뉼린progranulin을 만드는 유전자다. 이 돌연변이 유전자들은 뇌의 동일한 영역에 손상을 입히며, 각각 비정상적인 단백질 접힘을 통해 그렇게 한다(그림 5.11).

돌연변이 프로그래뉼린 유전자는 정상적인 프로그래뉼린 단백질을 만든다. 다만 충분히 생산하지 않을 뿐이다(정상적인 프로그래뉼린 단백질은 다른 단백질인 TDP-43이 잘못 접히지 않게 막는다고 여겨진다). 이 메커니즘의 단순성은 고무적이다. 그것은 이마관자엽치매를 치료할 수 있는 한 가지 방법이 혈액의 프로그래뉼린 양을 늘릴

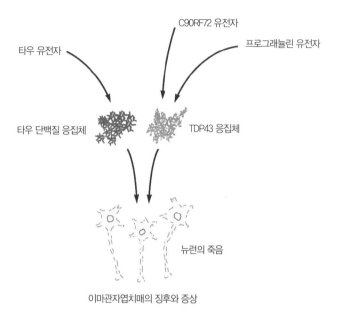

이마관자엽치매

C9ORF72 유전자

프로그래뉼린 유전자

타우 유전자

타우 단백질 응집체

TDP43 응집체

뉴런의 죽음

이마관자엽치매의 징후와 증상

그림 5.11 | 이마관자엽치매로 이어지는 세 유전자의 돌연변이

약을 찾거나, 뇌로 프로그래뉼린을 전달할 방법을 알아내는 것이라는 점을 드러낸다. 이마관자엽치매를 다방면으로 연구한, 샌프란시스코에 있는 캘리포니아대학교의 브루스 밀러Bruce Miller는 그 병이 가장 단순한 신경퇴행 질환 가운데 하나일 수 있다고 본다. 현재 그는 혈액과 뇌의 프로그래뉼린 농도를 증가시키는 약물을 연구하고 있다.[14]

밀러는 추가로 한 가지 발견을 했는데, 이것은 19세기의 위대한

신경학자 존 휼링스 잭슨John Hughlings Jackson의 발견을 뒷받침한다. 잭슨은 뇌의 양쪽 반구가 서로 다른 정신 기능을 처리한다는 점을 깨달은 첫 번째 사람이다. 이에 따르면, 좌반구는 언어와 수 같은 논리적 기능을 처리하고, 우반구는 음악과 미술 같은 더 창의적인 기능을 수행한다. 더 나아가 잭슨은 양쪽 반구가 상대를 억제한다고 주장했다. 따라서 뇌의 왼쪽에 손상이 일어나면 오른쪽을 억제할 수 없을 것이고, 오른쪽의 창의성이 해방될 것이라고 보았다. 밀러는 이마관자엽치매가 좌반구에만 일어난 환자들을 만났다. 그 많은 환자들은 창의성의 분출을 보여주었다. 그 병이 좌반구를 손상시키기 전에 이미 창의적인 성향을 지닌 이들은 더욱 그랬다. 좌반구 손상은 창의적이고 음악적인 우반구를 해방시키는 듯했다.

이런 발견들은 전반적인 뇌 기능에 관한 한 가지 놀라운 원리를 드러낸다. 한 신경 회로가 꺼질 때 다른 신경 회로는 켜질 수 있다는 것이다. 왜 그럴까? 그 불활성 회로가 정상적일 때는 다른 회로를 억제하기 때문이다.

미래 전망

단백질 접힘 장애를 기술한 최초의 과학자는 스탠리 프루시너Stanley Prusiner였다. 그는 1980년대에 희귀한 질환인 크로이츠펠트-야콥병Creutzfeldt-Jakob disease 환자로부터 단백질 접힘을 관찰했다. 앞서 보았듯이, 다른 과학자들은 단백질 접힘의 오류가 알츠하이머병과 이마관자엽치매에 기여한다는 것을 보여주었다. 언뜻 생각할 때, 설령 이 치매들이 운동장애와 공통점이 있다고 해도 거의 없을 듯하다. 그러나 더 자세히 살펴보면, 파킨슨병과 헌팅턴병도 단백질 접힘의 오류 때문에 발생한다. 이 뇌 질환들은 7장에서 알아볼 것이다.

그보다 먼저 뇌 질환이 인간 본성의 또 다른 측면, 바로 창의성에 관해 무엇을 말하는지 살펴보자. 우리의 감정, 생각, 행동, 사회적 상호작용, 기억이 생물학적 토대를 지닌 것처럼, 우리의 선천적인 창의성도 마찬가지다. 지금까지 우리는 자폐증, 우울증, 양극성장애, 조현병 환자들이 드러내는 창의성의 다양한 양상들을 가볍게만 훑어보았다. 그러나 일부 알츠하이머병과 이마관자엽치매 환자들도 창의성을 드러낸다. 특히 시각예술 분야에서 그렇다. 6장에서는 뇌 질환을 가진 화가들의 창의성에 관해 알아보자.

6

우리의 타고난 창의성:
뇌 질환과 예술

화가, 작가, 조각가, 작곡가 같은 예술가는 특별한 재능을 지니고 있다는 점에서 남들과 달라 보인다. 고대 그리스인들은 창의적인 이들이 지식과 예술의 여신인 뮤즈에게 영감을 얻는다고 믿었다. 19세기 로마 시인들은 창의성에 대한 견해가 달랐다. 그들은 창의성이 정신병에서 생긴다고 주장했다. 정신병이 습관, 관습, 합리적인 사고가 부과하는 제약들을 줄임으로써, 예술가가 무의식적인 창의력을 이용할 수 있게 한다는 것이다.

오늘날 우리는 창의성이 뇌에서 기원한다는 것을 안다. 즉 생물학적인 기반을 가진다. 또 우리는 특정 유형의 창의성이 정신 질환과 연관되어 나타나는 반면, 우리의 창의력은 정신 질환에 의존하지 않는다는 것도 안다. 더군다나 창의력은 보편적이다. 우리 각자는 다양한 방식으로 그리고 다양한 수준으로 창의력을 드러낸다.

그러나 낭만주의자들은 완전히 틀렸다. 대부분의 사람들은 창의력을 쉽게 불러내지 못한다. 과학자들은 아직 창의성의 생물학적 메커니즘을 밝혀내지 못했지만, 그 이전 단계에 해당하는 것들 가운데 일부를 발견해 왔다. 그중 하나는 억제를 없앰으로써 마음이 더 자유롭게 방황하고 생각들 사이에 새로운 연결을 추구하도록 하는 것이다. 무의식과의 이런 소통은 모든 창의적인 이들에게 공통된 것이지만, 정신 질환을 지닌 창의적인 이들에게 유달리 놀라운 양상으로 드러나고는 한다.

이 장에서는 정신 질환과 신경 질환이라는 두 측면에서, 뇌 질환이 우리의 창의성에 관해 무엇을 말해주는지 알아보자. 먼저 창의성에 몇 가지 관점에서 접근해 보자. 우선 비범한 재능을 지닌 현대 화가의 작품을 알아보고, 이어서 창의성을 감상자의 관점에서 살펴볼 것이다. 마지막으로 창의적 과정의 특성과 창의성의 생물학에 관해 지금까지 밝혀진 것들을 이야기할 것이다.

앞 장들에서 우리는 조현병, 우울증, 양극성장애가 있으면서 미술, 문학, 과학 분야에서 창의적인 재능을 드러낸 이들을 살펴보았다. 이 장에서는 이른바 정신병 미술psychotic art이라는 조현병 환자들의 시각 미술에 주로 초점을 맞출 것이다. 이것들은 아름답고 감동적일 뿐 아니라, 폭넓게 수집되고 연구되어 왔다. 이어서 이 미술이 현대미술, 특히 다다이즘과 초현실주의에 끼친 영향을 살펴보자. 그 뒤에는 양극성장애, 자폐증, 알츠하이머병, 이마관자엽치매 등 다른 뇌 질환을 지닌 이들의 창의성을 다룰 것이다. 결론 부분에서는 현대적인 뇌 연구가 우리의 타고난 창의성을 연구해 얻은 깨달음을 몇 가지 제시할 것이다.

창의성을 보는 다양한 관점

화가

척 클로스Chuck Close는 난독증이 있다. 어릴 때 그는 많은 것을 할 수 없다고 느꼈다. 그러나 그가 할 수 있는, 그것도 꽤나 잘할 수 있는 일이 하나 있었다. 그림을 그리는 것이었다. 그는 특히 얼굴을 그리는 일에 관심을 가졌다. 이 점은 흥미로운 데, 클로스는 얼굴을 알아보지 못하기 때문이다. 그는 얼굴이 얼굴이라는 것을 알아볼 수는 있지만, 그 얼굴을 당사자와 연관 짓지 못한다.

얼굴을 인식하는 능력은 뇌의 아래안쪽관자엽inferior medial temporal lobe의 오른방추형이랑right fusiform gyrus이 맡고 있다. 이 영역의 앞쪽이 손상되면 클로스처럼 얼굴을 알아보지 못한다. 이 영역의 뒤쪽이 손상된 사람은 얼굴을 아예 인식하지 못한다. 클로스는 서양 미술사에서 사람을 알아볼 수 없으면서 초상화를 그리는 유일한 사람일 것이다. 그렇다면 그는 왜 초상화가가 되고자 애쓴 것일까? 클로스는 자신의 미술이 자신이 이해할 수 없는 세계를 이해하려는 시도였다고 말한다. 그는 초상화를 그리는 것을 그리 이상하게 여기지 않는다. 그는 자신이 알고 사랑하는 사람들의 얼굴을 알아보고 기억하려고 애썼기 때문에 초상화를 그리고자 했다. 그리려면 얼굴을 펼쳐야 한다. 일단 펼치고 나면, 정면으로 바라볼 때에는 불가능 한 방식으로 기억에 담을 수 있다. 그가 당신을 바라보고 있을 때 당신이 머리를 1센티미터만 움직이면, 당신의 얼굴은 그가 한 번도 본 적이 없던 새로운 얼굴이 된다. 그러나 얼굴을 사진으로 찍어서 펼쳐놓으면, 한 평면 매체로부터 다른 평면 매체로 번역할 수 있다.

그림 6.1 | 척 클로스,
〈큰 자화상Big Self-Portrait〉,
1967~68년. 캔버스에 아크릴

번역이 이루어지는 방식은 다음과 같다. 먼저 클로스는 얼굴 사진을 찍는다. 그 사진 위에 투명한 플렉시글래스 판을 덮은 뒤, 사진을 화소로 나눈다. 즉 사진을 수천 개의 작은 칸으로 이루어진 격자로 나눈다. 마지막으로 그 작은 화소 하나하나를 줄줄이 색칠한다. 그 화소들을 하나로 모으면 초상화가 된다. 화소들로 구성된 초상화다.

초기 작품에서 클로스는 이 방법을 써서 유례없는 수준의 사실주의를 달성했다(그림 6.1). 세계를 이해하려는 그의 욕구에 부합하는 성취였다. 얼마 지나지 않아, 그는 격자를 더 실험적으로 사용하기 시작했다. 그러면서 억제에서 서서히 해방되어 가는 양상이 드러났다. 먼저 그는 각 칸을 반복되는 지표인 하나의 점으로 채움으로써, 아주 단순한 단위를 점점 늘림으로써 놀라울 정도로 복잡한 초상화를 그렸다. 이윽고 그 기법은 각 칸에 동심원들로 이루어진 작은 추상화를 그리는 쪽으로 진화했다(화보 3). 클로스는 각 칸을 균일한 색으로 칠하는 대신에, 몇 가지 순색으로 이루어진 고리로 채웠다. 그래서 그림을 멀리서 보면, 하나의 색깔이라는 착시를 일으키는 한편으로 생생하면서 믿을 만한 초상화가 드러난다.

연구자들은 뇌의 우반구가 개념들을 끼워 맞추어서 새로운 조합을 만드는 일에 자주 관여한다는 것을 밝혀냈다. 한마디로 창의성의 몇몇 측면들에 관여한다. 좌반구는 언어와 논리를 담당한다. 5장에서 보았듯이, 현대 신경학의 창시자인 존 휼링스 잭슨은 한 세기 전에 뇌의 좌반구가 우반구를 억제하며, 그래서 좌반구가 손상되면 창의성이 증진될 수 있다고 주장한 바 있다. 난독증이 있다는 데에서 명백히 드러나듯이 클로스의 좌반구는 손상되어 있으며, 다른 많은 예술가들처럼 그도 왼손잡이다. 그 점도 그의 우반구가 우성이라는 점을 시사한다.

클로스는 창의성의 이 가능한 경로를 제대로 이용해 왔을 뿐만 아니라, 재능 있는 운동선수처럼 자신이 이미 잘하는 일을 더 잘하기 위해 노력해 왔다. 그는 예술적 장점을 강화하는 데 난독증을 이용해 왔다. 그는 학습장애가 자신이 하는 모든 일의 동기라고 지적했다. 그는 대수, 기하, 물리, 화학을 공부하지 않았다. 나중에 그런 사실 자체를 떠올릴 수조차 없었을지라도, 그는 자신이 수업에 관심이 있다는 것을 교사에게 보여주기 위해 미술 강의를 추가로 들으면서 과제를 제출하기도 했다. 자신이 실력 있다는 것을 보여주며 자신감을 얻었고, 자신이 특별하다는 느낌을 받았다. 그 결과 그의 미술 능력은 비범해졌고, 얼굴 묘사는 계속해서 진화했다.

클로스는 억제를 걷어내는 것 말고도 창의성의 두 가지 중요한 측면들을 보여주는 사례다. 열심히 노력해 어려움을 극복하겠다는 결심과 우리 뇌가 지닌 엄청난 가소성plasticity이다. 자폐증과 알츠하이머병을 다룬 장들에서 말했듯이, 뇌의 일부 영역에 일어난 손상은 다른 영역들의 강화와 효율성 증대를 통해서 보완될 수 있다. 손상을 보완하는 뇌의 능력은 화가가 새로운 일, 더 흥미로우면서 창의적인 일을 할 능력을 강화하기도 한다.

감상자

고대 그리스인들과 낭만주의자들은 창작 미술에 매료되어 있었지만, 감상자의 미술 경험이 본격적으로 논의되기 시작한 것은 20세기였다. 감상자와 화가 모두가 창의적인 정신 과정들에 참여한다는 개념은 1900년경 빈 예술사학파의 창시자인 알로이스 리글Alois Riegl이 처음 제시했다.

그에게는 뛰어난 두 제자가 있었는데, 한 명은 훗날 정신분석가가 된 에른스트 크리스Ernst Kris이고, 다른 한 명은 에른스트 곰브리치Ernst Gombrich다. 그들은 미술 작품을 볼 때 우리 각자가 조금씩 다른 관점에서 보고 있다고 주장했다. 우리가 보는 거의 모든 대상에 모호함이 있기는 하지만, 위대한 예술 작품은 더욱 그렇기 때문이다. 우리 각자는 그 모호함을 다르게 해석하며, 그 결과 우리 각자는 각 예술 작품을 다르게 본다. 이는 우리 각자가 그 작품에 나름의 견해를 생성한다는 의미다. 즉 우리는 비록 더 조촐할지는 몰라도 화가의 창작 과정과 본질적으로 비슷한 창작 과정을 경험한다. 이 창작 과정을 '감상자의 몫beholder's share'이라고 한다.

우리는 이 주장이 옳다는 것을 안다. 앞서 살펴보았듯이, 어떤 이미지에서 우리 뇌로 들어오는 실제 감각 정보가 원초적이고 단편적이기 때문이다. 우리 눈은 완벽한 상을 뇌로 중계하는 카메라가 아니다. 우리 뇌는 불완전한 감각 정보를 받아서 감정, 경험, 기억에 비추어 해석한다. 우리 뇌가 수행하는 이 해석 과정 덕분에 우리는 자신이 보는 이미지에 대해 자기만의 독특한 지각을 재구성할 수 있으며, 그것이 감상자의 몫의 토대가 된다.

뉴욕 현대미술박물관의 회화와 조각 담당 수석 큐레이터인 앤 템킨Ann Temkin은 클로스가 그린 로이 리히텐슈타인Roy Lichtenstein의 초상화를 감상자의 반응을 설명하는 사례로 삼는다(화보 3). "이 작품들에서는 추상적 지표, 그리는 행위, 대상의 재현 사이에 소통이 이루어지고 있다는 것이 뚜렷이 드러납니다. 어느 한쪽만으로는 온전한 경험을 할 수 없어요. 가까이 들여다볼 때 보이는 추상적인 원과 사각형과 재미있는 모양들, 뒤로 물러났을 때 알아차리는 아하, 리히텐슈타인이구나 하는 인식이 그 경험의 일부를 이룹니다. 리히텐슈타인을 알아보기 위해 거치는 과정 자체가 그림에 담겨 있기 때문에, 감상자 자신이 작품을 거의 재창조하는 셈이 됩니다."[1] 이 인식 과정은 우리 뇌가 클로스의 작은 기하학적 형상들로부터 리히텐슈타인의 얼굴을 구성하는 방식에도 담겨 있다.

창작 과정

역사의 특정 시기에 특정한 장소에서 창의성이 갑자기 분출하는 것은 어떻게 설명할까? 르네상스, 파리의 인상파, 1900년 빈의 구상 표현주의, 뉴욕의 추상 표현주의 같은 문화적 발효 현상을 이야기할 때면, 창의적인 사람들 사이의 상호작용이 핵심이라는 말이 빠지지 않고 들어간다. 그 상호작용은 동료들 사이의 경쟁이라는 형태를 취할 수도 있고, 거꾸로 서로를 지원하려는 욕구의 형태를 취할 수도 있다. 새로운 착상은 흔히 창의적인 사람들이 카페나 모임에서 서로 이야기를 나눌 때 출현한다. 다시 말해, 고독한 천재라는 신화는 말 그대로 신화에 불과하다.

그렇다면 개인의 창의성에 기여하는 요인들은 뭐가 있을까? 앞서 말했듯이, 클로스에게는 문제 해결이 창의성의 본질적 측면이다. 다시 말해, 그림 실력과 열심히 하려는 의지다. 연구자들은 그밖에도 창의성을 높일 만한 특징들을 찾아냈다. 첫 번째는 성격이다. 즉 창의적일 가능성이 더 높은 특정한 성격 유형들이 있다. 여기서 단수가 아니라 복수를 썼다는 점에 주목하자. 발달심리학자 하워드 가드너Howard Gardner가 다중 지능 연구에서 강조했듯이, 창의성은 어느 한 성격 유형에 국한된 것이 아니다. 창의성은 여러 형태로 출현한다. 수학에 강한 사람도 있는 반면, 언어나 시각 예술에 강한 사람도 있다.[2]

두 번째 특징은 준비 기간이다. 개인이 의식적으로든 무의식적으로든 어떤 문제에 매달리는 시간을 말한다. 세 번째 특징은 창의성이 솟구치는 첫 순간, 즉 '아하!' 하는 순간이 있다는 것이다. 이전까지 연관 없어 보이던 요소들이 뇌에서 연결되면서 갑자기 깨달음이 찾아오는 순간이다. 마지막은 그 착상을 잇는 후속 작업이다.

어떤 문제에 의식적으로 매달린 뒤에는 의식적 생각을 접고서 무의식이 방랑할 수 있도록 배양하는 기간이 필요하다. 심리학자 조너선 스쿨러Jonathan Schooler는 이 배양 기간이 "마음이 방황하도록 하기 위한 것"이라고 말한다.[3] 새로운 착상은 어떤 문제에 열심히 매달려 있을 때가 아니라, 산책을 하거나 샤워를 하거나 다른 무언가를 생각할 때 나오고는 한다. 그것이 바로 창의성의 갑작스러운 출현, '아하!' 하는 순간이며, 우리는 그 토대에 놓인 생물학을 이제야 조금씩 이해하기 시작했다.

창의성의 무의식적 정신 과정들을 연구한 크리스는 창의적인 사람들이 마음의 무의식적 부분과 의식적 부분 사이에 통제된 방식으로 비교적 자유로운 의사소통이 이루어질 때, 아하, 하는 순간을 경험한다는 것을 알아차렸다. 그는 이렇게 통제된 방식으로 무의식에 접근하는 것을 "자아를 위한 퇴행"이라고 말한다.[4] 창의적인 사람들이 더 원초적인 형태의 심리 기능으로 돌아간다는 의미다. 그럼으로써 무의식적 충동과 욕망에 그리고 그와 관련된 창의적 과정 가운데 일부에 접근할 수 있다. 무의식적 사고는 더 자유롭고 연상 작용(추상적 개념과 달리 이미지가 일으키는 특징)을 일으킬 가능성도 더 높으므로, 착상들의 새로운 결합과 조합을 촉진하는 '아하!' 하는 순간이 일어나도록 만든다.

창의성의 생물학

우리는 아직 창의성에 관한 생물학을 거의 모르고 있지만, 창의성이 억제의 제거를 수반한다는 점은 분명하다. 좌반구와 우반구가 서로를 억제하고 좌반구의 손상이 우반구의 창의성을 해방시킨다는 잭슨의 개념은 현대 기술을 통해 타당하다는 것이 밝혀졌다.

예를 들어, 뇌의 PET 영상은 반복되는 자극에 좌반구와 우반구가 반응하는 방식에 흥미로운 차이가 있음을 보여준다. 좌반구는 자극(단어나 대상)이 얼마나 자주 오는지에 상관없이, 늘 그 자극에 반응한다. 반면에 우반구는 반복되는 자극에는 무뎌지지만, 새로운 자극에는 활발하게 반응한다. 따라서 새로운 것에 더 관심을 보이는 우반구가 창의력이 더 높다. 또 5장에서 만난 신경학자 브루스 밀러는 좌반구 이마관자엽치매에 걸린 이들에게 때때로 창의성이 분출한다는 놀라운 발견을 했다. 아마 좌반구의 장애로 우반구를 억제하던 제약이 제거되었기 때문일 것이다.[5]

노스웨스턴대학교의 마크 정비먼Mark Jung-Beeman과 드렉셀대학교의 존 쿠니어스John Kounios는 매우 흥미로운 공동 연구를 통해 이 개념을 조사했다. 그들은 실험 참가자들에게 체계적으로 풀 수 있는 문제들과 '아하!' 하는 갑작스러운 깨달음으로 풀 수 있는 문제들을 제시했다. 참가자들이 '아하!' 하고 깨닫는 순간에, 그들의 우반구에서 한쪽 영역이 활성을 띠었다. 비록 연구가 아직 초기 단계에 불과하지만, 이런 실험들은 갑작스럽게 통찰이 번뜩이는 순간, 즉 창의성이 발현되는 순간이 우리 뇌가 다른 신경 및 인지 과정들에 종사할 때 일어난다는 개념을 뒷받침한다. 그 과정들 가운데 일부는 우반구에 있다.[6]

미국 국립보건원의 찰스 림Charles Limb과 앨런 브라운Allen Braun이 수행한 뇌 영상 실험에서도 비슷한 결과가 나왔다. 그들은 한편으로 재즈 즉흥연주의 기초를 이루는 정신 과정들과 악보를 외워서 연주할 때의 정신 과정들을 비교하고자 했다. 노련한 재즈 피아노 연주자들은 뇌 영상 장치 안에서 즉흥연주를 하거나 외운 음악을 연주했다. 림과 브라운은 즉흥연주가 충동 조절에 관여하는 등쪽가쪽이마앞겉질dorsolateral prefrontal cortex의 특징적인 변화에 의존한다는 것을 알았다.[7]

충동이 창의성과 어떻게 관련될까? 림과 브라운은 연주자가 즉흥연주를 시작하기 전에, 뇌의 등쪽가쪽이마앞겉질에서 '불활성화deactivation'가 일어난다는 것을 알았다. 그러나 외운 음악을 연주할 때는 이 영역의 활성이 유지되었다. 다시 말해, 즉흥연주를 할 때 그들의 뇌는 등쪽가쪽이마앞겉질이 보통 때 일으키는 억제를 약화시키고 있었다. 그들은 스스로 억제되지 않은 상태에서 창의적인 활동을 한다는 점을 의식하지 않기 때문에, 새로운 음악을 지어낼 수 있었다.

그러나 단순히 등쪽가쪽이마앞겉질을 꺼버린다고 해서 우리 모두가 위대한 피아니스트가 되는 것은 아니다. 성공한 다른 창의적인 이들처럼, 이 피아니스트들도 여러 해 동안 피아노를 연습해 무대에서 저절로 재조합되는 음악적 착상들로 머릿속을 가득 채우고 있었기 때문에, 억제를 제거할 때 혜택을 본 것이다.

조현병 환자들의 미술

19세기 전반기에 개화한 낭만주의 운동은 미적 경험의 원천으로 합리주의보다 직관과 감정을 강조했고, 정신 질환자들의 창의성에 대한 관심을 일깨웠다. 낭만주의는 정신병을 사회적 관습과 상식으로부터 사람을 해방시키는 상태이자, 정상적으로는 의식할 수 없는 마음의 숨겨진 세계에 접근하게 하는 고양된 상태라고 보았다.

정신 질환자의 미술에 처음 관심을 환기시킨 사람은 정신 질환자를 향한 인간적이고 심리적인 접근법을 개발한 의사, 필리프 피넬이었다. 1801년 그는 자기 환자 두 명의 미술을 이야기하면서 정신이상이 숨겨져 있던 미술 재능을 때때로 드러낼 수 있다고 결론지었다.[8] 1812년 미국 건국의 아버지 중 한 명이자 미국에서 정신의학을 별도의 분야로 설립한 인물인 벤자민 러시Benjamin Rush도 피넬과 견해가 비슷했다. 러시는 정신이상이 "우리 지구의 위쪽 지층들을 뒤흔들어서, 땅주인들은 존재하는지조차 몰랐던 귀하고 근사한 화석들을 지표면으로 튀어나오게 하는" 지진과 같다고 썼다.[9]

1864년 이탈리아 의사이자 범죄학자인 체사레 롬브로소Cesare Lombroso는 환자 108명의 미술 작품을 수집해《천재와 광기Genio e Follia》를 펴냈다. 러시처럼 롬브로소도 정신이상이 그림을 한 번도 그려본 적이 없는 이들을 화가로 변신시킨다는 것을 알아차렸지만, 그는 이 미술을 환자가 지닌 병의 일부라고 여겼고 미적 가치에는 관심을 두지 않았다.[10]

과학적인 현대 정신의학의 아버지인 에밀 크레펠린은 정신병과 창의성의 관계를 덜 낭만주의적인 관점에서 바라보았다. 미적 가치에 별 관심을 두지 않았다는 점에서는 다를 바 없었지만. 1891년 하이델베르크대학교의 정신병원 원장이 된 직후에, 크레펠린은 몇몇 조현병 환자들이 그림을 그린다는 것을 알아차렸다. 그는 이 환자들의 그림을 교육용으로 모았다. 그림을 연구하면 의사들이 그 병의 진단을 내리는 데 도움이 되는지 알아보기 위한 것이었다. 또 크레펠린은 그림 그리기가 환자에게 치료 효과가 있을지도 모른다고 생각했는데, 이 견해는 지금도 상당한 지지를 받고 있다.

그 뒤를 이어서 하이델베르크 병원의 원장이 된 카를 빌만스Karl Wilmanns도 환자들의 그림을 수집하는 일을 계속했고, 1919년 한스 프린츠호른Hans Prinzhorn에게 수집한 작품들의 연구를 맡겼다. 프린츠호른은 정신의학자이자 알로이스 리글 밑에서 미술사를 배운 미술사가이기도 했다.

프린츠호른은 수집품을 늘리는 일에도 힘썼다. 하이델베르크 정신병원의 입원 환자들 중 약 2퍼센트만 그림을 그리고 있었기에, 그는 독일, 오스트리아, 스위스, 이탈리아, 네덜란드 등 다른 정신병원의 원장들에게 정신 질환자들의 작품을 보내달라고 요청했다. 프린츠호른은 환자 약 5백 명이 창작한 그림, 소묘, 조각, 콜라주 등 5,000점이 넘는 작품을 받았다.

프린츠호른이 수집한 작품들을 만든 환자들은 두 가지 눈에 띄는 특징을 지니고 있었다. 정신병적이었고, 예술적인 면에서 소박

했다. 그들은 미술 교육을 받지 않았다. 프린츠호른은 정신 질환자들의 작품이 단순히 병리학을 시각 언어로 번역한 것이 아니라는 점을 알아차렸다. 그들의 소묘 대부분에서 드러나는, 그들이 미술 교육을 받지 않았다는 뚜렷한 인상은 무경험자인 어른이 그린 그림에서 보이는 인상과 전혀 다르지 않다. 그 자체로는 전혀 병적이지 않다. 프린츠호른은 환자들이 만든 것이 나름의 창의적인 작품이며, 소박한 미술의 놀라운 사례임을 깨달았다.

그러나 프린츠호른이 세심하게 지적했듯이, 예술적 소박함은 정신병을 앓고 있는 화가들에게만 나타나는 것이 아니다. 정신병을 앓지 않았으면서 미술 교육을 받지도 않은 화가의 가장 두드러진 사례 가운데 하나는 앙리 루소Henri Rousseau다. 프랑스의 세관원이었던 루소는 생전에 평론가들의 조롱을 받고는 했지만, 그의 작품은 놀라운 예술적 가치를 지니고 있다. 이윽고 그는 독학한 천재이자 후기인상파 화가로 인정을 받게 되었고(화보 4. 5), 그의 작품은 초현실주의자들과 피카소를 비롯한 몇 세대의 화가들에게 영향을 미쳤다. 루소 자신은 사실상 결코 프랑스를 떠난 적이 없었지만, 그의 가장 유명한 작품들은 정글을 묘사하고 있다(화보 5). 그는 무의식적 환상에서 영감을 얻어서 이 그림들을 그렸다.

20세기 초에 정신 질환자들은 한 번 입원하면 여생을, 즉 20~40년을 정신병원에서 보내고는 했다. 그들 중 일부는 입원한 뒤에 그림을 그리기 시작했다. 저명한 미술심리학자인 루돌프 아른하임Rudolf Arnheim은 다음과 같이 썼다.

수천 명의 입원 환자들은 자신들의 번민, 좌절, 갇혀 있다는 것에 대한 항의, 과대망상이 일으키는 정신 불안의 강력한 감정을 시각적으로 표현하기 위해, 편지지, 화장실 휴지, 포장지, 빵, 나무 같은 것들을 숨겼다. 하지만 정신 질환자들 중에서 선견지명이 있는 선구자들만이 그런 기괴한 그림들의 진단 가능성을 감지했고, 인간 창의성의 특성을 파악하는 데 어떤 중요한 의미를 지닐 것이라고 추정했다.[11]

환자들의 미술이 창의성과 미적 가치를 지닌다는 점을 알아차린 프린츠호른은 당시 '정신병적 미술'이라고 불리던 것이 여러 면에서 단순히 호기심거리가 아니라 진지하게 연구할 가치가 있음을 보여주었다. 프린츠호른 컬렉션의 현행 관리자인 토마스 뢰스케Thomas Roeske가 말한 것처럼, 그 그림들은 그것들이 없었다면 들을 수 없었던 이들에게 목소리를 제공했다. 그리고 그들의 목소리는 종종 매우 독특했다.[12]

프린츠호른의 거장들

1922년 프린츠호른은 《정신 질환자의 예술Artistry of the Mentally Ill》이라는 대단한 영향을 끼친 책을 내놓았다. 하이델베르크에 모은 작품들 중에서 사례를 골라 소개한 책이었다.[13] 그 컬렉션에 기여한

화가 500명 중에서 70퍼센트는 조현병을 지녔다. 나머지 30퍼센트는 양극성장애가 있었다. 이 비율은 어느 정도 해당 정신 질환에 걸린 사람들의 입원율을 반영한다. 프린츠호른은 특히 '조현병 거장들'이라고 이름 붙인 환자 10명의 작품에 초점을 맞추었다. 그는 가명을 사용해 환자들을 보호하는 한편으로, 각 미술가의 임상 역사를 제시한 뒤, 작품과 그 작품이 진단 및 병의 진행 양상에 임상적으로 어떤 의미가 있는지를 분석했다.

프린츠호른은 이 환자들이 "완전히 자폐적으로 고립되었고 … 조현병적 형태의 핵심"을 갖추고 있다고 보았고,[14] 그들의 작품이 "불편하고 낯선 느낌"을 일으킨다는 특징이 있다는 점을 알아차렸다.[15] 프린츠호른은 그들의 작품이 고립감을 상쇄하는 "인간의 보편적인 창의적 충동의 분출"을 반영한다고 적었다.[16] 그 화가들이 대부분 미술 교육을 받은 적이 없었기에, 프린츠호른은 그들의 작품이 아이들의 작품 및 원시 사회 화가들의 작품과 놀라울 정도로 유사하다고 보여주었다. 모든 사례에서 작품들은 우리 모두가 미술을 배우지 않았어도 예술적 창의성을 지니고 있다는 것을 드러낸다. 이 화가들에게 빈 종이는 채워달라고 울부짖는 수동적 공허함을 대변하고는 했다. 그 결과 그들은 종이 표면을 구석구석까지 다 칠하는 경향이 있었다. 프린츠호른의 조현병 거장 세 명의 작품들도 그렇다. 페터 무그Peter Moog (화보 6), 빅토르 오르트Viktor Orth (화보 7), 아우구스트 나터러August Natterer (화보 8)의 작품이다.

무그는 1871년 가난한 집안에서 태어났다. 부친은 정신 질환이 있었던 것으로 추정되지만, 무그 자신은 다정하고 아주 밝고 기억력도 뛰어난 아이였다. 학교를 마친 뒤 그는 식당 종업원이 되었고 술, 여자, 노래로 이어지는 방탕한 삶에 빠져들었다. 이 무렵에 그는 임질에 걸렸다. 그는 1900년에 결혼했지만, 1907년에 아내와 사별했다. 큰 호텔의 매니저로 일하면서 그는 폭음을 하기 시작했고, 1908년에 갑자기 정신병 삽화를 겪었다. 몇 주 뒤 그는 조현병 진단을 받고서 정신병원에 들어갔고, 그곳에서 지내다가 1930년 사망했다. 〈사제와 성모가 있는 제단Altar with Priest and Madonna〉에서 보이듯이(화보 6), 모그의 시야는 종교적 심상으로 가득했다.[17]

오르트는 1853년 유서 깊은 귀족 가문에서 태어났다. 어릴 때 발달이 정상적으로 이루어졌고 나중에 해군사관학교에 들어갔지만, 25세 때 그는 편집증에 시달리기 시작했다. 그는 1883년에 정신병원에 수용되어 여생을 그곳에서 보내다가 1919년에 사망했고, 자신이 작센의 왕, 폴란드의 왕, 룩셈부르크 대공이라고 믿고는 했다. 1900년부터 그는 그림을 그리기 시작했다. 프린츠호른은 오르트의 그림들을 보면 그가 "빈곳이 전혀 없어야 안전하다"는 열망에 사로잡혀 있다는 것을 알 수 있다고 했다. 모그와 비슷하게 그도 종이의 구석구석까지 다 칠했지만, 그가 그린 그림은 복잡하고 세밀하지 않다는 점이 달랐다. 오르트의 그림에는 바다 풍경이 많았는데, 프린츠호른은 그림에 나오는 세 개의 돛대를 달고 있는 배가 오르트가 훈련받던 배라고 믿었다. 화보 7에는 바다에 떠 있는 돛대 세 개짜리 배가 추상적인 형태로 그려져 있다. 프린츠호른은 색

색의 대각선 영역들이 "모여서 바다에서 부드럽게 해가 지닌 효과를 일으킨다"고 썼다.[18]

프린츠호른의 세 번째 조현병 거장인 아우구스트 나터러 또는 아우구스트 네터August Neter는 1868년 독일에서 태어났다. 그는 혼인도 했고 공학을 전공해 전기 기술자로 잘 살아가다가, 갑자기 망상이 수반되는 불안 발작에 걸렸다. 1907년 4월 1일, 그는 최후의 심판에 관한 환영을 보았고, 30분 동안 1만 개의 장면이 번뜩했다고 진술했다. 나터러는 이렇게 말했다. "그 장면들은 최후의 심판이 현시한 것이었다. 예수의 속죄가 완성되는 광경을 신이 내게 보여준 것이었다."[19]

나터러는 최후의 심판에 관한 환각에서 보았던 1,000가지 장면을 미술 작품으로 표현하려고 애썼다. 그가 담은 심상은 언제나 거의 도면처럼 명확하고 객관적인 양식으로 그려졌다. 〈세계의 축과 토끼Axle of the World with Rabbit〉도 그렇다(화보 8). 나터러는 이 그림이 제1차 세계대전을 예측했다고 주장했다. 그는 자신이 모든 것을 미리 한다고 주장했다. 나터러는 그림의 토끼가 "행운의 불확실성"을 나타낸다고 했다. "토끼는 롤러 위에서 달리기 시작했고 … 이어서 얼룩말(위쪽 줄무늬)로 변했고, 다시 유리로 만들어진 당나귀(당나귀 머리)로 변했다. 냅킨이 당나귀에게 얹혀 있었고, 당나귀는 면도를 했다."[20]

정신병 미술의 몇 가지 특징

앞에서 보여준 작품들은 다른 여느 미술 작품들과 동일한 유형의 고유한 창의력에서 비롯되었을 가능성이 아주 높다. 그러나 그 화가들이 조현병에 걸려 있고 예술적 또는 사회적 관습에 얽매이지 않았기 때문에, 당시 평론가들은 그들의 작품을 무의식적 갈등과 욕망의 보다 순수한 표현이라고 생각했다. 대대수 사람들이 그들의 작품에 그토록 강렬한 반응을 일으키는 이유가 바로 이 때문이다. 그것이 현대적인 감수성을 지닌 우리에게도 이런 작품들이 놀라울 만큼 독창적이라고 느껴지는 이유다. 사실 사람들이 서양미술에서의 '독창성'이라는 개념을 재고하게 된 것은 1920년대 초에 이런 작품들이 발표된 다음이다. 뢰스케는 우리가 미술이라고 생각하는 것의 상당 부분이 이념에 물들어 있다고 주장한다. "우리는 미술에서 특정한 것들을 기대한다." 그는 더 나아가 이렇게 말한다. "프린츠호른 컬렉션은 기존의 미술이 할 수 있는 것보다 개인의 삶과 사회적 삶에 관한 훨씬 더 다양한 측면들을 보여준다."[21]

프린츠호른이 수집한 작품들이 미술 교육을 받았거나 받지 않은 다른 화가들의 작품들과 무엇이 다를까? 알다시피, 조현병은 개인을 현실과 유리시키는 혼란스러운 마음의 산물이다. 개인과 그 사회적 환경의 관계가 이렇게 교란되면 관점이 상당히 왜곡될 수 있다. 이 왜곡은 종종 예술 형식의 기능도 변형시키고는 한다. 따라서 조현병 미술의 한 가지 공통점은 무관한 요소들의 병치다. 또 한 가지는 망상과 환각 속의 이미지들을 묘사하는 것이다. 모호한 이미지들, 또는 해체된 신체 부위들의 재조립도 있다. 각 화가의 작품은 무의식적 마음에서 튀어나오는 반복되는 모티프가 특징이다. 따라서 크레펠린이 예측했듯이, 그 작품들은 창작자의 고유하고도 독특한 주제들을 포함한다.

정신병 미술이 현대 미술에 끼친 영향

다다이즘 운동과 그 뒤의 초현실주의 운동은 주로 제1차 세계대전의 살육에 대한 반응으로 출현했다. 세계대전이 끼친 심리적 효과는 여러 번 강조해도 부족하다. 전쟁이 시작되자, 많은 젊은이들은 열정적으로 참전했다. 그 전쟁이 사회를 다시 젊어지게 할 것이라고 믿으면서 말이다. 그러나 1년도 채 지나지 않아서 많은 이들은 분별없는 지독한 파괴만이 자행되고 있다고 느꼈다. 그 전쟁은 사회 발전이 필연적이라는 믿음에 의문을 제기했다. 더욱 중요한 점은 서양의 합리적인 자기 이해의 핵심을 강타했다는 것이다. 이성의 실패를 맛보고, 비합리성이야말로 삶을 지탱하는 대안이라는 가능성이 제기되었다.

다다이즘은 1916년 취리히에서 전쟁의 혼란 가운데 출현했다. 초현실주의는 그 직후에 파리에서 출현했다. 파리는 다다이즘의 신봉자들 대부분이 전후에 정착한 곳이었다. 비록 시작은 문예운동이었지만, 초현실주의의 기법과 지향점은 미술에 더 적합하다는 것이 드러났다. 다다이스트들처럼, 초현실주의자들도 학계의 전통과 그 것이 고수하는 가치에 반대했지만, 다다이즘의 혼돈보다 새롭고 더 창의적이면서 긍정적인 철학을 추구했다. 그들은 프로이트, 프린츠 호른, 그와 비슷한 사상가들의 책에서 그런 철학을 발견했다.

프로이트는 무의식적 사고가 중요하다고 역설했다. 무의식적 사 고는 합리적이지 않으며, 시간, 공간, 논리 감각에 구애받지 않는다. 게다가 그는 꿈이 무의식으로 향하는 왕도라고 지적했다. 초현실주 의자들은 자신의 작품에서 논리를 제거하고 꿈과 신화에서 영감을 얻고자 애썼다. 그럼으로써 상상의 힘을 해방시키려 했다. 또 그들 은 폴 세잔Paul Cézanne과 그 뒤의 입체파 화가들처럼, 전통을 답습하 는 행태에서 벗어나 새로운 방향으로 미술을 이끌고자 했다.

다다이즘과 그 뒤의 초현실주의를 주도했던 막스 에른스트Max Ernst는 프린츠호른의 책을 구입해 파리로 가져갔다. 그곳에서 그 책 은 초현실주의자들에게 "그림 성서"가 되었다. 비록 파리의 초현실 주의자들은 대부분 독일어를 몰랐지만, 프린츠호른의 책에 실린 그 림들이 말을 하고 있었다. 또 전통적인 부르주아 관점과 억제에서 벗어났을 때 무엇을 성취할 수 있는지를 보여주고 있었다.

정신병 화가들의 지극히 소박한 작품들은 초현실주의자들에게 강력한 자극제였다. 그들은 무의식의 숨겨진 깊은 곳을 탐구함으로 써, 합리적 사고의 제약으로부터 창의성을 해방하려고 애썼다. 그 들은 자기 내면의 성적이고 공격적인 충동을 탐구하고 표현하자고

서로를 장려했다. 그에 따라 모든 초현실주의 화가는 정신병 화가들처럼 자신만의 독특하고 무의식적인 정신적 과정들로부터 이끌어낸 핵심 모티프에 의존했다.

2009년 뢰스케는 프린츠호른 컬렉션에서 추린 정신병 미술 작품과 초현실주의 작품을 체계적으로 비교하는 전시회를 하이델베르크에서 열었다. 〈초현실주의와 광기Surrealism and Madness〉라는 그 전시회는 초현실주의자들이 무의식에 접근하기 위해, 다시 말해 정신병 화가들을 모방하기 위해 사용한 네 가지 기법에 초점을 맞추었다.

첫 번째이자 가장 중요한 과정은 '자동 그리기automatic drawing'다. 자동기술법Automatism은 19세기에 정신의학자들이 도입한 무의식과 접촉하는 방법 가운데 하나다. 자동 그리기는 앙드레 마송André Masson이 개척했다. 두 번째 과정은 '무관한 요소들의 결합combining unrelated elements'이다. 요소들 사이의 관계가 멀수록, 이미지는 더 진실해지고 강해진다. 에른스트는 다다이즘 콜라주 작품에서 그 기법을 놀라운 수준으로 선보였다. 뢰스케는 프린츠호른 컬렉션에 있는 하인리히 헤르만 메베스Heinrich Hermann Mebes의 그림을 프리다 칼로Frida Kahlo의 작품과 비교했다(화보 9).

세 번째 과정은 '편집증-문턱 기법paranoiac-critical method'이라고 알려진 것으로서, 살바도르 달리Salvador Dalí가 개발했다. 달리는 편집증이 일으키는 지각 변화를 활용해, 그림에 시각적으로 중의적인 의미를 담았다. 그럼으로써 그의 그림은 사실상 그림 퍼즐처럼 되었다. 프린츠호른 컬렉션의 그림들에서도 비슷한 모호함을 찾아볼 수 있다. 뢰스케는 전시회에서 달리의 작품을 나터러의 〈세계의 축과 토끼〉와 나란히 걸었다(화보 10).

네 번째 과정은 '형상 융합figure amalgamation'인데, 해체된 신체 부위들을 재배치하고 융합하는 방식으로 충격적인 효과를 일으키고는 한다. 초현실주의자인 한스 벨머Hans Bellmer가 자신의 그림에 이 기법을 활용했다.

초현실주의자들은 자신의 무의식적 마음과 접촉하는 방법을 고안함으로써, 정신 질환자들의 미술에 이미 들어 있는 회화를 창조하는 것을 목표로 삼았다. 정신병 화가들이 이 일을 자연스럽고 자각하지 않은 채 진행했던 반면, 뢰스케의 전시회가 보여주듯이 초현실주의자들은 신중한 노력을 거쳐 그렇게 했다. 두 화가 집단은 프린츠호른이 묘사한 "불편하고 낯선 느낌"을 일으킨다. 게다가 정신병 화가들이 미술 교육을 받지 않은 반면, 초현실주의자들은 배운 것을 잊기 위해 엄청난 노력을 했다. 피카소는 원래 라파엘처럼 그림을 그렸는데, 아이처럼 그리는 법을 배우는 일에 평생을 바쳤다고 주장했다.[22]

다른 뇌 질환들은 창의성에 관해 무엇을 말해주는가

작가와 화가 중에서 기분장애자의 비율이 유달리 높다는 사실 때문에, 창의성이 광기에서 나온다는 개념은 수백 년 동안 지속되어 왔다. 자폐 스펙트럼 장애자 중에서는 서번트라는 다른 유형의 천재도 관찰되었다. 심지어 알츠하이머병과 이마관자엽치매 같은 신경질환들도 창의성을 드러낼 수 있다.

케이 레드필드 재미슨은 《불길에 닿아Touched with Fire》에서 작가와 화가가 인구 전체에 비해 조울병, 즉 양극성장애의 비율이 훨씬 높다고 말하는 다양한 연구 결과들을 검토한다.[23] 예를 들어, 표현주의의 두 창시자인 빈센트 반 고흐와 에드바르 뭉크Edvard Munch는 조울병에 시달렸고, 낭만주의 시인 로드 바이런Lord Byron과 소설가 버지니아 울프Virginia Woolf도 그랬다. 아이오와대학교의 정신의학자 낸시 앤드리슨Nancy Andreasen은 생존 작가들의 창의성을 조사했는데, 이들이 창의적이지 않은 이들보다 양극성장애를 지닐 확률이 네 배, 우울증을 지닐 확률이 세 배 더 높았다.[24]

재미슨은 양극성장애자가 증상을 겪는 시간이 많지 않지만, 우울증에서 조증 단계로 넘어갈 때면 예술적 창의성을 크게 강화하는 착상들을 내놓는 능력과 에너지를 분출하는 희열을 느끼고는 한다고 지적한다. 기분 상태를 오가며 느끼는 긴장과 전환뿐만 아니라, 양극성장애자가 건강한 시기에 수행하는 관리와 훈련도 아주 중요하다. 어떤 이들은 양극성장애자인 화가에게 궁극적으로 창의력을 제공하는 것이 바로 이 긴장과 전환이라고 주장한다.[25]

하버드대학교의 루스 리처즈Ruth Richards는 이 분석을 더 심화시켰다.[26] 그녀는 양극성장애에 관한 유전적 취약성이 창의적인 성향을 수반할지도 모른다는 개념을 조사했다. 환자의 부모와 형제자매

중 양극성장애가 없는 이들을 조사했더니, 실제로 그런 상관관계가 있다는 것이 드러났다. 그래서 리처즈는 양극성장애 위험을 높이는 유전자들이 창의성도 높일 가능성이 있다고 주장한다. 양극성장애가 창의적 성향을 낳는다는 의미가 아니라, 양극성장애와 관련된 유전자를 지닌 이들이 열정과 에너지가 끓어 넘치는 모습을 보이고는 하며, 그런 행동이 창의성에 기여한다는 뜻이다. 이런 연구들은 유전적 요인들이 창의성에 중요하다는 점을 강조한다.

자폐자의 창의성

자폐 스펙트럼 장애자는 창의적인 문제를 해결할 때 신경전형적인 사람들과 다른 접근법을 취한다. 영국 이스트앵글리아대학교의 마틴 도허티Martin Doherty 연구 팀은 신경전형적인 이들과 자폐 스펙트럼 장애자를 조사했는데, 자폐 형질을 더 많이 지닌 이들이 더 적은 수라고 해도 더 창의적인 착상을 내놓는다는 것을 알아냈다. 그는 그들이 창의적 사고를 제약하는 연상이나 기억에 덜 의존하기 때문에, 흔한 생각을 덜 하게 될 가능성이 더 높다고 주장한다.[27]

한 연구에서는 실험 참가자들에게 종이 클립의 용도를 가능한 한 많이 생각해 보라고 요청했다. 많은 이들은 종이 클립을 갈고리, 머리핀, 좁은 공간을 청소하는 도구로 쓸 수 있다고 제안했다. 그보다 적은 수이기는 하지만, 종이비행기의 균형추, 꽃대용 철사, 게임용 화폐로 쓸 수 있다는 제안도 나왔다. 더 색다른 제안을 내놓는 이들은 자폐 형질을 더 많이 지닌 이들이었다. 이와 비슷하게, 참가자들에게 추상화를 보여주면서 그 그림에 대한 설명을 가능한 한 많이 내보라고 하자, 자폐 형질을 더 많이 지닌 이들은 더 적지만 더 독특한 해석을 내놓는 경향을 보였다.

자폐 스펙트럼 장애자 중에는 놀라울 정도로 힘이 센 이들도 있고, 음악, 셈, 그림 등에 천재적인 능력을 보이는 이들도 소수 있다. 이런 자폐 서번트 중에는 널리 알려진 이들도 많다. 영국 왕립예술원의 원장을 지낸 휴 카슨Hugh Casson 경은 스티븐 윌트셔Stephen Wiltshire가 영국 최고의 아동 화가일 것이라고 말했다. 윌트셔는 건물을 몇 분 동안 본 뒤에, 빠르고 정확하게 자신 있게 그려낼 수 있었다. 그는 적어두는 일 없이 오로지 기억에 의지해 그렸으며, 세세한 부분까지 빠뜨리거나 덧붙이는 것이 거의 없었다. 카슨은 이렇게 썼다. "스티븐 윌트셔는 자신이 보는 것을 그대로 그린다. 더도 덜도 없다."[28]

저명한 신경학자이자 저자인 올리버 색스Oliver Sacks는 윌트셔가 정서적으로나 지적으로나 엄청난 결함을 지니고 있음에도 그토록 놀라운 예술적 재능을 발휘할 수 있다는 사실에 흥미를 느꼈다. 그는 이런 궁금증을 가졌다. "미술은 본질적으로 개인의 상상력, 자아의 표현이 아니던가? '자아'가 없이 어떻게 화가가 될 수 있는 것일까?"[29] 아마 자기감을 지닌 이들은 누구나 남에게 공감하는 능력도 지니고 있을 것이다. 색스는 여러 해 윌트셔를 연구했는데, 그러면서 그 젊은이가 뛰어난 지각 능력을 지녔지만 공감 능력은 제대로 갖추고 있지 않다는 것이 점점 명백해졌다. 마치 미술의 두 구성 요소인 지각과 공감 능력이 그의 뇌에서는 분리되어 있는 듯했다.

나디아Nadia도 비범한 미술 능력을 지닌 서번트였다. 나디아는 생후 30개월째에 말을 그리기 시작했고, 그 뒤로도 심리학자들이 아예 불가능하다고 여기는 방식으로 다양한 대상들을 그렸다. 다섯 살 때에는 전문가들의 그림에 맞먹는 수준으로 말을 그릴 수 있었다. 나디아는 영재 수준의 화가들조차도 10대가 되어서야 갖추는 대가 수준의 공간 감각, 형태와 그림자를 묘사하는 능력, 원근감을 일찍부터 보여주었다.[30]

우리는 자폐아에게 어떻게 이런 창의성이 나타나는지를 알지 못하지만, 여러 연구 자료들을 종합하고 검토한 프란체스카 하페Francesca Happé와 유타 프리스는 매우 예리한 감각, 세세한 것에 주의를 기울이는 성향, 시각 기억, 패턴 검출 능력에다가 연습에 관한 강박적인 욕구가 창의성에 관여하는 듯 보인다고 말한다. 자폐 스펙트럼 장애자의 약 30퍼센트는 음악, 기억, 숫자와 날짜 계산, 그림, 언어 쪽으로 특별한 재능을 보인다. 게다가 여러 가지 재능을 함께 갖춘 이들도 있다. 예를 들어, 스티븐 월트셔는 미술 재능뿐 아니라 절대음감과 음악적 재능도 지니고 있었다. 이런 발견들은 재능, 이를테면 숫자와 날짜 계산 재능의 생물학적 토대가 미술이나 음악 재능의 토대와 뚜렷하게 다른 것이 아님을 시사한다. 이 결론은 신경전형적인 사람들에게도 적용될 수 있다.[31]

서번트를 연구하는 위스콘신대학교의 대럴드 트레퍼트Darold Treffert에 따르면, "자폐 서번트를 비롯한 서번트 증후군을 깊이 연구하면, 뇌 기능과 인간의 잠재력을 지금보다 더 깊이 이해하고 극대화할 수 있다."[32] 호주 시드니대학교의 마음센터 소장 앨런 스나이더Allan Snyder는 좌반구가 우반구의 창의력을 제어하는 힘이 자폐증을 지닌 사람들의 경우에는 더 약하다는 개념을 연구해 왔다.[33]

알츠하이머병 환자의 창의성

알츠하이머병 환자 가운데 상당수는 그림을 써서 가족과 의사소통한다. 따라서 미술은 창의적 표현의 수단이자, 다른 의사소통 방법들이 실패했을 때 사용할 수 있는 언어가 된다.

알츠하이머병에 걸린 화가들이 흥미로운 작품을 계속 그릴 수도 있다. 이 현상은 추상 표현주의와 뉴욕 학파의 창시자 중 한 명인 빌럼 데 쿠닝Willem de Kooning에게 뚜렷이 드러난다. 1989년 데 쿠닝은 건강검진을 받았는데, 알츠하이머병 유사 증상들이 보였다. 그는 심각한 기억상실과 때로 길을 못 찾는 증상을 겪고 있었다. 하지만 화실에 일단 들어가면 적절하게 그림을 그리는 행위에 몰입했다. 그의 후기 작품들에서 볼 수 있는 단순성, 경쾌함, 서정성은 이전 작품들과 전혀 다르며, 그의 작품 세계를 풍성하게 해준다.[34] 많은 미술사가들은 전혀 놀랄 필요가 없다고 주장한다. 그들에 따르면, 많은 화가들, 특히 데 쿠닝 같은 추상 표현주의 화가들은 지성보다는 직관에서 창의성이 나오기 때문이다.

이마관자엽치매 환자의 창의성

이마관자엽치매가 뇌의 왼쪽에서 시작되면, 대개 언어능력이 손상되면서 언어상실증이 생긴다. 1996년 샌프란시스코에 있는 캘리포니아대학교의 브루스 밀러는 치매 환자들 가운데 일부가 진행언어장애progressive language disorder를 가질 때 미술 분야에서 창의성을 드러내기 시작한다는 것을 알아차렸다. 과거에 그림을 그린 적이 있는 이들은 더 대담한 색채를 쓰기 시작했고, 그림을 그린 적이 없던 이들 중에는 처음으로 그림을 그리는 이들이 생겨났다. 특히 뇌의 왼쪽 앞 영역이 손상된 환자들 중 일부는 오른쪽 뒤 영역의 활성이 증가했다. 창작 미술에 관여한다고 여겨지는 영역이었다.[35]

이런 미술 창의성의 분출은 좌반구와 우반구의 기능이 다르며 서로를 억제한다는 존 휼링스 잭슨의 주장을 뒷받침한다. 비록 이런 구분은 창의성처럼 다양한 원천에서 나오는 것이 거의 확실한 복잡한 과정들의 특성을 지나치게 단순화하기도 하지만, 현재 우리는 뇌 영상의 연구를 통해 미술적 및 음악적 창의성의 몇몇 측면들이 뇌의 우반구에서 나온다고 결론 내릴 수 있을 만큼 충분한 증거를 갖고 있다.

알츠하이머병처럼 이마관자엽치매도 화가의 행동뿐 아니라 그림 양식에 극적인 변화를 일으킬 수 있다. 저술가인 윌 S. 힐튼Wil S. Hylton은 〈척 클로스의 수수께끼 같은 변신The Mysterious Metamorphosis of Chuck Close〉에서 그 저명한 화가가 76세 때 자기 특유의 초상화 양식을 뒤엎었다는 것을 간파했다. 사실상 자신의 생애 전체를 뒤집었다. 힐튼은 이렇게 썼다.

작년 한 해 동안 나는 클로스의 삶에 일어난 변화 및 그것과 작품의 관계를 이해하려고 애쓰면서, 클로스를 보기 위해 이스턴시보드의 여러 집들을 들르고는 했다. 가장 최근에 방문한 곳 중 하나는 해변에 있는 그의 별장이었다. … 그는 햇볕에 그을린 모습으로 쉬고 있었고 … 우리 뒤쪽에 있는 화실에서 아침 내내 대형 자화상을 그렸다고 했다. 나는 그가 그 초상화 이야기를 하고자 안달하고 있음을 알아차렸다. … 초상화는 지난 20년 동안 그가 그렸던 그림들과 전혀 달랐다. 격자의 각 칸에 으레 칠하는 소용돌이와 속도감은 모두 사라지고 없었다. 대신에 그는 각 칸을 한두 가지 색깔로만 채웠는데, 그래서 코모도어 64 컴퓨터의 그래픽 같은 둔탁한 디지털 효과가 나타났다. 색 자체는 거칠게 빛나는 빨강과 눈부신 파랑이었고, 초상화의 얼굴은 한가운데가 위아래로 나뉘어 있었고, 캔버스의 양쪽이 서로 다른 색조로 칠해져 있었다.[36]

클로스는 방에 들어와서 힐튼과 그 그림에 관해 이야기를 나누었는데, 생각의 흐름을 놓치고는 했다. 그가 여섯 번쯤 대화하자 힐튼은 좀 쉬자고 했고, 그들은 다음날 다시 만나기로 했다. 클로스와의 만남과 그의 새 그림 양식을 생각할 때, 힐튼은 19세기 미술평론가 윌리엄 해즐릿William Hazlitt이 화가의 노년에 관해 쓴 글을 떠올렸다. 해즐릿은 "그들이 불멸이라고, 그들의 어딘가에 영속하는 부분이 있다고", 말하자면 테오도어 아도르노Theodor Adorno가 "말기 양식"이라고 부른 것이 "있다는 느낌을 받는다"고 썼다.**37**

그다음 날 힐튼과 이야기를 나눌 때, 클로스는 자신이 지난해 알츠하이머병이라는 진단을 받았는데 그 진단이 오류였다고 말했다. 그는 몇 주 동안 충격에 빠져 있었는데, 그 진단이 잘못되었다는 것이 밝혀졌고 대신 다른 진단이 내려졌다.**38** 그 뒤로 그는 자신이 이마관자엽치매에 걸렸다는 이야기를 남들에게 했다. 이것으로 그의 행동이 왜 변했고, 그의 화풍이 화려하고 새로운 양식으로 변했는지 설명된다.

인간 본성의 요소, 창의성

창의성이 정신 질환과 상관관계가 있다는 개념은 낭만주의적 오류다. 창의성은 정신 질환에서 나오는 것이 아니다. 창의성은 인간 본성의 본질적인 부분이다. 루돌프 아른하임은 다음과 같이 지적한다. "현재의 정신의학은 정신병이 예술적 재능을 생성하는 것이 아니라, 기껏해야 정상적인 조건 아래에서 사회적·교육적 관습에 억압되어 있는 상상력을 해방시키는 것이라고 본다."[39]

앤드리슨은 창의성과 정신 질환의 문제에 관해 조금 다른 접근법을 취한다. 그녀는 〈창의적인 뇌의 비밀 Secrets of the Creative Brain〉이라는 글에서 이렇게 묻고 있다. "가장 심하게 앓는 이들 중에 세계에서 가장 창의적인 정신을 지닌 이들이 왜 그렇게 많은 것일까?"[40]

우선 앤드리슨을 비롯해 많은 이들이 진행한 연구는 창의성이 IQ와 상관이 없다는 개념을 뒷받침한다. IQ가 높으면서 창의적이지 않은 이들도 많고, 거꾸로 창의적이면서 IQ가 낮은 이들도 많다. 가장 창의적인 이들은 영리하지만, 앤드리슨의 말처럼 그들이 굳이 "그렇게 영리할" 필요는 없다.

앤드리슨은 자신이 연구한 창의적인 작가들 중 상당수가 생애 어느 시점에 기분장애를 앓았다는 것을 발견했다. 그에 비해 작가들만큼 창의적이지는 않지만 IQ가 비슷한 대조군은 30퍼센트만이 그런 일을 겪었다. 비슷하게 재미슨과 정신의학자 조지프 쉴크로트 Joseph Schildkraut가 조사했더니, 창의적인 작가와 화가 가운데 40~50퍼센트가 우울증이나 양극성장애와 같은 기분장애를 앓는다는 결과가 나왔다.[41]

또 앤드리슨은 유달리 창의적인 이들이 대조군보다 조현병이 있는 부모나 형제자매가 한 명 이상 있을 가능성이 더 높다는 것을 알아냈다. 이 발견은 일부 유달리 창의적인 이들이 "창의성을 강화할 만큼 충분하지만 정신 질환을 일으킬 만큼 충분하지는 않은 수준으로 연상 고리를 헐겁게 만드는" 무증상 형태의 조현병 덕분에 재능이 드러날 수 있었다는 점을 시사한다.[42]

앤드리슨은 실비아 나사르Sylvia Nasar가 쓴 노벨경제학상 수상 수학자이자 조현병 환자이기도 한 존 내시의 전기 〈뷰티풀 마인드A Beautiful Mind〉의 한 대목을 인용하며 글을 끝맺는다.

나사르는 매클린 정신병원에 있는 내시를 동료 수학자가 찾아온 일을 묘사한다. 동료는 이렇게 물었다. "수학자란 이성과 논리적 진리에 매진하는 사람인데, 그런 당신이 어떻게 외계인이 당신에게 메시지를 보내고 있다고 믿을 수 있는 겁니까? 지구 바깥에서 온 외계인이 세계를 구할 사람으로 당신을 택했다고 믿을 수 있냐고요?" 내시는 이렇게 답했다. "초자연적인 존재에 관한 생각이 수학적 개념과 똑같은 식으로 내게 다가왔으니까요. 그래서 진지하게 받아들였어요."[43]

아이슬란드 디코드제네틱스와 공동 연구를 하는 로버트 파워Robert Power와 그의 동료들은 최근에 〈네이처 뉴로사이언스Nature Neuroscience〉에 대규모 연구 결과를 발표했다. 그들은 양극성장애와 조현병 위험을 높이는 유전인자들을 창의적인 직업을 지닌 이들이 더 많이 지니고 있다는 것을 알아냈다.[44] 화가, 음악가, 작가, 댄서는 농민, 육체노동자, 판매원 등 덜 창의적이라고 여겨지는 분야에 종사하는 사람들보다 이런 유전자 변이체들을 지닐 가능성이 평균

25퍼센트 더 높았다. 디코드의 창업자이자 CEO이면서 논문의 공동 저자인 카리 스테판슨Kári Stefánsson은 이렇게 말했다. "창의적이려면 다르게 생각해야 한다. 그리고 남과 다를 때, 우리는 기이하다거나 이상하다거나 심지어 미쳤다는 꼬리표가 붙는 경향이 있다."[45]

정신병 상태가 정상 행동과 전혀 다른 것이라고 이해한다면, 그런 상태가 인구 전체에서 나타나는 성격 유형이나 기질의 극적인 형태인 경우가 많다는 것을 놓치게 된다. 이런 상태가 창의적인 사상가, 과학자, 화가의 마음에서 더 심하게 나타나는 것도 말이다. 이말은 뇌 질환이 있는 사람들이 정신 질환을 앓지 않는 사람들보다 무의식의 특정 측면에 더 쉽게 접근할 수 있다는 뜻이다. 그 차이는 창의성의 관점에서 특히 중요하다. 또 다른 중요한 점은, 초현실주의 화가들이 보여주고자 했듯이, 정신 질환자가 무의식 세계의 창의성에 쉽게 접근하는 양상을 모방할 수 있다는 것이다.

미래 전망

창의성이 뮤즈나 광기에서 영감을 얻는다는 개념을 내려놓고 뇌에 토대를 두고 있다는 사실을 받아들였다고 해도, 여전히 몇 가지 문제들이 남아 있다.

창의성은 우리에게 평범하지 않게 느껴진다. 우리 모두는 상상력을 지니며, 문제를 해결하고 새로운 착상을 내놓기 위해 상상력을 창의적으로 이용한다. 그러나 놀랍고 새로운 것을 창작하는 이들에게는 무언가 다른 점이 있다는 것도 부정할 수 없다. 내면의 충동과 일에 몰입하는 것도 핵심적인 요소이긴 하지만, 이것만으로 어떤 이들이 왜 유달리 창의적인지를 설명하기에는 부족하다.

조현병과 양극성장애와 같은 정신 질환은 창의성의 무의식적 정신 과정들에 핵심적인 역할을 한다. 자폐증 연구는 재능과 창의적 문제 해결의 특성에 관한 새로운 통찰을 제공하고, 알츠하이머병과 이마관자엽치매는 우리 뇌의 가소성을 보여준다. 이런 장애들은 뇌의 왼쪽을 손상시켜서 더 창의적인 오른쪽을 해방하고, 새롭거나 근본적으로 다른 창의성을 샘솟게 할 수도 있다.

지금까지 우리가 생물학으로부터 배운 것은, 억제가 어느 정도 느슨해져 뇌가 무의식적으로 새로운 연상을 생성하기에 창의성이 나타난다는 점이다. 앤드리슨이 알아차렸듯이, 그럴 때 새로운 관점에서 세계를 보게 되고, 거기에는 때로는 강렬한 기쁨과 흥분이 수반되고는 한다.[46] 우리는 문제를 풀거나, 두 과학적 발견 사이에 새로운 관계가 있음을 간파하거나, 초상화를 그리거나 보는 것과 같은 모든 창의적인 활동을 할 때 무의식을 불러낸다.

무의식이라니! 우리는 아플 때나 건강할 때나 어떤 행동, 지각, 생각, 기억, 감정, 결정을 하든지 간에 무의식을 불러낸다. 의식도 결코 다르지 않다. 의식은 인간 뇌의 마지막 커다란 수수께끼이며, 11장에서 살펴보겠지만, 마찬가지로 무의식 과정들을 수반한다.

7

운동:
파킨슨병과 헌팅턴병

운동은 우리 대다수에게는 너무나 직관적인 것이기에, 우리는 그것이 얼마나 복잡한 것인지 잘 깨닫지 못한다. 움직일 수 있으려면, 먼저 우리 뇌는 몸에 근육들을 당기거나 이완시키라는 명령을 내려야 한다. 이 명령은 운동계의 통제를 받는다. 운동계는 겉질에서 시작해, 척수로 확장하고, 몸의 구석구석까지 뻗어 있는 정교한 신경 회로와 경로의 집합이다.

운동계에 어떤 이상이 생기면, 특이한 행동이나 움직임이 나타난다. 다시 말해, 우리는 운동을 통제하지 못하게 된다. 또 신경장애를 추적하면, 이것이 운동을 담당하는 뇌의 특정한 신경 회로로 이어진다는 점이 뇌에서도 명확히 드러난다. 이것이 바로 신경학자들이 해부학적 구조를 그토록 주시하는 이유다.

신경학적 장애에 관한 연구는 정상적인 뇌 기능의 이해에 커다란 기여를 했다. 사실 1950년대까지, 임상신경학은 사실상 아무것도 치료하지 못한다는 점만 빼고 모든 것을 진단할 수 있는 의학 분야라는 농담거리가 되곤 했다. 그러나 그 뒤로 과학자들이 신경 질환의 분자적 토대를 새롭게 이해하게 되면서, 파킨슨병, 뇌졸중, 심지어 척수가 손상된 환자까지 치료하는 혁신이 이루어졌다.

신경학 분야에서 이루어지는 새로운 깨달음 가운데 상당수는 단백질 접힘에 관한 연구로부터 나온다. 단백질은 대개 이리저리 접혀서 특정한 3차원 모양을 이룬다. 잘못 접히거나 기능에 이상이 생기면, 단백질은 뇌에서 엉겨 붙고 덩어리를 이루어 신경세포를 죽일 수도 있다. 앞에서 알아보았듯이, 알츠하이머병과 이마관자엽 치매는 단백질 접힘의 장애다. 우리는 현재 헌팅턴병, 파킨슨병, 기타 질병들도 단백질 접힘의 결함을 수반할 가능성이 높다는 점을 알고 있다.

이 장에서는 운동계의 활동을 살펴보는 것부터 시작한다. 그런 뒤 파킨슨병과 헌팅턴병을 알아볼 것이다. 마지막으로, 단백질 접힘 장애의 공통 특징, 프리온prion이라는 자가 증식하는 별난 단백질 그리고 단백질 접힘 오류의 유전적 특징을 살펴볼 것이다.

운동계의 별난 능력

운동계는 650개가 넘는 근육을 통제함으로써, 간지러운 곳을 반사적으로 긁는 것부터 발레리나가 발끝으로 도는 것에 이르기까지, 또 재채기부터 줄타기에 이르기까지, 엄청나게 다양한 행동을 일으킨다. 이런 행동 중에는 타고나는 것도 있다. 즉 그런 행동을 하는 능력이 우리 뇌와 척수에 갖추어져 있다는 뜻이다. 예를 들어, 우리는 똑바로 서서 걷도록 프로그래밍되어 있다. 그러나 많은 행동은 배워야 하며, 어떤 행동은 수천 시간 동안 연습해야 한다.

이 모든 근육을 조화시키는 것은 엄청난 과제이지만, 운동계는 의식적인 명령을 전혀 받지 않은 채 대부분의 운동을 수행한다. 우리는 어떻게 달리거나 뛰어오를지, 또는 물건을 향해 어떻게 손을 뻗을지를 생각하지 않는다. 그냥 한다. 뇌는 일련의 복잡한 행동들을 어떻게 시작하고 조율하는 것일까?

약 100년 전 영국 생리학자 찰스 셰링턴Charles Sherrington은 우리 감각들이 뇌에 정보를 넣을 다양한 방법들을 제공하지만, 뇌에서 정보가 나오는 방법은 하나, 즉 운동뿐이라는 점을 깨달았다. 뇌는 끊임없이 쇄도하는 감각 정보를 받아 궁극적으로 그 정보를 조화로운 운동으로 전환한다. 그는 운동을 이해할 수 있다면, 뇌를 이해하는 쪽으로 큰 도약이 이루어질 것이라고 추론했다.

셰링턴은 우리 척수의 각 운동뉴런이 몸의 650개 근육 중 하나 이상에 신호를 보낸다는 것을 발견했다. 또 뇌가 운동을 시작하고 수행하는 것 말고도, 몸이 운동을 어떻게 수행하고 있는지 피드백을 받아야 한다는 것도 알아차렸다. 근육은 의도한 대로 움직임을 수행했을까? 얼마나 빨리? 얼마나 정확하게?

뇌에는 각 근육의 움직임을 보고하는 특수한 종류의 뉴런들이 있다. 감각 되먹임 뉴런sensory feedback neuron이라는 것인데, 이것은 감각기관에서 오는 바깥 세계의 정보를 뇌로 중계하는 감각뉴런과는 다르다. 되먹임 뉴런은 운동계의 일부이며, 뇌는 이 뉴런에서 오는 정보를 이용해 우리 몸과 팔다리의 상대적인 위치에 관한 내부 감각을 만들어낸다. 이를 고유감각proprioception이라고 한다. 고유감각이 없다면, 우리는 눈을 감았을 때 자기 몸의 특정 부위를 가리킬 수도 없을 것이고, 발을 보지 않고는 한 걸음도 내딛지 못할 것이다.

운동계의 조화로운 행동을 연구하기 위해, 셰링턴은 모든 운동 회로 가운데 가장 단순한 것에 초점을 맞추었다. 바로 반사였다. 반사운동은 근육의 되먹임 뉴런이 척수의 운동 뉴런과 직접 연결되는 경로의 지배를 받는다. 다시 말해, 뇌가 관여하지 않는다. 반사를 의식적으로 통제하려고 해도 잘 되지 않는 이유가 그 때문이다.

셰링턴은 고양이를 대상으로 반사를 실험해, 운동 뉴런이 전혀 다른 두 가지 신호 중 하나를 선택적으로 수용해 반응한다는 것을 발견했다. **흥분 신호**excitatory signal와 **억제 신호**inhibitory signal다. 예를 들어, 흥분 신호는 팔을 뻗는 운동뉴런의 작용을 촉발하는 반면, 억제 신호는 굴근을 조절하는 운동뉴런에 그 반대 운동, 즉 이완을 하라고 말한다. 따라서 단순한 무릎 반사에도 상반되는 두 명령이 동시에 내려져야 한다. 무릎을 뻗는 근육은 흥분해야 하고, 반대쪽에 붙어 있는 무릎을 구부리는 근육은 억제되어야 한다.

이런 놀라운 발견을 토대로 셰링턴은 반사뿐 아니라 뇌 전체의 조직 논리에 적용될 수 있는 원리를 하나 정립했다. 가장 넓은 의미에서 볼 때, 신경계의 모든 회로는 자신이 받는 흥분 정보와 억제 정보를 종합해, 그 정보를 보낼지 말지를 결정하는 일을 한다는 것이다. 셰링턴은 이 원리를 "신경계의 종합 행동"이라고 했다.[1]

셰링턴은 우리가 단순한 신경 회로를 연구함으로써 더 복잡한 신경 회로를 이해할 수 있음을 처음으로 보여주었다. 이 원칙은 오늘날 신경과학에 널리 쓰이고 있다. 이런 맥락에서 그는 오늘날 우리가 직면한 도전 과제를 제시하는 한편으로 그것을 극복하는 방법도 제시한 셈이었다. 1932년에 그는 뉴런이 어떻게 활동을 조율하는지를 발견한 공로로 1장에서 만난 에드거 에이드리언과 함께 노벨생리의학상을 공동 수상했다.

파킨슨병

미국에서 파킨슨병을 앓고 있는 사람은 약 100만 명에 달한다. 해마다 6만 명씩 새로운 환자가 나타나며, 발견하지 못한 환자도 상당히 많다. 세계적으로는 이 병에 걸린 사람이 700만 명에서 1,000만 명에 달하며, 대개 60세 무렵에 발병한다.

파킨슨병은 1817년 영국 의사 제임스 파킨슨James Parkinson이 〈떨어대는 마비에 관한 논문An Essay on the Shaking Palsy〉에 처음 기재했다.[2] 파킨슨은 환자 여섯 명을 기술하면서, 환자들이 세 가지 특징을 지닌다고 적었다. 쉬고 있을 때의 떨림, 비정상적인 자세, 운동 부족 및 서동증bradykinesia이었다. 머지않아 환자들의 증상은 악화되었다.

그 병이 다시 학계에 보고된 것은 한 세기가 더 흐른 뒤였다. 1912년 프레더릭 루이Frederick Lewy가 파킨슨병으로 사망한 이들의 뇌에서 특정한 뉴런 안에 함유 물질, 즉 단백질 덩어리가 있다고 기술하면서였다. 이어서 1919년 파리에서 공부하던 러시아 의대생 콘스탄틴 트레티아코프Konstantin Tretiakoff가 흑색질이라는 뇌 영역이 파킨슨병에 관여한다고 추정한 연구 결과를 내놓았다(그림 7.1).

흑색질은 중간뇌의 양쪽에 있는 검은 띠처럼 보이는데, 뉴로멜라닌neuromelanin이라는 화합물 때문에 짙은 색을 띠는 것이다. 뉴로멜라민은 현재 도파민에서 파생된다는 것이 알려져 있다. 트레티아코프는 파킨슨병 환자의 뇌를 부검할 때 색소가 줄어든 것을 발견했다. 이것은 세포가 사라졌음을 시사했다. 또 그는 루이가 묘사한 함유 물질도 보았고, 이 함유 물질에 루이체Lewy body라는 이름을 붙였다. 루이체는 파킨슨병의 한 증표다.

그로부터 다시 40년이 지난 뒤, 아비드 칼슨Arvid Carlsson이 파킨슨병 환자의 뇌에서 도파민을 발견했다. 특히 도파민 농도가 아주 낮다는 사실을 알아차렸다. 칼슨은 노르아드레날린, 세로토닌, 도파민이라는 세 신경전달물질에 관심이 있었다. 그는 이 세 물질 중에

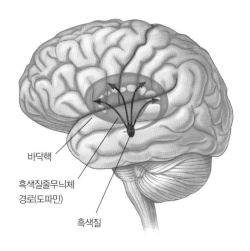

바닥핵

흑색질줄무늬체
경로(도파민)

흑색질

그림 7.1 | 파킨슨병에 영향을 받는 뇌 영역들. 도파민은 흑색질에서 생성되어 흑색질줄
무늬체 경로를 통해 바닥핵으로 전달된다.

서 어떤 물질이 약물로 유발되는 파킨슨병에 관여하는지 알고 싶었
다. 고혈압 치료제로 쓰이는 레세르핀reserpine이 사람과 동물에게 파
킨슨병의 증상들을 일으킨다는 것이 전부터 알려져 있었다. 레세르
핀이 어떻게 작용하는지 아무도 몰랐지만, 초기 연구자들은 그 물
질이 세로토닌 농도를 줄인다는 것을 알았다.

칼슨은 레세르핀이 도파민 농도도 줄이지 않을까 궁금했다. 그
가 그 약물을 토끼에게 주사했더니 토끼는 나른해졌다. 귀를 축 늘
어뜨린 채 움직이지도 못했다. 이 효과를 상쇄해 보고자, 그가 세로
토닌의 전구물질을 토끼에게 주사했더니 아무 일도 일어나지 않았
다. 그는 다음번에는 도파민의 전구물질인 L-도파L-dopa를 주사했

다. 그러자 토끼가 벌떡 일어났다. 칼슨은 자신이 중요한 발견을 했음을 알아차렸고, 1958년 도파민이 파킨슨병과 어떤 식으로든 관련이 있다고 주장했다.[3]

칼슨은 후속 연구를 통해 도파민이 근육운동의 조절에 핵심적인 역할을 한다는 것을 보여주었다.[4] 4장에서 살펴보았듯이, 조현병 환자 치료에 쓰이는 정신병에 관한 약들은 뇌의 도파민을 줄일 수 있다. 그래서 파킨슨병의 특징인 비정상적인 근육운동이 나타나기도 한다. 칼슨은 더 나아가 파킨슨병의 초기 증상들이 흑색질의 도파민 생성 뉴런들이 죽어서 생긴다는 것을 알아냈다. 그 세포들이 왜 죽는지는 알아내지 못했지만 말이다.[5] 현재 우리는 이 뉴런이 단백질 접힘의 장애로 죽는다는 것을 안다. 도파민 생성 뉴런 안에 들어 있는 루이체가 바로 잘못 접힌 단백질들의 덩어리로서 세포를 죽인다고 여겨진다. 병이 악화될수록, 흑색질이 아닌 다른 뇌 영역들도 병에 관여하게 된다.

오스트리아의 올레 호니키에비츠Oleh Hornykiewicz는 부검을 통해 파킨슨병 환자의 뇌에서 도파민이 사라진다는 것을 발견했다(그림 7.2).[6] 1967년 뉴욕 브룩헤이븐국립연구소의 조지 코치어스George Cotzias는 환자들에게 고갈된 도파민을 대체하기 위해 L-도파를 투여했다.[7] 처음에 L-도파는 치료제로 여겨졌지만, 몇 년 뒤 흑색질에 도파민 생성 세포가 있을 때에만 효과를 발휘한다는 사실이 드러나면서 인기가 떨어졌다. 도파민 생성 세포가 점점 더 죽을수록, 그 약물의 이로운 효과는 급속히 사라지고, 환자는 '이상운동증dyskinesia'

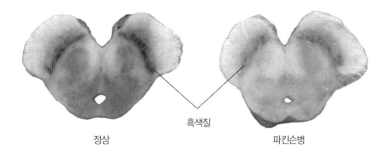

정상   흑색질   파킨슨병

그림 7.2 | 파킨슨병 환자는 흑색질에서 도파민을 만드는 세포(검은 얼룩 부위)가 죽어 사라진다.

이라는 불수의운동을 일으킨다는 것이 드러났다. 분명히 다른 치료법이 필요했다.

한 가지 대안은 수술이었다. 파킨슨병에 효과가 있는 최초의 수술법은 파킨슨이 그 장애를 처음 보고한 지 150년 뒤에 출현했다. 억제할 수 없이 몸이 떨리고 제대로 움직이지 못하는 환자들을 신경외과의들이 도우려고 애쓰는 과정에서 나온 것이었다. 그들은 대체로 시행착오를 거쳐 바닥핵과 시상에 있는 신경 회로들 가운데 특정한 영역들이 떨림을 일으킨다는 것을 알아냈고, 그 영역들을 제거해 증상을 완화시켰다.

1970~80년대에 운동계에 관한 해부학과 생리학 분야에서 큰 발전이 이루어졌다. 특히 존스홉킨스대학교에 재직하다가 에모리대학교로 옮긴 메일런 들롱Mahlon DeLong이 발전을 주도했다. 그는 바닥핵의 한 영역인 **시상밑핵**subthalamic nucleus도 도파민 생성 뉴런이

풍부하며, 운동 조절에 핵심적인 역할을 한다는 것을 알아냈다.[8]

들롱이 시상밑핵을 연구하고 있을 무렵, 길거리에서는 마약 거래상들이 "합성 헤로인"이라고 부르는 새로운 약물이 등장했다. 이 약물에는 MPTP1-methyl-4-phenyl-1,2,3,6-tetrahydropyridine라는 불순물이 함유되어 있었다. MPTP는 파킨슨병의 전형적인 특징인 느린 운동, 떨림, 근육 경직을 일으키는 물질이다. 그 약물을 투여했다가 사망한 젊은이들을 부검하니, MPTP가 시상밑핵을, 즉 도파민을 생성하는 뇌세포들을 파괴했다는 것이 드러났다. 생존자들의 경우에도 이런 손상은 회복이 되지 않았다. 하지만 그들은 L-도파에는 양성반응을 보였다.

과학자들은 MPTP를 사용해 파킨슨병의 원숭이 모형을 만들었다. 그들은 도파민 생성 세포가 파괴되면 시상밑핵의 활성이 저하될 것이고, 이 때문에 파킨슨병의 증상들이 나타날 것으로 예상했다. 그러나 원숭이의 시상밑핵에 있는 각 뉴런에서 나오는 전기신호를 기록하기 시작했을 때, 들롱은 전혀 다른 일이 벌어지고 있다는 것을 알아차렸다. 뉴런들이 비정상적일 만큼 강한 활성을 띤 것이다. 놀랍게도 파킨슨병의 증상들은 이 뉴런의 활성 감소가 아니라 활성의 비정상적인 증가로 생긴다는 것이 드러났다.

이 비정상적인 활성이 파킨슨병의 떨림과 경직을 일으키는지 검증하고자, 들롱은 뇌의 한쪽에 있는 시상밑핵을 파괴함으로써 비정상 활성을 중단시켰다. 1990년에 그는 놀라운 결과를 발표했다. 파킨슨병에 걸린 원숭이의 뇌 한쪽에 있는 시상밑핵을 파괴하자, 몸

반대편, 즉 해당 뇌 영역이 통제하는 신체 부위의 떨림과 근육 경직이 사라졌다는 것이었다.[9]

들롱의 발견에 영감을 얻어 프랑스 그르노블에 있는 조제프푸리에대학교의 알림루이 베나비드Alim-Louis Benabid는 심부뇌자극법으로 파킨슨병 환자를 치료할 수 있지 않을까 생각했다. 앞서 살펴보았듯이, 심부뇌자극법은 뇌에 전극을 이식하고, 전지로 작동하는 장치를 다른 신체 부위에 이식한다. 장치는 신경 회로로 고주파 전기 펄스를 보내는데, 지금의 경우에는 시상밑핵으로 펄스를 보낸다. 전기 펄스는 원숭이의 시생밑핵을 파괴했을 때와 비슷하게 그 회로를 불활성화하며, 이를 통해 운동 제어를 방해하는 비정상적인 활성을 막는다(그림 7.3). 이 치료법은 상황에 맞게 조정할 수 있고 제거할 수도 있다.

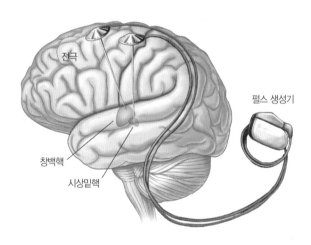

그림 7.3 | 심부뇌자극법

1990년대에 심부뇌자극법은 파킨슨병의 다른 모든 수술 치료법을 거의 대체했다. 하지만 모든 환자에게 효과가 있는 것은 아니며, 병을 완치하는 것도 아니다. 그저 그 병의 증상들을 치료할 뿐이다. 전기신호를 보내는 전지가 고장 나거나 드물게 전선이 끊기면, 치료의 효과는 거의 즉시 사라진다.

심부뇌자극법은 우울증 같은 정신 질환을 앓는 이들을 치료하는 데에도 성공을 거두어왔다. 운동 회로를 자극해 운동장애의 증상들을 완화하는 대신에, 전기 펄스는 뇌의 보상 체계를 자극해 우울증의 증상들을 완화한다. 따라서 심부뇌자극법은 궁극적으로 특정한 질병이 아니라 특정한 신경 회로에 대한 치료법이라고 받아들여질지도 모른다.

헌팅턴병

미국에는 약 3만 명의 헌팅턴병 환자가 있다. 남녀 모두에게 고루 나타나는 병이다. 발병 연령은 아주 다양해 보이지만, 평균적으로는 40세다. 이 병은 1872년 컬럼비아대학교 출신의 의사인 조지 헌팅턴George Huntington이 처음 학계에 알렸다. 그는 이 병의 특징이 유전성, 불수의운동, 성격과 인지 기능의 변화라고 적었다. 그가 너무나 명확하고 정확하게 특징들을 기재한 덕분에, 다른 의사들도 이 병을 쉽게 진단할 수 있었다. 그래서 이 병에 그의 이름이 붙은 것이다.

처음에 증상이 꽤 국소적인 형태로 나타나는 파킨슨병과 달리, 헌팅턴병은 아주 일찍부터 전신으로 더 퍼질 수 있고, 운동 결함뿐만 아니라 인지 결함까지 일으킬 수 있다. 수면장애와 치매도 그런 증상에 포함된다. 헌팅턴병으로 주로 바닥핵이 손상되지만, 대뇌겉질, 해마, 시상하부, 시상도 영향을 받으며, 때로는 소뇌까지도 손상된다(그림 7.4).

헌팅턴병을 치료하는 데 어느 정도 발전이 이루어지까지는 오랜 세월이 걸렸다. 1968년 그 병에 걸린 아내를 둔 저명한 정신분석가 밀턴 웩슬러Milton Wexler는 유전병 재단Hereditary Disease Foundation을 설립했다. 웩슬러는 두 가지 목적을 염두에 두었다. 기초 연구를 위한

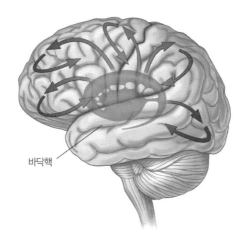

바닥핵

그림 7.4 | 헌팅턴병은 발병 직후에는 바닥핵이 영향을 받고, 서서히 겉질 전체로 그 영향이 퍼진다.

기금을 모으고, 헌팅턴병 연구에 집중할 과학자들을 조직하는 것이었다. 이 재단은 헌팅턴병을 이해하는 데 크게 기여했다.

헌팅턴병이 유전성이므로, 재단은 먼저 핵심 유전자를 찾는 데 초점을 맞추었다. 1983년 데이비드 하우스먼David Housman과 제임스 구셀라James Gusella는 엑손 증폭exon amplification이라는 새로운 전략을 써서 4번 염색체 끝에 헌팅턴병과 관련이 있는 유전자가 있다는 것을 알아냈다. 그들은 그 유전자에 '헌팅틴huntingtin'이라는 이름을 붙였다.[10]

10년 뒤, 유전병 재단이 조직한 유전자 사냥꾼들Gene Hunters이라는 국제 공동 연구진은 마침내 그 돌연변이 헌팅턴 유전자를 분리해 서열을 분석했다.[11] 일단 분리하고 나자, 그 유전자를 선충, 초파리, 생쥐에게 집어넣어서 헌팅턴병이 어떻게 진행되는지를 알아볼 수 있었다. 유전자 사냥꾼들은 돌연변이 헌팅턴 유전자의 한 부위가 정상 유전자보다 더 크다는 것을 알아차렸다. 이 부위를 CAG 확장CAG expansion 부위라고 하며, 바로 이 부위가 헌팅턴병을 일으킨다.

기본적으로 우리 유전자는 문자 네 개로 적은 설명서라고 할 수 있다. 그 네 가지 문자는 C(사이토신), A(아데닌), T(티민), G(구아닌)이다. 이 문자들은 세 개씩 모여서 단어 하나를 이룬다. CAG라는 단어는 글루타민이라는 아미노산의 암호이며, 단백질이 합성될 때 해당 아미노산을 끼워 넣으라는 뜻이다. 헌팅턴병 환자에게는 돌연변이 유전자의 특정 부위에 CAG라는 단어가 반복해서 나타나는

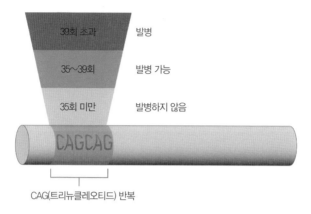

그림 7.5 | 단백질 유전자에 있는 긴 CAG 가닥이 세포 안에서 그 단백질을 엉기게 하고 독성을 띠게 만든다. CAG 반복 횟수가 늘수록 헌팅턴병 위험이 커진다.

데, 그 결과로 단백질에 글루타민이 너무 많이 끼워진다. 이 확장된 글루타민 사슬은 뉴런 안에서 단백질을 엉기게 만들어 세포를 죽인 다. 우리가 가지고 있는 헌팅틴 유전자의 해당 영역에도 CAG가 얼 마간 반복되어 있긴 하지만, 반복 횟수가 39번을 넘는 돌연변이 유 전자를 물려받는 사람이 헌팅턴병에 걸릴 것이다(그림 7.5).

머지않아 취약 X 증후군fragile X syndrome, 척수소뇌실조spinocerebellar ataxia의 몇몇 유형, 근육긴장퇴행위축myotonic dystrophy 등 10가지 질병 에서도 이 CAG 확장이 발견되었다. 이 모든 병은 신경계에 영향을 미친다. 또 이 모든 병에는 덩어리를 형성하는 잘못 접힌 단백질이 관여하고, 이런 덩어리들이 세포의 죽음을 가져온다.

단백질 접힘 장애의 공통적인 특징

현재 우리는 파킨슨병과 헌팅턴병의 주된 분자적 원인이 다른 몇몇 신경퇴행 질환들, 즉 크로이츠펠트-야콥병, 알츠하이머병, 이마관 자엽치매, 만성외상뇌병증(뇌진탕을 반복해 겪은 이들에게 나타나는 진행형 뇌 퇴행), 근위축측삭경화증(ALS 또는 루게릭병)의 원인과 비슷하다는 점을 안다. 이 모든 병은 뇌에서 단백질이 비정상적으로 접혀 덩어리를 형성하고, 그 덩어리가 독성을 일으켜 뉴런을 죽이면서 생긴다(그림 7.6).

1982년 샌프란시스코에 있는 캘리포니아대학교의 스탠리 프루시너Stanley Prusiner는 놀라운 발견을 했다. 비정상적으로 접혀 감염성을 띠는 단백질이 희귀한 퇴행성 뇌 질환인 크로이츠펠트-야콥병

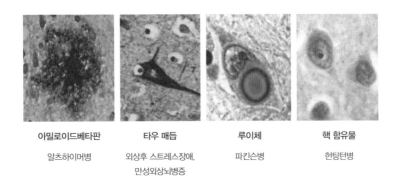

| 아밀로이드베타판 | 타우 매듭 | 루이체 | 핵 함유물 |
| 알츠하이머병 | 외상후 스트레스장애, 만성외상뇌병증 | 파킨슨병 | 헌팅턴병 |

그림 7.6 | 뇌에서 덩어리를 형성함으로써 신경퇴행 질환을 일으키는, 비정상적으로 접힌 단백질

에 관여한다는 것이었다.[12] 프루시너는 이 단백질을 '프리온'이라고 불렀다.

프리온은 정상적인 전구체 단백질precursor proteins이 잘못 접힐 때 생긴다. 정상적인 형태일 때, 전구체 단백질은 뇌의 어디에나 있고, 건강한 세포 기능을 매개한다. 다른 세포들처럼 뉴런도 단백질의 모양을 감시하는 내부 메커니즘이 있다. 보통은 이런 메커니즘을 통해 돌연변이나 세포 손상이 복구되지만, 나이가 들수록 메커니즘이 약해져 모양 변화를 막는 효율이 떨어진다. 그런 일이 일어나면, 돌

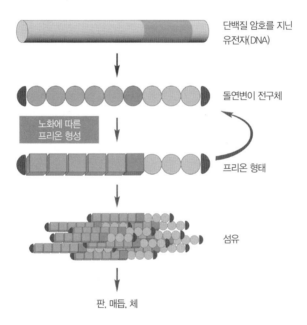

그림 7.7 | 노화 관련 프리온 형성. 돌연변이 전구체 단백질은 정상 단백질의 모양을 변형시킬 수 있다.

연변이 유전자나 세포 손상으로 정상적인 전구체 단백질이 잘못 접힌 탓에 치명적인 프리온 형태가 될 수 있다. 프리온은 뉴런 안에 녹지 않는 덩어리를 형성함으로써 뉴런의 기능을 교란하고 이윽고 뉴런들을 죽인다(그림 7.7).

프리온이 그토록 특별하고 위험한 이유는 자가 증식하는 능력을 지니고 있기 때문이다. 다시 말해, 프리온은 유전자 없이도 자기 복제를 하고, 그 결과로 이 잘못 접힌 단백질은 감염성을 띤다. 프리온은 원래 있던 뉴런에서 방출되어 이웃 세포에 받아들여질 수 있

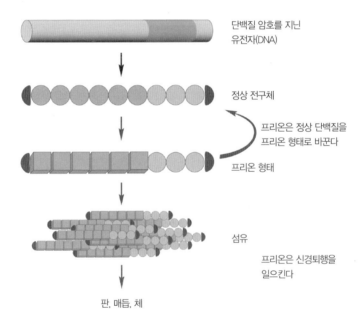

단백질 암호를 지닌
유전자(DNA)

정상 전구체

프리온은 정상 단백질을
프리온 형태로 바꾼다

프리온 형태

섬유

프리온은 신경퇴행을
일으킨다

판, 매듭, 체

그림 7.8 | 정상적인 전구체 단백질이 잘못 접히면 프리온이 된다. 프리온은 뇌에 유독한 덩어리를 형성한다.

고, 새 세포에서 정상적인 전구체 단백질을 비정상적으로 접히도록 유도함으로써 새롭게 만들어질 수도 있다. 그리고 이런 과정을 통해 궁극적으로 세포를 죽인다(그림 7.8).

프리온이 어떻게 형성되는지 밝혀지자, 단백질 접힘 오류를 예방하거나 복구하는 방향으로 연구하는 새로운 가능성이 열렸다. 현재 뇌의 퇴행을 늦추는 약물은 전혀 없지만, 프리온 형성은 뇌의 퇴화에 개입하는 것이 다음과 같이 세 군데에서 가능하다고 암시한다. (1) 정상 전구체 단백질이 프리온 형태로 접히는 단계, (2) 프리

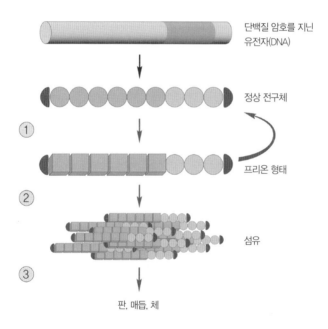

그림 7.9 | 단백질 접힘 오류를 예방하거나 복구하기 위해 개입하는 것이 가능한 세 가지 단계

온이 뭉쳐서 섬유를 형성하는 단계, (3) 판, 매듭, 체가 형성되는 단계(그림 7.9).

프리온이 DNA가 전혀 없어도 다른 세포에 감염되고 증식할 수 있다는 프루시너의 놀라운 관찰 결과는 처음에 많은 과학 분야들에서 상당한 저항을 받았다. 그러나 자기 복제되는 잘못 접힌 단백질을 발견한 지 15년 뒤인 1997년에, 프루시너는 노벨생리의학상을 받았다. 2014년에 그는 그동안 자신이 겪은 일을 책으로 펴냈다.

나는 과학사가도 언론인도 내 연구 이야기를 정확하게 재구성하지 못할 것 같아, 이 책을 썼다. 이 책은 감염성 단백질, 즉 내가 '프리온'이라고 이름 붙인 것을 밝혀내기까지의 생각, 실험, 주변 상황을 1인칭 관점에서 설명한 것이다. 나는 스크래피(가축 질병을 일으키는 것으로, 당시에는 질병의 원인을 알 수 없었다)의 조성을 밝히겠다는, 돌이켜 보면 대담하기 그지없는 계획을 기술하고자 했다. 때때로 나는 내 연구 자료가 막다른 골목으로 이어지지 않을까 걱정했다. 그 문제에 매료되어 있었지만, 나는 실패하지 않을까 하는 두려움에 사로잡혀 있었다. 거의 모든 전환점마다 내 불안은 확연히 드러났다. 문제 해결은 거의 불가능한 것은 아닐까? 내가 작은 성공을 이룰 때마다, 내 지식과 과학적 능력에 의문을 제기하는 이들도 늘어났다. 나는 오로지 우직함과 열정으로 버틸 때가 많았다.

과학계의 여러 영역에서 내가 프리온에 대해 회의적이고 때로는 적대적인 반응을 접했다는 것은, 근본적인 사고 변화에 대한 저

항이 극렬했다는 것을 말해준다. 프리온은 비정상적인 사례로 비
쳤다. 프리온은 증식하고 감염되지만, 유전물질을 전혀 지니고 있
지 않다. DNA도 RNA도 아니다. 따라서 생물 세계를 이해하는 우
리의 기존 방식을 파괴하는 전환점이다. 프리온 발견이 미친 영향
은 방대하며, 계속 확장되고 있다. 프리온이 알츠하이머병과 파킨
슨병에 기여한다는 것은, 흔하면서도 치명적인 이런 질병들의 진
단뿐 아니라 치료에도 중요한 의미를 지닌다.[13]

단백질 접힘 장애의 유전학

무척추동물인 초파리는 아주 탁월한 모형이다. 컬럼비아대학교의
토머스 헌트 모건Thomas Hunt Morgan은 염색체가 유전에 어떤 역할을
하는지를 연구하기 위해 처음으로 초파리를 실험동물로 삼았다. 나
중에 시모어 벤저Seymour Benzer는 초파리의 행동에 관여하는 유전자
들에 초점을 맞추었다. 그는 유전자들이 **유전자 경로**gene pathway라는
복잡한 그물망을 이루어 협력한다는 것을 알아냈다.

여러 질병들에서 초파리와 사람은 단지 유전자만이 아니라 유전
자 경로 전체를 공유한다. 과학자들은 진화 과정에서 보존된 이 공
통의 특징들을 이용해, 신경 질환 등 인간 질병에 관한 중요한 단서
를 얻는다. 초파리를 이용할 때 한 가지 이점은 연구 과정이 빨라진
다는 것이다. 파킨슨병 같은 질병은 사람에게 출현하는 데 수십 년

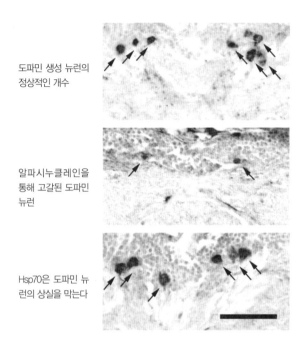

도파민 생성 뉴런의
정상적인 개수

알파시누클레인을
통해 고갈된 도파민
뉴런

Hsp70은 도파민 뉴
런의 상실을 막는다

그림 7.10 | 정상적인 알파시누클레인 단백질을 지닌 초파리의 뇌(위); 돌연변이 유전자
가 만드는 알파시누클레인 단백질(가운데). 정상적인 재접힘refolding을 촉진하
는 보조 단백질 Hsp70과 돌연변이 단백질을 지닌 뇌(아래). 화살표는 도파민
생성 뉴런.

이 걸릴 수도 있지만, 초파리에게는 며칠 또는 몇 주 만에 발병하기
도 한다. 파킨슨병 환자에게 돌연변이가 일어나는 주요 유전자인
시누클레인 알파synuclein alpha, SNCA는 초파리를 통해 처음 알아낸 것
이다(그림 7.10).

파킨슨병은 보통 아직 알지 못하는 이런저런 이유로 자연히 생
기지만, 환자의 유전자(파킨슨병 위험을 증가시킨다고 여겨지는 특정한

유전자 변이체들)와 특정한 독소에 노출되는 것을 비롯해 몇몇 요인들이 관여한다. SNCA 유전자에 돌연변이가 일어나서 생긴 희귀한 유전성 형태들은 뇌에 알파뉴클레인 단백질이 지나치게 많아지게 하거나, 뇌에서 알파시누클레인 단백질이 잘못 접히게 하거나, 둘 다를 일으킨다. 병을 물려받지 않은 환자들까지 포함해, 모든 파킨슨병 환자들은 이런 단백질의 비정상적인 양상이 뇌에 한쪽 또는 양쪽 모두 나타나며, 과학자들은 돌연변이 유전자가 파킨슨병의 어떤 일반적인 측면을 드러낸다고 결론지었다.

이 돌연변이 유전자가 만드는 단백질은 루이체의 주된 성분이다. 루이체는 알파시누클레인 단백질이 비정상적으로 접힐 때 뉴런 안에서 형성되는 유독한 덩어리다.

연구자들은 돌연변이 SNCA 유전자를 초파리의 뇌에 있는 도파민 생성 뉴런에 집어넣고 어떤 일이 일어나는지 지켜보았다. 그들은 도파민이 근육 통제에 필수적이며, 도파민 부족이 파킨슨병의 특징인 마비를 비롯한 비정상적인 운동을 일으킨다는 것을 알고 있었다. 그런데 돌연변이 유전자를 초파리 뇌에 집어넣으니, 도파민 생성 뉴런의 능력이 손상되었다. 결과적으로, 초파리에게 파킨슨병 환자에게 나타나는 것과 놀라울 정도로 비슷한 행동이 나타났다.[14]

사람과 마찬가지로, 초파리도 단백질이 정상적인 형태를 취하도록 돕고 때로는 잘못 접힌 것을 되돌리도록 돕기까지 하는 보존된 분자 경로들을 지니는데, 이것들을 **분자 샤프롱 경로**molecular chaperone pathway라고 한다. 샤프롱 경로는 단백질이 제대로 접히도록 도와,

엉키는 것을 예방한다. 과학자들은 이런 경로들에 작용하는 보조 단백질이 초파리에게 더 많아지면 어떤 일이 일어날지 알아보기로 했다. 보조 단백질이 더 많아지면, 도파민 생성 뉴런에서 알파시누클레인 단백질의 적절한 생산과 정상적인 접힘이 촉진될까?

보조 단백질을 추가하자, 도파민 생성 뉴런은 더 이상 기능이 떨어지지 않았다. 샤프롱 단백질이 운동장애를 예방한다는 점이 드러난 것이다. 돌연변이 SNCA 유전자를 지닌 초파리는 잘 기어오르지 못한다. 하지만 같은 돌연변이를 지니지만 샤프롱 단백질이 과다 발현되는 초파리는 정상적으로 기어오를 수 있다. 이 기법은 다른 신경퇴행 질환들의 초파리 모형들에도 작동한다. 지금은 그런 모형들이 많이 나와 있다. 이것은 몇몇 신경퇴행 질환들의 생쥐 모형들에도 작용한다. 이는 인간 질병을 연구하는 데 동물 모형들이 유용하다는 것을 다시 한번 보여준다.

미래 전망

파킨슨병과 헌팅턴병, 알츠하이머병과 이마관자엽치매, 크로이츠펠트-야콥병, 만성외상뇌병증은 모두 우리의 생각과 행동, 기억과 감정에 다양한 효과를 미친다. 하지만 지금 우리는 그 밖의 다른 신경퇴행 질환들도 동일한 분자 메커니즘을 지닌다는 것을 안다. 즉 단백질이 제대로 접히지 않으면 신경이 죽는다.

우리는 어느 특정한 단백질의 기능이 단백질의 독특한 모양, 매우 정확한 접힘 과정으로 생기는 모양을 통해 결정된다는 것도 안다. 따라서 단백질 접힘 장애로 발생하는 다양한 증상들은 뇌의 특정한 기능을 담당하는 단백질의 모양 변화에서 비롯된다. 앞서 보았듯이, 단백질 접힘의 오류로 일어나는 도파민 생성 뉴런의 죽음은 파킨슨병으로 이어진다. 단백질 합성 과정에 글루타민이 너무 많이 들어가도록 지시하는 돌연변이 유전자는 뇌에서 엉켜 헌팅턴병을 일으키고, 신경계에 다른 몇몇 질병을 일으키는 잘못 접힌 단백질을 만든다. 크로이츠펠트-야콥병 및 관련 질병들을 지닌 환자에게 유독한 덩어리를 형성하는 프리온(자가 증식하는 잘못 접힌 단백질들)은 감염원으로 작용하고는 한다.

현재 뇌의 퇴행을 늦추는 약물은 전혀 없다. 심부뇌자극법으로 통제되지 않는 운동을 일으키는 신경 회로를 가라앉히고, 이를 통해 파킨슨병 환자의 증상을 완화할 수 있기는 하다. 현재 신경 질환 연구에는 유전자와 분자 수준의 연구도 포함되며, 그런 연구들에서 단백질 접힘의 오류 과정을 예방하거나 되돌릴 수 있는 지점들을 찾아낼 수 있을지도 모른다. 앞서 이야기했듯이, 동물 모형들의 유전적 연구로 우리는 이미 그 목표를 향해 나아가기 시작했다.

8

의식적 감정과 무의식적 감정의 상호작용: 불안, 외상후 스트레스, 잘못된 의사 결정

슈퍼마켓에서 장을 보거나 파티에서 낯선 사람과 대화할 때, 우리는 무의식적으로 상황을 헤쳐 나가는 데 도움을 주는 감정에 의존한다. 또 우리는 결정을 내릴 때에도 무의식적으로 감정에 의지한다. 감정은 우리 뇌가 환경에 반응해 생성하는 준비 상태다.

감정은 세계에 관한 중요한 피드백을 제공하며, 우리의 행동과 결정을 위한 무대를 마련한다. 3장에서 우리는 기분, 개인적인 기질이라는 맥락에서 감정을 살펴보았다. 그중에서도 특히 기분장애의 생물학이 우리의 자기감에 관해 무엇을 밝혀냈는지 알아보았다. 이 장에서는 감정의 특성들(감정의 의식적 및 무의식적 구성 요소)과 그

것이 우리 삶의 다른 측면들에 작용하는 핵심적인 역할을 살펴볼 것이다.

우리 뇌는 즐거운 감정을 불러일으키는 경험을 추구하고, 고통스럽거나 두려운 감정을 불러일으키는 경험을 피하도록 부추기는 접근-회피 체계approach-avoidance system를 지닌다. 이 장에서는 동물 연구들이 뇌가 두려움의 감정을 조절하는 방식에 관해 무엇을 말하는지 알아보고, 사람의 불안장애, 특히 극도의 공포 반응을 일으키는 외상후 스트레스장애의 특성을 살펴볼 것이다. 과학자들은 이런 장애들을 연구함으로써 감정이 뇌의 어디에서 생기고 우리 행동을 어떻게 통제하는지를 알아내고 있다. 우리는 과학자들이 약물요법과 심리요법을 사용해 불안장애자를 치료하는 새로운 방법들도 알아볼 것이다.

감정은 가장 단순한 것에서 가장 복잡한 것에 이르기까지, 우리가 내리는 모든 결정에 가장 강력한 힘으로 작용하기 때문에, 이 장은 도덕적 결정을 비롯해 우리가 결정을 내리는 방식에 관한 생물학적으로 중요한 내용들을 다룬다. 우리는 감정을 조절하는 뇌 영역에 일어난 손상이 어떻게 감정을 식게 하고, 선택을 내리는 우리 능력에 악영향을 미치는지를 살펴볼 것이다. 또 감정 처리와 도덕적 의사 결정을 조절하는 뇌 영역들의 결핍이 어떻게 정신병적 행동을 일으킬 수 있는지도 알아볼 것이다.

감정의 생물학

감정의 생물학을 처음으로 연구한 사람은 찰스 다윈이었다. 그는 진화를 연구하다가, 감정이 모든 문화의 모든 사람들이 공유하는 마음 상태임을 이해하게 되었다. 그는 아이들에게 특히 관심이 많았는데, 아이들이 감정을 순수하고 강력한 형태로 표현한다고 믿었기 때문이다. 아이들은 감정을 억누르거나 표정을 속이기가 거의 불가능하므로, 그는 아이들이야말로 감정의 중요성을 연구할 때 이상적인 대상이라고 생각했다(그림 8.1). 다윈은 1872년 저서 《인간과 동물의 감정 표현》에서 동물의 종들을 비교하는 최초의 연구도 수

슬픔

행복

그림 8.1 | 아이들이 가장 순수한 형태로 감정을 드러내기 때문에, 다윈은 아이들의 감정을 연구했다.

행했다. 사람뿐만 아니라 동물에게도 감정의 무의식적 측면들이 나타나며, 이런 무의식적 면들은 진화 과정에서 아주 잘 보존되어 왔음을 보여주었다.

우리는 모두 두려움, 기쁨, 질투, 분노, 흥분과 같은 감정에 친숙하다. 그리고 이런 감정들은 어느 정도는 자동적이다. 다시 말해, 뇌의 체계들은 우리가 의식하지 않은 상태에서 이런 감정을 일으키며 작동한다. 그와 동시에 우리는 완전히 의식하고 있는 감정도 경험하므로, 자신이 겁먹었는지 화가 났는지 언짢은지, 놀랐는지 행복했는지를 묘사할 수 있다. 감정과 기분에 관한 연구는 이렇게 서로 구별되는 인지 유형들이 끊임없이 상호작용하는 방식들을 규명함으로써, 의식적·무의식적 정신 과정들 사이에 놓인 송송 뚫린 경계를 드러낸다. 앞서 6장에서 창의성에 관해 논의할 때에도, 우리는 뇌의 무의식적 과정과 의식적 과정이 서로 분리되어 있다는 것을 배웠다. 11장에서 무의식을 논의할 때 우리는 다시 그 문제로 돌아올 것이다.

우리의 모든 감정은 두 가지 요소를 지닌다. 하나는 무의식적으로 시작해 스스로를 드러내는 외적인 표현이다. 또 하나는 주관적이고 내적인 표현이다. 미국의 위대한 심리학자이자 철학자인 윌리엄 제임스William James는 1884년에 쓴 〈감정이란 무엇인가?What Is an Emotion?〉라는 논문에서 이 두 가지 요소를 기술했다. 그리고 제임스는 한 가지 심오한 깨달음에 도달했다. 뇌가 몸과 의사소통할 뿐 아니라, 몸도 뇌와 의사소통을 하며, 후자도 마찬가지로 중요하다는 것이다.

　제임스는 우리의 의식적인 감정 경험이 몸의 생리적인 반응이 일어난 '뒤에' 일어난다고, 그러니까 뇌가 몸에 반응하는 것이라고 주장했다. 길 한가운데에 곰이 나타나는 것처럼 위험한 상황에 처했을 때, 우리가 의식적으로 위험을 평가한 뒤에 두려움을 느끼는 것이 아니라고 했다. 그보다는 우리는 곰을 보는 순간 달아남으로써 직관적이고 무의식적으로 반응하며, 나중에야 무서웠다는 느낌이 솟구친다는 것이다. 다시 말해, 우리는 상향식으로 먼저 감정을 처리한다. 감각 자극에 심박 수와 호흡 속도가 치솟고, 그 결과 달아나게 된다. 그 뒤에야 하향식으로 감정을 처리한다. 즉 인지 기능을 이용해 몸에 일어났던 생리적 변화를 설명하려고 한다. 제임스는 다음과 같이 말한다. "몸의 상태가 지각에 뒤따르지 않는다면, 지각은 감정적 온기가 없는 창백하고 무채색의 순수하게 인지적인 형태가 될 것이다."[1]

　감정의 두 번째 요소는 감정의 주관적인 내면 경험, 즉 어떻게 느끼는지에 관한 의식적 자각이다. 서던캘리포니아대학교의 뇌와 창의성연구소 소장인 안토니오 다마지오Antonio Damasio의 관점을 받아들여, 이 책에서는 '감정emotion'이라는 단어를 관찰 가능한 무의식적 행동 요소에만 국한해 쓰고, '느낌feeling'은 감정의 주관적 경험을 언급할 때 사용할 것이다.

감정의 해부학

감정은 **유의성**valence과 **세기**intensity라는 두 축을 따라 분류할 수 있다. 유의성은 감정의 특성에 관한 것이다. 회피부터 접근까지의 스펙트럼에서 무언가가 우리에게 얼마나 나쁘거나 좋은 느낌을 주는가 하는 것이다(그림 8.2). 세기는 감정의 강도, 즉 그 감정이 얼마나 강하게 일어나는가 하는 것이다(그림 8.3). 우리는 사실상 대부분의 감정을 이 두 축을 따라 배치해 지도를 작성할 수 있다. 그 지도는 특정한 감정의 본질 전체를 포착하지는 않지만, 우리가 얼굴 표정과 그 표정을 생성하는 뇌 체계를 대응시키는 데 유용한 방식으로 제시되어 있다.

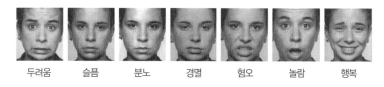

| 두려움 | 슬픔 | 분노 | 경멸 | 혐오 | 놀람 | 행복 |

그림 8.2 | 회피부터 접근에 걸쳐 있는 감정의 유의성

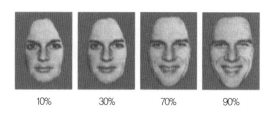

| 10% | 30% | 70% | 90% |

그림 8.3 | 행복의 세기 스펙트럼

뇌의 여러 구조들이 감정에 관여하지만, 그중 네 가지가 특히 중요하다. 감정의 집행자인 시상하부, 감정을 조율하는 편도체, 중독을 비롯해 습관을 형성할 때 관여하는 줄무늬체, 감정 반응이 당면한 상황에 적절한지를 평가하는 이마앞겉질이다(그림 8.4). 이마앞겉질은 편도체 및 줄무늬체와 상호작용하며, 어느 정도는 그것들을 통제한다.

편도체가 감정을 '조율한다'고 말하는 이유는 그 영역이 감정 경험의 무의식적 측면과 의식적 측면을 연결하기 때문이다. 편도체는 시각, 청각, 촉각과 관련된 영역들로부터 감각 신호를 받으면 반응을 일으키고, 그 반응은 주로 자율적인 생리 반응을 조절하는 시상하부를 비롯한 뇌 구조들을 통해 중계되어 퍼진다. 우리가 웃거나

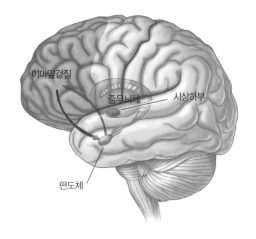

그림 8.4 | 감정에 관여하는 주요 뇌 구조인 시상하부, 편도체, 줄무늬체, 이마앞겉질

울 때, 즉 어떤 감정을 경험할 때, 그것은 이 뇌 구조들이 편도체에 응답해 지시에 따라 행동하기 때문이다. 편도체는 이마앞겉질과도 연결되어 있다. 이마앞겉질은 느낌의 상태, 감정의 의식적 측면, 감정이 인지에 끼치는 영향을 조절한다.

우리의 감정은 당연히 조절되어야 한다. 아리스토텔레스는 감정의 적절한 조절이 지혜를 정의하는 한 가지 특징이라고 했다. 그는 《니코마코스 윤리학The Nicomachean Ethics》에 이렇게 썼다. "누구나 화를 낼 수 있다. 그것은 쉬운 일이다. 하지만 알맞은 사람에게, 알맞은 정도로, 알맞은 시간에, 알맞은 목적으로, 알맞은 방식으로 화를 내는 일은 누구나 할 수 있는 일이 아니며 쉽지도 않다."[2]

두려움

다른 모든 감정들과 마찬가지로, 두려움도 무의식적 요소와 의식적 요소를 모두 지닌다. 두려운 자극에 대한 감정적 반응의 신체적 측면들(심박 수와 호흡이 빨라지고 피부의 땀샘이 열리는 것)은 자율신경계를 통해 매개되며, 우리가 의식하지 못하는 상태에서 일어난다. 앞에서 말했듯이, 제임스는 두려움에 대한 우리의 신체 반응이 먼저 일어나 의식적인 느낌을 촉발한다고 주장했다. 따라서 몸이 없다면 두려움도 전혀 없을 것이다. 이 통찰은 두려움에 관한 연구의 지침이 된다.

과학자들은 두려움에 관한 신경 회로를 제법 많이 이해하고 있다. 두려움은 편도체에서 시작된다. 편도체는 모든 감정을 조율하지만 두려움에 유달리 민감한 듯하다. 무서운 자극은 편도체에 도달해, 위험의 표상을 활성화하고 몸의 공포 반응을 촉발한다. 이것들은 뇌에 새겨진 자동적인 생리적·행동적 반응들이다.

그 회로의 다음 차례는 뇌섬엽insular cortex이다. 이는 이마엽과 마루엽 안쪽 깊숙이 작은 섬처럼 자리한 뉴런들의 집합으로, 신체적 감정을 의식적 자각으로 번역하는 일을 한다. 또 고통과 같은 신체적 반응을 파악하고, 심박 수와 땀샘의 활동을 계속 지켜보며 내장과 근육에서 어떤 일이 일어나고 있는지를 감시한다. 뇌섬엽은 나중에 발견되었는데, 이로써 두려움의 신체적 반응이 두려움의 자각보다 앞선다는 제임스의 개념이 옳다는 것이 생물학적으로 확인되었다.

두려움 그리고 분노의 신경 회로에 관여하는 영역은 더 있는데, 배쪽안쪽이마앞겉질ventromedial prefrontal cortex이라는 이마앞겉질 부위다. 이 구조는 우리가 도덕적 감정이라고 부르는 것들, 즉 분개, 연민, 당혹, 창피함 같은 것들에 중요하다.

마지막으로, 이마앞겉질의 또 한 영역인 등쪽이마앞겉질dorsal prefrontal cortex은 우리의 의식적 마음인 의욕과 의지가 감정이 수행되는 과정에 개입할 수 있는 지점이다.

두려움에 대한 우리의 반응은 적응적 반응adaptive response이다. 다시 말해, 생존에 도움을 주는 반응이다. 흔히 '싸움, 도피, 얼어붙기'

반응이라고도 하는 일종의 행동 프로그램이다. 이 행동들은 근골격계 변화(얼굴 근육들은 공포에 사로잡힌 표정을 만들어낸다), 자세 변화(깜짝 놀라는 움직임에 따른 경직), 심박 수와 호흡 증가, 위장과 창자 근육의 수축, 코르티솔과 같은 스트레스 호르몬의 분비를 수반한다. 몸에서 이 모든 변화들은 조화롭게 일어나며, 뇌로 신호를 보낸다.

여기서는 두려움에 관해 중요한 것 두 가지를 짚어두자. 첫째, 감각은 편도체로 신호를 보내고, 편도체는 뇌의 다른 영역들을 추가로 끌어들인다. 이런 원초적인 반응이 펼쳐질 때 뇌 안에서 어떤 일이 벌어지는지를 정확히 알려주는 뇌 영상 덕분에 우리는 이것을 알 수 있다. 둘째, 우리 몸에 일어나는 변화는 뇌섬엽과 조화를 이루어서 느낌을 인식하게 만든다. 우리는 뇌가 몸에서 진행되는 변화들을 주시해 왔기 때문에 두려움을 느끼는 것이다. 먼저 달아나기 시작한 뒤에야 자신이 왜 달아나고 있는지를 알아차리게 되는 것이 바로 그 때문이다.

두려움의 고전적 조건형성

19세기 말까지, 인간 마음의 수수께끼에 접근하는 방법은 오로지 자기 성찰, 철학적 탐구, 작가의 통찰뿐이었다. 다윈은 인간의 행동이 동물 조상으로부터 진화했다고 주장해 이 모든 상황을 뒤엎었다. 이 주장으로부터 실험동물을 인간 행동에 관한 모형으로 쓸 수 있다는 개념이 출현했다.

이 개념을 처음으로 체계적으로 탐구한 사람은 이반 파블로프였다. 그는 위액 분비에 관한 연구로 1904년 노벨생리의학상을 받았다. 5장에서 보았듯이, 파블로프는 개에게 두 가지 자극을 연관 짓는 법을 가르쳤다. 보상(또는 처벌)을 예측하는 중립 자극(종소리)과 긍정적(또는 부정적) 강화 자극이다. 이런 실험들은 뇌가 자극을 알아차리고, 사건(먹이의 도착)을 예측하고 그 반응으로 행동(침 분비)을 일으키는 데 자극을 이용할 수 있다는 점을 보여주었다.

파블로프는 이 발견을 (즐거운 무언가를 기대하는) 긍정적 강화를 연구하는 용도만이 아니라, (두려운 결과를 예견하는) 부정적 강화를 연구하는 용도로도 썼다. 그는 중립 자극(종소리)을 전기 충격과 짝 지었다. 놀랄 일도 아니지만, 개의 발에 전기 충격을 가하자 개는 극심한 두려움을 드러냈다. 우리는 (개에게 물어볼 수는 없기에) 개가 무엇을 느끼는지 알 수 없지만, 개의 행동, 두려움의 표현을 관찰할 수 있다.

뉴욕대학교의 신경과학자 조지프 르두Joseph LeDoux는 파블로프의 전략을 생쥐와 쥐에 적용했다.[3] 그는 동물을 작은 상자에 넣고 동물에게 한 음을 들려주었다. 동물은 그 소리를 그냥 무시했다. 그 뒤에 르두는 소리를 들려주는 대신에 전기 충격을 주었다. 동물은 이번에는 펄쩍 뛰고 움찔하는 반응을 보였다. 마지막으로 르두는 충격을 가하기 직전에 소리를 들려주었다. 동물은 곧 소리와 충격을 연관 지었다. 다시 말해, 소리로 충격을 예측하는 법을 배웠다.

그다음에 동물은 하루 뒤나 2주일 뒤나 1년 뒤나 그 소리를 들으면 고전적인 공포 반응을 보였다. 우리 안에서 얼어붙었고, 혈압과 심박 수가 급증했다.

공포 반응은 소리와 충격의 연합으로 이루어진 결과다. 앞서 살펴보았듯이, 감정과 관련된 모든 감각 정보는 편도체를 통해서 뇌로 들어간다. 예를 들어, 소리는 먼저 청각시상auditory thalamus으로 들어간다. 그곳에서 편도체로 직접적으로 중계되고, 청각겉질로는 간접적으로 전달된다(그림 8.5). 다시 말해, 소리는 청각겉질에 도달하기 전에 먼저 편도체에 닿아 공포 반응을 일으킨다. 편도체로 향하는 직접 경로는 빠르지만, 그 경로로 전달되는 정보는 그리 정확하지 않다. 우리가 자동차 소리에 깜짝 놀라는 이유가 그 때문인데, 우리는 깜짝 놀라고 나서야 무슨 소리인지 알아차린다.

이런 학습은 편도체 안에서 어떻게 이루어질까? 과학자들이 발견한 핵심 가운데 하나는 뇌에서 공포 연합이 형성되고 저장되어

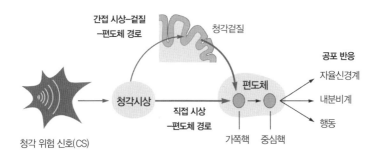

그림 8.5 | 조건자극에서 시작되는 조건형성된 공포의 신경 회로

응고되려면, 소리와 충격이 고전적 조건형성을 일으켜야 한다는 것이다. 고전적 조건형성은 편도체의 1차 중계 영역인 가쪽핵lateral nucleus의 동일한 세포에 소리와 충격이 잇달아(즉 소리 뒤에 곧바로 충격이 잇달아) 기록될 때 일어난다. 그런 일이 일어날 때, 처음에는 그런 세포를 활성화하지 못했던 소리가 대단히 강력한 효과를 발휘하면서, 해당 세포가 정보를 편도체의 중심핵central nucleus으로 보내게 만든다. 중심핵은 운동 세포를 활성화함으로써, 소리에 반응해 뛰어오르고 움찔하는 것과 같은 행동을 촉발한다.

편도체의 두 영역이 두려움에 관여하기에, 과학자들은 사람들이 두 가지 다른 방식으로 병적인 공포심에 사로잡힐 수 있다는 것을 이해하게 되었다. 어떤 이들은 가쪽핵이 바깥 세상에 지나치게 민감해져, 남들이 알아차리지도 못하는 대상들에 공포를 일으킨다. 누군가 옆으로 지나가거나 머리 위로 새가 날아가는 소리에도 공포 반응을 일으키는 것이다. 한편, 어떤 이들은 중심핵이 지나치게 반응해, 위협에 지나칠 정도로 감정 반응을 일으킨다.

공포 반응의 해부학을 통해, 즉 설치류가 충격에 어떻게 반응하는지에 관한 연구를 통해, 과학자들은 사람들이 공포에 어떻게 반응하는지를 더 깊이 이해하게 되었다. 우리 뇌에서 공포 회로가 잘못되면 다양한 불안장애가 생긴다. 뇌 영상을 사용해 과학자들은 불안, 외상후 스트레스, 그 밖의 공포와 관련된 장애에 시달리는 이들의 경우에 편도체가 지나치게 활성을 띤다는 것을 확인했다.

사람의 불안장애

불안은 누구나 이따금 느끼고, 위험에 처할 때는 더 자주 느낀다. 그러나 아무 뚜렷한 이유도 없이 만성적으로 지나친 걱정과 죄의식을 느낀다면, 범불안장애generalized anxiety disorder를 겪고 있는 것이다. 이런 장애는 종종 우울증을 수반한다. 공포 관련 불안장애에는 공황발작, 공포증(높은 곳, 동물들, 대중 앞에서 말하기를 두려워하는 것 등), 외상후 스트레스장애가 포함된다. 예전에는 다양한 불안장애들을 서로 다른 증후군이라고 여겼지만, 현대 과학자들은 유사점을 바탕으로 이 병들을 서로 관련이 있는 하나의 질병으로 본다.

미국인은 거의 세 명 중 한 명꼴로 생애에 적어도 한 번은 불안장애의 증상을 겪는데, 불안장애는 그만큼 가장 흔한 정신 질환이다. 게다가 불안장애는 어른들뿐만 아니라 아이들에게도 나타날 수 있다.

아마 가장 널리 알려진 공포 관련 질환은 외상후 스트레스장애PTSD일 것이다. 이 장애는 신체적 공격이나 학대, 전쟁, 테러, 갑작스러운 죽음, 자연재해와 같이 목숨을 위협하는 사건을 겪거나 지켜보는 사람에게 생긴다. 미국 인구의 약 8퍼센트, 그러니까 적어도 2,500만 명은 생애의 한 시기에 PTSD를 겪는다. 미국의 참전용사 가운데 이 병에 시달리는 사람은 4만 명이 넘으며, 드러나지 않은 환자도 수천 명이 더 있을 것이라고 생각된다(그림 8.6).

외상에 노출되면, 공포에 반응을 일으키는 편도체와 공포에 대

그림 8.6 | 역사 내내 군인들은 외상후 스트레스장애에 시달려 왔다. 1944년 2월 마셜제도의 해안에서 이틀 동안 전투를 하고 돌아온 해병대원의 모습.

한 반응을 조절하는 일을 돕는 등쪽이마앞겉질이 영향을 받는다. 하지만 무엇보다도 외상은 해마를 손상시킨다. 앞서 말했듯이, 해마는 사람, 장소, 사물의 기억을 저장하는 데 중요하지만, 주변 환경의 자극에 반응해 기억을 회상하는 데에도 중요한 역할을 한다. 외상을 입어 해마가 손상된 PTSD 환자들에게는 몇 가지 주요 증상들이 나타난다. 플래시백flashback, 즉 외상을 일으킨 사건의 기억이 저절로 떠올라 다시 겪기도 한다. 또 원래 사건과 관련이 있는 감각 경험을 회피하며, 정서적으로 무뎌지고 사람들을 꺼리며, 짜증을 잘 내거나 쉽게 흥분하거나 공격적인 태도를 보이거나, 수면장애를 겪기도 한다. 이 장애는 으레 우울증과 약물 남용이 수반되며, 자살로 이어지기도 한다.

앞서 보았듯이, 대부분의 정신 질환은 유전적 요인과 그것을 촉발하는 환경적 요인의 상호작용을 수반한다. 외상후 스트레스장애는 이 상호작용의 완벽한 사례다. 외상 스트레스에 노출되는 이들이 모두 PTSD에 걸리는 것은 아니다. 사실 100명이 동일한 외상 사건에 노출된다고 할 때, 남성은 약 네 명, 여성은 약 10명이 그 장애에 걸릴 것이다(과학자들은 외상 스트레스를 겪은 남성이 PTSD에 걸릴 가능성이 훨씬 낮은 이유를 아직 알지 못한다). 게다가 일란성 쌍둥이 연구는 어느 한쪽이 외상 사건을 통해 PTSD에 걸리면, 다른 한쪽도 그 외상에 반응해 PTSD에 걸릴 것이라고 시사한다. 이런 발견은 그 장애에 취약하게 만드는 유전자가 하나 이상 있다는 점을 암시하며, 이 점이 PTSD가 다른 정신 질환과 함께 나타나는 사례가 그토록 많은 이유도 설명해 줄지 모른다. 공통적으로 관련된 유전자들이 있을지도 모른다.

PTSD의 또 한 가지 주된 원인은 유년기 외상이다. 어릴 때 외상을 겪은 이들은 어른이 되어서 PTSD에 걸릴 확률이 훨씬 더 높다. 발달하는 뇌에는 외상이 어른의 뇌에 미치는 것과 다른 영향을 미치기 때문이다. 특히 조기 외상은 후성유전학적 변화epigenetic changes를 일으킬 수 있다. 다시 말해, 환경에 반응해서 일어난 분자의 변화는 유전자의 DNA를 바꾸지는 않지만, 그 유전자의 발현에 영향을 미칠 수 있다. 이 후성유전학적 변화 중 일부는 유년기에 시작되어 성년기까지 이어진다. 그런 변화 가운데 하나가 스트레스 반응을 조절하는 우리 유전자에서 일어난다고 알려져 있다. 이 변화가 성년기에 외상 스트레스에 반응해 PTSD에 걸릴 위험을 높이는 것이다.

불안장애자 치료

현재 불안장애의 두 가지 주된 치료법은 치료제와 심리요법이다. 둘 다 편도체의 활성을 감소시키지만, 그 방식은 서로 다르다.

3장에서 말했듯이, 우울증 치료는 흔히 뇌의 세로토닌 농도를 높이는 약물로 이루어진다. 항우울제는 우울증과 관련된 감정들인 걱정과 죄책감을 약화시키기에, 범불안장애자들의 50~70퍼센트에게도 효과가 있다. 그러나 그 약물들은 특정한 공포 관련 장애자들에게는 그다지 효과가 없다. 그들에게는 심리요법이 훨씬 더 효과 있다. 예를 들어, PTSD는 **지속 노출 요법**prolonged exposure therapy과 **가상현실 노출 요법**virtual reality exposure therapy을 비롯한 인지행동요법으로 관리할 수 있다.

최근에 에드나 포아Edna Foa와 다른 연구자들은 지속 노출 요법이 공포 관련 장애자들에게 특히 잘 듣는다는 것을 보여주었다.[4] 이 유형의 심리요법은 본질적으로 편도체에서 학습된 공포 연합을 되돌려, 뇌가 두려워하는 것을 그만두도록 가르치는 것이다. 예를 들어, 르두의 생쥐가 느끼는 두려움을 잠재우고 싶으면, 우리는 생쥐에게 전기 충격 없이 동일한 음을 반복해 들려줄 것이다. 그러면 이

익고 공포 연합의 토대에 놓인 시냅스 연결이 약해져서 사라질 것이고, 생쥐는 더 이상 그 음에 반응해 움찔하지 않을 것이다.

공포를 일으킨 원인에 단 몇 번만 노출시켜도 실제로 공포를 약화시킬 수 있으며, 노출 요법을 적절히 이용해 공포를 없애거나 억제할 수 있다. 때로는 환자를 가상 경험에 노출하는 방법도 쓰인다. 가상 경험은 승강기를 100배 더 빨리 움직이는 것처럼, 현실에서는 일어나기 어려운 상황에 유용하다. 가상현실에 노출되는 것도 현실 세계에 노출되는 것과 거의 맞먹는 효과를 일으킬 수 있다.

에모리대학교에서 외상 불안 회복 프로그램을 이끄는 바버라 로스봄Barbara Rothbaum은 가상현실 노출 요법의 선구자다. 그녀는 만성 PTSD를 앓고 있는 베트남전 참전 용사들에게 헬멧을 씌우고 두 시나리오 중 하나를 담은 영상을 보여주었다. 날고 있는 헬기의 내부 또는 착륙 지점을 담은 영상이었다. 그녀는 환자의 반응을 모니터로 지켜보며 외상 사건을 다시 경험하고 있는 환자에게 말을 걸었다. 이 요법이 효과가 있다는 것이 입증되자, 그녀는 다른 환자들에게도 확대해 적용했다.[5]

또 한 가지 접근법은 끔찍한 기억을 완전히 지우는 것이다. 5장에서 살펴보았듯이, 단기 기억은 기존에 연결된 시냅스들이 강화될 때 생기지만, 장기 기억은 반복 훈련과 새로운 시냅스 연결의 형성을 필요로 한다. 그사이, 즉 기억은 응고되는 동안 교란에 민감하다. 최근의 연구들은 기억을 장기 저장소에서 불러낼 때에도 마찬가지로 기억이 교란에 민감해진다는 것을 밝혀냈다. 즉 기억은 인출된 뒤에 잠시 동안 불안정해진다.[6] 따라서 공포 반응을 환기시키는 기억을 회상할 때(쥐의 사례에서는 특정한 소리에 다시 노출시킬 때), 그 기억은 몇 시간 동안 불안정해진다. 그 사이에 행동이나 약물을 통해 뇌의 저장 과정이 교란된다면, 기억은 제대로 저장소로 돌아가지 않고는 한다. 대신에 기억은 지워지거나 그것에 접근하는 것이 불가능해진다. 그러면 쥐는 더 이상 두려워하지 않게 되고, 사람도 기분이 더 나아진다.

몬트리올에 있는 맥길대학교의 임상심리학자 알랭 브루네Alain Brunet는 몇 년째 PTSD를 앓고 있는 환자 19명을 조사했다(외상은 성폭행, 자동차 사고, 폭력 등으로 생겼다).[7] 치료 집단에 속한 사람들에게는 노르아드레날린의 작용을 막는 약물인 프로프라놀롤propranolol을 처방했다. 노르아드레날린은 우리가 싸움, 도피, 얼어붙음 반응을 촉발하는 스트레스에 반응할 때 분비되는 신경전달물질이다. 브루네는 실험 참가자들을 나누어 한쪽 집단에 프로프라놀롤을 투여한 뒤에, 외상 경험을 상세히 적어달라고 했다. 참가자들이 끔찍한 사건을 떠올릴 때, 약물은 공포 반응의 본능적인 측면들을 억누름으로써 부정적인 반응을 억제했다. 제임스가 처음에 주장했듯이, 몸의 감정 반응을 최소화하면 그 감정을 의식하는 일도 최소화할 수 있다.

일주일 뒤, 환자들은 연구실로 돌아와서 다시 외상 사건을 떠올렸다. 프로프라놀롤을 투여하지 않았던 환자들은 불안을 나타내는 (심박 수가 갑자기 치솟는 것과 같은) 고도의 흥분 상태를 보였지만, 약물을 투여한 이들은 상당히 낮은 스트레스 반응을 보였다. 그들은 여전히 그 사건을 생생하게 기억할 수 있었지만, 편도체에 있던 그 기억의 감정적 요소는 수정되어 있었다. 두려움은 사라지지 않았지만 더 이상 예전만큼 극심하지 않았다.

감정은 우리 행동에만 영향을 미치는 것이 아니다. 우리가 내리는 결정에도 영향을 미친다. 우리는 스스로 자기 감정에 반응해 때때로 성급하게 결정을 내린다는 점을 받아들인다. 그러나 놀랍게도 감정은 우리의 모든 결정에, 심지어 도덕적인 결정에도 영향을 미친다. 사실 감정이 없다면, 우리가 올바른 결정을 내리는 능력도 훼손된다.

의사 결정의 감정

윌리엄 제임스는 의사 결정에 감정이 관여한다는 주장을 처음으로 제시한 과학자 중 한 명이다. 1890년에 펴낸 《심리학의 원리 *The Principles of Psychology*》라는 교과서에서 그는 인간 마음의 '합리주의적' 설명을 비판했다. "실상은 꽤나 명백하다. 다른 하등한 동물들보다 인간은 훨씬 더 다양한 충동을 지니고 있다."[8] 다시 말해, 인간이 "본능이 거의 전혀 없는" 철저히 합리적인 존재라는 주류 견해가 틀렸다는 것이다. 그러나 제임스의 주된 깨달음은 우리의 감정적 충동이 반드시 나쁜 것만은 아니라는 점이다. 오히려 그는 인간의 뇌에서 습관, 본능, 감정의 우위야말로 우리 뇌를 그토록 유능하게 만드는 핵심이라고 믿었다.

과학자들은 의사 결정에 감정이 중요하다는 몇 가지 강력한 사례를 제시했다. 안토니오 다마지오는 저서 《데카르트의 오류*Descartes' Error*》에서 엘리엇이라는 남성의 사례를 제시했다.[9] 1982년 엘리엇의 배쪽안쪽이마앞겉질 영역에서 작은 종양이 발견되었다. 외과의들은 종양을 제거했지만, 그 결과 뇌가 손상되면서 그의 행동에는 큰 변화가 일어났다.

엘리엇은 수술 전에는 모범적인 아버지이자 남편이었다. 대기업에서 중요한 관리를 맡고 있었고, 지역 교회에서도 열심히 활동했다. 수술 뒤에도 엘리엇의 지능지수는 같았지만(그는 지능지수 검사에서 백분위가 여전히 97이었다), 의사 결정 쪽으로 몇 가지 심각한 결함을 드러냈다. 여러 무모한 선택을 했고, 그 결과 그가 맡은 사업들은 잇달아 실패했다. 또 사기꾼에게 말려드는 바람에, 결국 파산하고 말았다. 아내와는 이혼했다. 국세청의 조사도 받게 되었다. 결국 그는 부모님의 집으로 들어가야 했다. 또 엘리엇은 매우 우유부단했다. 점심을 먹을 곳을 고르거나 어느 라디오 채널을 들을지와 같이 사소한 것들을 결정할 때 특히 그랬다. 다마지오는 나중에 이렇게 썼다. "엘리엇은 정상적인 지능을 지녔지만, 제대로 결정을 내릴 수 없는 사람이 되었다. 개인적인 문제나 사회적 문제와 관련된 결정일 때 더욱 그랬다."[10]

엘리엇은 왜 갑자기 개인적인 결정을 올바르게 내릴 수 없게 되었을까? 다마지오는 엘리엇에게 그의 삶에서 비극적인 순간들을 이야기할 때 한 가지를 깨달았다. 다마지오는 다음과 같이 썼다. "그는 언제나 절제된 태도로, 무심하고 무관한 구경꾼처럼 그 장면을 묘사했다. 자신이 주인공임에도, 자신이 고통을 받는 장면은 어디에도 없었다. … 장시간 대화를 나누는 동안에도 그는 감정이 섞인 기미를 전혀 보이지 않았다. 슬픔도, 초조함도, 좌절감도 전혀 보이지 않았다."[11]

감정 결핍에 흥미를 느낀 다마지오는 엘리엇에게 손바닥의 땀샘 활동을 측정하는 장치를 부착했다(우리가 강한 감정을 경험할 때마다 우리 피부는 문자 그대로 흥분하고, 손바닥에서 땀이 나기 시작한다). 그런 뒤 다마지오는 정상적이라면 직접적인 감정 반응을 느낄 만한 사진들을 그에게 보여주었다. 잘린 발, 벌거벗은 여성, 불타는 집 같은 장면들이었다. 사진이 얼마나 충격적이든, 엘리엇의 손바닥에서는 결코 땀이 나지 않았다. 그는 아무것도 느끼지 못했다. 수술로 감정을 처리하는 데 필수적인 뇌 영역이 손상된 것이 분명했다.

다마지오는 비슷한 양상으로 뇌가 손상된 사람들을 조사했다. 모두 지적인 측면에서 아무런 이상이 없는 듯했고, 기존 인지 검사에서도 아무런 문제가 드러나지 않았다. 하지만 모두 동일한 형태의 심각한 결함을 겪고 있었다. 그들은 감정을 느끼지 못했고, 따라서 결정을 내리는 데 심각한 문제가 있었다.

도덕적 의사 결정

도덕적 기능과 뇌가 관계 있다는 것을 드러내는 첫 번째 증거는 1845년에 나왔다. 바로 1장에서 살펴본 피니어스 게이지의 유명한 사례다. 철도 노동자인 게이지는 폭발물을 다루다가 끔찍한 사고를 겪었다. 쇠막대가 그의 머리뼈를 뚫고 들어간 것이다. 쇠막대는 머리뼈 밑으로 들어가서 머리뼈 위를 관통했고, 그 결과 뇌가 심각하게 손상되었다(그림 8.7). 다행히 동네 의사가 치료를 아주 잘한 덕분에, 게이지는 신체적으로는 놀라운 수준까지 회복되었다. 며칠 지나지 않아 그는 걷고 말하는 것과 같은 활동을 그럭저럭 해낼 수 있었고, 몇 주 뒤에는 다시 일터로 돌아갔다. 그러나 게이지는 더 이상 이전의 게이지가 아니었다.

그는 사고 전에는 솔선수범하는 사람이었고, 대단히 믿음직한 인물이었다. 언제나 앞장서서 일을 맡아 했을 뿐 아니라, 잘 해내기까지 했다. 그런데 그가 사고 뒤에는 너무나 무책임한 사람으로 변했다. 제시간에 나오는 일이 없었고, 저급한 말과 행동을 수시로 했다. 동료들에게 전혀 관심도 보이지 않았다. 그는 도덕적 판단력을 아예 잃어버렸다.

게이지가 사망한 지 오랜 세월이 흐른 뒤, 한나와 안토니오 다마지오는 게이지의 머리뼈와 쇠막대를 써서, 막대가 뇌를 뚫은 경로를 재현했다(그림 8.7). 그들은 이마앞겉질, 특히 아래쪽인 배쪽안쪽이마앞겉질과 눈확이마겉질 부위가 손상되었음을 알아냈다. 이 영

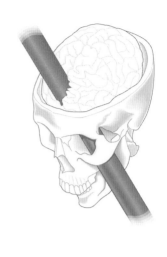

그림 8.7 | 자신의 머리를 손상시킨 쇠막대를 들고 있는 피니어스 게이지(왼쪽). 쇠막대가 게이지의 뇌를 뚫고 간 경로를 재구성한 모습(오른쪽).

역들은 감정, 의사 결정, 도덕적 행동에 아주 중요한 영역들이다.

하버드대학교의 실험심리학자, 신경과학자, 철학자인 조슈아 그린Joshua Greene은 어떻게 감정이 도덕적 의사 결정에 영향을 미치는지를 연구하기 위해 '전차 문제trolley problem'라는 흥미로운 퍼즐을 이용했다.[12] 전차 문제는 여러 버전이 있지만, 가장 단순한 형태는 두 가지 난제를 제시한다(그림 8.8). 이를 스위치 딜레마switch dilemma라고 한다.

브레이크가 고장 나서 마구 달리는 전차가 최고 속력으로 선로

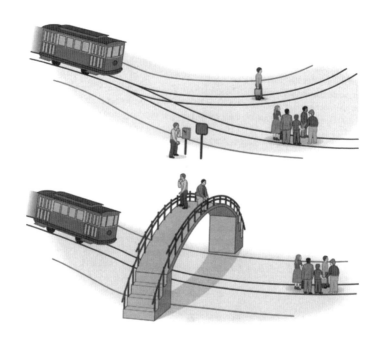

그림 8.8 | 질주하는 전차 문제: 스위치 딜레마(위)와 육교 딜레마(아래)

의 분기점을 향해 가고 있다. 그냥 놔두면 전차는 오른쪽 선로로 가서 보행자 다섯 명을 덮칠 것이고, 다섯 명 모두 사망할 것이다. 그러나 당신이 스위치를 움직여 전차가 왼쪽 선로로 달리도록 하면, 전차는 보행자 한 명을 덮쳐 죽일 것이다. 당신은 어떻게 하겠는가? 손을 써서 전차의 경로를 바꾸겠는가?

대다수 사람들은 전차의 방향을 트는 것이 도덕적으로 허용될 수 있다는 데 동의한다. 이때 결정은 단순한 계산에 기초한다. 죽는 사람이 더 적은 편이 낫다는 것이다. 더 나아가 전차를 돌리지 않는 것이 부도덕하다고 주장하는 도덕철학자들도 있다. 그런 수동적인 태도 때문에 네 명이 더 목숨을 잃기 때문이라는 것이다. 그렇다면 **육교 딜레마**footbridge dilemma라는 시나리오는 어떨까?

당신은 전차 선로 위 육교에 서 있다. 고장 난 전차가 보행자 다섯 명을 향해 질주하는 것이 보인다. 전차가 멈추지 않으면 다섯 명 모두 죽을 것이다. 육교에는 당신 옆에 몸집 큰 사람이 서 있다. 그는 난간 너머로 몸을 숙인 채 전차가 보행자들을 향해 달려가는 광경을 보고 있다. 당신이 그 남자를 밀면, 그는 선로로 떨어져서 전차를 멈출 것이다. 그러면 보행자 다섯 명을 살릴 수 있다. 당신은 그를 육교 바깥으로 밀어버릴 것인가? 아니면 다섯 명이 죽도록 놔둘 것인가?

두 시나리오에서 관련된 사실 자체는 동일하다. 다섯 명을 살리려면 한 명이 죽어야 한다. 우리가 철저히 이성적으로 결정을 내린다면, 우리는 두 상황에서 똑같이 행동할 것이다. 즉 열차의 방향을 돌리는 것처럼 기꺼이 남자를 밀어버릴 것이다. 그러나 이 상황에서 다른 사람을 선로로 밀겠다는 사람은 거의 없다. 두 가지 결정 모두 똑같이 폭력적인 결과로 이어지지만, 대부분의 사람들은 한쪽 결정을 도덕적이라고 보고 다른 결정을 살인이라고 본다.

그린은 대다수가 남자를 미는 것이 잘못이라고 느끼는 이유는 그 살인이 직접적으로 이루지기 때문이라고 주장한다. 우리는 자신의 몸을 사용해 그의 몸에 해를 끼친다. 그는 이를 개인적 도덕 판단personal moral decision이라고 했다. 반면에 전차를 다른 선로로 돌릴 때에는 누군가를 직접 해치는 것이 아니다. 그냥 전차를 돌릴 뿐이다. 그 뒤의 죽음은 우리에게 간접적인 것으로 느껴진다. 이 사례에서 우리가 내리는 것은 비개인적 도덕 판단impersonal moral decision이다.

이런 사고실험을 흥미롭게 만드는 것은 모호한 도덕적 구분(개인적 및 비개인적 도덕 판단의 차이)이 우리 뇌에 새겨져 있다는 점이다. 우리가 어떤 문화에 살든 어떤 종교를 믿든 상관없다. 두 전차 시나리오는 뇌에 서로 다른 활성 패턴을 일으킨다. 그런이 실험 참가자들에게 전차를 돌려야 할지 물었을 때, 의식적인 의사 결정 기구가 활성을 띠었다. 어느 뇌 영역들의 연결망이 여러 대안들을 평가해 그 판단을 이마앞겉질로 보내고, 사람들은 더 나은 것이 분명한 대안을 선택했다. 그들의 뇌는 다섯 명보다 한 명이 죽는 편이 더 낫다는 것을 금방 알아차렸다.

그러나 참가자들에게 남자를 선로로 밀어버릴 것인지를 묻자, 다른 뇌 영역들의 연결망이 활성화되었다. 우리 자신과 남들에 관해 감정을 처리하는 데 관여하는 영역들이었다. 참가자들은 자신의 도덕적 판단을 정당화할 수는 없었지만, 확신은 흔들리지 않았다. 그들은 남자를 다리 너머로 미는 것은 잘못된 일이라고 느꼈다.

이런 연구는 우리의 도덕적 판단이 놀라운 방식으로 무의식적 감정을 통해 형성된다는 것을 보여준다. 설령 우리가 이런 충동들을 설명할 수 없을지라도(우리는 심장이 왜 쿵쿵 뛰는지, 속이 뒤집어지는 느낌을 받는지 알지 못한다), 그것들에 영향을 받는 것은 분명하다. 공포와 스트레스가 공격성을 불러일으킬 수 있는 반면, 누군가에게 해를 끼친다는 두려움은 폭력을 가하는 것을 피하게 만들 수 있다.

엘리엇이나 게이지와 비슷하게 뇌 손상을 입은 사람들, 즉 배쪽 안쪽이마앞겉질에 손상을 입은 이들을 연구한 결과들은, 해당 뇌 영역이 감정 신호들을 의사 결정에 통합하는 데 아주 중요한 역할을 한다는 점을 시사한다. 이것이 사실이라면, 우리는 그들이 전차 문제에서 전혀 다른 판단을 내릴 것이라고 예상할 수 있다. 그들은 전차 문제를 본질적으로 계산 문제로 볼 수도 있다. 한 명의 목숨과 다섯 명의 목숨을 바꾼다고? 그래, 덩치 큰 사람을 써서 전차를 멈추자. 실제로 이 딜레마에 답해야 할 경우에, 배쪽안쪽이마앞겉질이 손상된 이들은 더 큰 선이라는 명목 아래 "덩치 있는 사람을 육교 너머로 밀겠다"고 말할 확률이 보통 사람들보다 4~5배 높다.

이 발견은 서로 다른 유형의 도덕성들이 뇌의 서로 다른 체계에 담겨 있다는 이론을 뒷받침한다. 우리는 한편으로는 경고가 울리는 것처럼, '안 돼, 그럴 수 없어!'라고 말하는 감정 체계를 가지고 있다. 또 한편으로는 '가장 많은 사람을 구하고 싶어. 그러니까 한 명으로 다섯 명을 구하는 것이 좋은 교환 같아'라고 말하는 체계도 지니고 있다. 보통 사람들에게서는 두 도덕 체계가 경쟁하지만, 게이지와 같은 유형의 뇌 손상을 입은 사람들에게는 한쪽 체계가 망가지고 다른 한쪽 체계만 남아 있다.

사이코패스 행동의 생물학

사이코패스psychopath는 어떨까? 누군가를 다리 너머로 밀겠다는 결정을 전혀 개의치 않고 내리는 이들 말이다. 사이코패스 연구는 그 병이 무엇보다도 두 가지 명확한 특징을 지닌 정서장애라고 말한다. 반사회적 행동과 타인에 대한 공감의 부재가 그것이다. 첫 번째는 섬뜩한 범죄를 낳을 수 있고, 두 번째는 그런 범죄를 저지른 뒤에도 정신병자가 후회하지 않게 만들 수 있다.

뉴멕시코대학교의 켄트 키엘Kent Kiehl은 휴대용 fMRI 기기로 죄수들의 뇌 영상을 찍는다. 표준 진단 검사에 따라 조사한 점수로 판단할 때, 그들 중 상당수는 사이코패스다. 키엘은 도덕적 추론이나 그것의 부재로 정신병자의 마음을 이해할 수 있을지 알아보려고 한다. 또 정신병자의 마음을 이해함으로써, 도덕적 추론을 이해하는 데 도움을 얻을 수 있는지도 알고자 한다.

그린의 이론에서, 사이코패스는 다리 위에서 남자를 미는 것이 잘못되었다고 느낀다고 말하는 감정 반응을 일으키지 않을 것이라고 예측할 것이다. 그들은 '한' 명의 목숨과 '다섯' 명의 목숨이라는 숫자만 따질 가능성이 높다. 그러나 사이코패스는 뇌 손상을 입은 사람들과 다르다. 사이코패스는 스스로 정상적으로 보이고 사람들과 섞이기 위해 매우 열심히 애쓴다. 그들이 실제로 무엇을 생각하는지를 알아내기 위해, 키엘은 죄수들이 무엇을 하는지 관찰할 뿐만 아니라 그것을 얼마나 빨리 하는지도 지켜본다. 예를 들어, 사이코패스는 어떤 자극(단어나 시각 이미지)에 대한 감정 반응을 숨길 수 있을지도 모르지만, 이것을 빨리 할 수는 없다. 그래서 뇌 영상은 이런 초기 반응을 포착할 수 있다.

키엘은 뇌 영상을 사용해 사이코패스 재소자들이 그렇지 않은 재소자들이나 일반인보다 대뇌변연계limbic system와 그 주변에 회백질이 더 많다는 것을 발견했다. 대뇌변연계는 편도체와 해마를 포함해 감정을 처리하는 뇌 영역들로 이루어진다. 게다가 사이코패스 재소자의 경우에는 대뇌변연계와 겉질의 이마앞엽을 연결하는 신경 회로가 망가져 있었다. 키엘은 사이코패스 재소자들이 감정을 처리하거나 도덕적 판단을 내릴 때 해당 신경 회로들의 활성이 더 약하다는 것을 밝혔다.[13]

사이코패스의 행동이 생물학에 토대를 두고 있다면, 그것이 자유의지나 개인의 책임에 어떤 의미가 있을까? 신경계의 과정들이 특정한 결정들을 가차 없이 내리게 하는 것일까? 다시 말해, 의식적인 도덕 감각, 인지적인 정신 기능은 뒷전으로 밀려날까?

이 문제는 형사 사법제도에서 점점 더 열띤 논쟁을 일으키고 있다. 판사는 과학적 발견의 가치와 한계를 이해하기 위해 심리학자와 신경과학자에게 도움을 청한다. 그들은 그런 발견들이 얼마나 믿을 만한지, 행동에 어떤 의미를 지니는지, 법정에서 사법제도의 공정성을 개선하는 데 쓰여야 할지를 알고 싶어 한다. 한 예로, 미국 연방 대법원은 최근에 청소년 범죄자에게 가석방을 허용하지 않은 채 무기징역을 선고하는 것이 헌법에 위배된다고 판결했다. 재판관은 청소년과 성인의 행동을 좌우하는 뇌 영역이 다르다는 뇌과학의 발견들을 인용했다.

대다수의 신경과학자들은 우리가 자신의 행동을 책임져야 한다고 생각하지만, 반론에도 어느 정도 타당성이 있다. 뇌 손상을 입어서 적절한 도덕적 판단을 내릴 수 없는 이들을 도덕적 판단을 내릴 수 있는 이들과 동일하게 대해야 할까? 이 문제에 관해 신경과학이 밝혀내는 내용들은 수십 년 안에 법체계뿐 아니라 우리 사회 전반에 영향을 미칠 것이다.

사이코패스 연구는 사람들이 적절한 판단을 내릴 때 어떤 식으로 영향을 받을 수 있는지를 이해하는 일뿐 아니라, 새로운 종류의 진단법과 치료제를 개발하는 데에도 엄청난 영향을 미칠 것이다. 연구 결과에 따르면, 다른 장애들과 마찬가지로 사이코패스에도 유전자와 환경이 모두 기여한다. 키엘은 정신병의 생물학적 지표를 계속 연구하면서, 최근에는 뇌 영상 연구를 확대해 정신병의 징후를 드러내는 젊은이들까지 연구에 포함했다.[14] 사이코패스의 형질을 지닌 이들이 모두 폭력범이 되는 것은 아니기 때문에 이 점은 중요하다. 우리가 정신병 소인이 있는 아이들을 미리 파악할 수 있다면, 폭력적인 행동을 하지 않도록 막을 만한 행동요법도 개발할 수 있을 것이다. 뇌의 어느 영역에 이상이 있는지 파악한다면, 아마 뇌의 다른 영역이 그 기능을 대신 떠맡도록 장려하고 폭력적인 행동을 억누를 수도 있을 것이다.

미래 전망

다윈과 제임스에 나온 감정 연구는 감정과 이성, 몸과 마음이 분리되어 있다고 한 철학자 르네 데카르트의 주장이 틀렸다는 다마지오의 생각을 지지한다. 공포가 좋은 사례다. 단순히 상황과 이성보다 마음을 우선시한다고 해서 외상후 스트레스장애나 만성 불안에서 빠져나올 수는 없다. 동물이 공포를 어떻게 학습하는지에 관한 연구를 인간의 뇌 영상 연구와 결합함으로써, 우리는 우리 뇌가 공포에 관한 기억을 어떻게 굳히는지를 포함해, 공포가 어디에서 어떻게 작용하는지를 더 깊이 이해해 왔다. 현재 불안장애자들이 공포를 잊도록 돕는 혁신적인 심리요법과 약물도 나오고 있다.

감정은 우리가 내리는 모든 개인적·사회적·도덕적 판단에 관여한다. 과학자들은 감정 신호를 의사 결정에 통합하는 뇌 영역의 손상이 일상적이고 단순한 결정을 내리는 일조차도 몹시 어렵게 만든다는 것을 발견했다. 그리고 그런 손상을 지닌 이들은 도덕적 판단을 내릴 때에도 감정을 이용할 수 없기 때문에, 도덕적 난제를 접할 때 뇌 손상이 없는 사람들과 다르게 선택하고는 한다.

뇌 영상 연구는 사이코패스적인 행동을 보이는 이들의 경우에 감정 처리와 도덕적 기능에 관여하는 뇌의 몇몇 영역들이 비정상임을 밝혀냈다. 이런 비정상성으로 인해, 그들은 남에게 공감하지 못하고 남과 진심 어린 관계를 맺기가 몹시 어렵다. 이 분야의 연구는 사이코패스 죄수가 저지른 범죄에 대한 사회적 반응 때문에 복잡하지만, 과학자들이 그 장애의 생물학적·유전적 지표들을 찾아낼 수 있다면 치료와 예방까지도 아마도 가능할 것이다. 그와 동시에 우리의 도덕적 기능의 기초를 이루는 생물학적 메커니즘도 더 깊이 이해할 수 있게 될 것이다.

9

쾌락 원리와 선택의 자유:
중독

앞서 보았듯이, 정상적인 두려움은 외상후 스트레스장애로 발전해 사람들을 일상생활조차 제대로 하지 못하는 상태로 만들 수도 있다. 마찬가지로 즐거운 것에 대한 정상적인 끌림도 지나치게 커지면, 뇌에서 도파민이 과다 생산되어 중독을 일으킬 수 있다. 마약, 알코올, 담배 같은 물질에 중독될 수도 있고, 도박하기, 먹기, 쇼핑과 같은 행동에 중독될 수도 있다.

중독은 삶을 엉망으로 만든다. 중독자는 직장, 건강, 배우자까지 잃을 수 있다. 알거지가 되거나 교도소에 갈 수도 있다. 때때로 중독은 죽음으로 이어지기도 한다. 중독된 사람은 자신이 하고 있는 짓을 계속하고 싶어 하지 않지만, 멈추지 못한다. 욕망과 감정을 조절하는 뇌의 능력이 반복된 혹사로 망가졌기 때문이다. 따라서 중독은 우리에게 의지를, 다시 말해 몇 가지 가능한 행동 경로 중에서 자유롭게 선택하는 능력을 앗아간다.

물질 중독은 우리 사회에 엄청난 피해를 일으킨다. 미국에서만 연간 7,400억 달러가 넘는 경제적 부담을 안겨주는 것으로 추정된다. 병적인 도박과 과식 등 중독과 비슷한 강박장애까지 고려하면, 이 비용은 훨씬 더 커진다. 중독이 개인과 사회에 미치는 피해도 이루 헤아릴 수가 없다. 지난 수십 년 동안 알코올중독 같은 몇몇 유형의 중독을 치료하는 쪽으로는 얼마간 진척이 이루어져 왔지만, 행동 접근법이든 약물 치료든 간에 지금까지 나온 치료법은 대부분 미흡한 수준에 머물러 있다. 다행히도 지난 30년 동안 과학자들은 중독에 관한 생물학을 이해하는 방면으로 중요한 발전을 이루어왔고, 이런 새로운 발전을 토대로 새로운 치료법이 나올 것이라는 희망이 생기고 있다.

예전에는 중독이 허약한 도덕심의 발현이라고 여겨졌다. 지금은 정신 질환, 즉 뇌의 보상 체계에 생긴 기능 이상이라고 본다. 보상 체계는 긍정적인 감정과 보상의 예측을 담당하는 신경 회로다. 이 장에서는 뇌의 보상 체계를 소개하고 중독이 그것을 어떻게 조작하는지를 알아볼 것이다. 중독의 단계를 탐구하고 다양한 연구들을 살펴보자. 마지막으로, 이 만성 장애에 시달리는 사람들을 치료할 만한 새로운 방법들에 관해 알아보자.

쾌락의 생물학적 토대

우리의 모든 긍정적인 감정, 즉 쾌감은 신경전달물질인 도파민으로 거슬러 올라갈 수 있다. 우리 뇌에서 도파민을 생산하는 뉴런은 비교적 적은 편이지만, 행동을 조절하는 데 대단히 중요한 역할을 한다. 그 주된 이유는 이 뉴런들이 쾌락 생성에 긴밀하게 관여하기 때문이다.

도파민은 1950년대에 스웨덴 약리학자 아르비드 칼손Arvid Carlsson이 발견했다. 도파민은 주로 뇌의 두 영역에 있는 뉴런들, 즉 배쪽뒤판영역과 흑색질에서 분비된다(그림 9.1). 배쪽뒤판영역에 있는 뉴런들의 축삭들은 사람, 장소, 사물에 관한 기억에 관여하는 해마와 감정 조절을 담당하는 가장 중요한 세 가지 뇌 구조로 뻗어 있다. 그 세 가지 뇌 구조는 감정을 조율하는 편도체, 감정의 충격을 중개하는 줄무늬체의 한 영역인 측좌핵, 편도체에 의지와 통제를 가하는 이마앞겉질을 말한다. 중간둘레 경로라는 이 의사소통 망은 뇌 보상 체계의 주된 연결망이다. 이 연결망은 도파민 생산 뉴런부터 대뇌겉질 전체를 포함한 뇌의 각 영역까지 정보가 폭넓게 퍼져 나갈 수 있게 한다.

칼손이 도파민을 발견한 직후, 맥길대학교의 두 신경과학자인 제임스 올즈James Olds와 피터 밀너Peter Milner는 신경전달물질의 기능을 더 탐구했다.[1] 그들은 쥐의 뇌 한가운데 깊숙이 전극을 심었다. 우연찮게도 올즈와 밀너가 삽입한 전극은 중간둘레 경로의 중요한

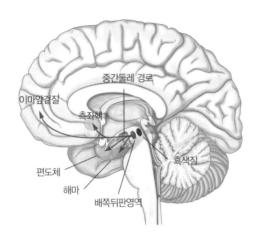

중간둘레 경로

이마앞겉질

측좌핵

편도체

해마

흑색질

배쪽뒤판영역

그림 9.1 | 중간둘레 경로의 도파민 생성 뉴런이 형성하는 의사소통 망은 뇌 보상 체계의 핵심 경로다.

구성 요소인 측좌핵 바로 옆이라는 것이 드러났다(그림 9.1). 이어서 연구 팀은 쥐의 우리에 레버를 하나 설치했다. 쥐가 레버를 누르면 전극을 통해 측좌핵 근처에 약한 전기가 가해지도록 한 것이다.

전류는 과학자들이 자신의 피부에 갖다 댔을 때 느끼지 못할 만큼 아주 약했지만, 쥐의 측좌핵에 가해졌을 때에는 생쥐에게 쾌감을 주었다. 쥐는 그 자극을 다시 받고 싶어서 레버를 되풀이해 계속 눌러댔다. 전극이 주는 쾌감이 너무나 강렬해, 쥐는 다른 모든 것에 흥미를 곧 잃었다. 먹고 마시는 것도 그만두었고, 구애 행동도 중단 되었다. 우리 구석에 웅크린 채, 전기가 주는 쾌감에 사로잡혔다. 며 칠 지나지 않아, 많은 쥐들이 갈증으로 사망했다.

그 뒤로 수십 년에 걸쳐 올즈와 밀너를 비롯한 많은 연구자들이 조사한 끝에, 쥐들에게 도파민이 과다 생산되었다는 사실이 드러났다. 측좌핵에 가해진 전기 자극은 이 신경전달물질이 대량 분비되도록 촉발했고, 쥐는 쾌감에 압도되었다.

중독의 생물학

일반적으로 보상이란 우리를 행복하거나 기분 좋게 만드는 것을 가리킨다. 초콜릿 케이크나 새로운 기기나 아름다운 미술 작품이 보상이 될 수도 있다. 신경과학자들은 조금 다른 견해를 취한다. 그들에 따르면, 보상이란 기본적으로 접근 행동을 일으켜 주의와 에너지를 쏟게 만드는 대상이나 사건이다. 접근 행동을 강화함으로써, 보상은 학습을 돕는다.

진화 초기에 뇌에서 음식, 물, 섹스, 사회적 상호작용 등 주변 환경에서 만들어지는 쾌감 자극에 대한 반응을 조절하는 영역들이 출현했다. 남용되는 모든 약물은 이 보상 체계에 작용한다. 약물마다 작용하는 표적은 다르지만, 모든 사례에서 뇌에 있는 도파민의 양과 지속 시간을 늘리는 효과가 나타난다. 도파민 신호 전달의 활성화는, 약물에 따라 달라지는 다른 몇몇 중요한 보상 신호들의 활성화와 함께 마약을 처음 접하는 사람들에게 황홀감을 일으킨다.

케임브리지대학교의 신경과학자 울프램 슐츠Wolfram Schultz는 보상이 학습에 어떤 역할을 하는지를 연구했다.[2] 슐츠는 파블로프가 개를 대상으로 실험한 조건 학습 실험에 착안해, 원숭이를 대상으로 실험했다. 그는 원숭이에게 큰 소리를 들려준 다음, 몇 초 기다렸다가 원숭이의 입에 사과즙을 몇 방울 뿌렸다. 이 실험을 진행하면서, 슐츠는 원숭이의 뇌에 있는 각 도파민 생성 뉴런의 전기 활성을 측정했다. 처음에 뉴런은 사과즙을 줄 때까지는 발화하지 않았다. 그러나 원숭이가 소리가 들린 다음에 사과즙이 나온다는 것을 학습한 뒤에는 소리만 들려도 뉴런들이 발화하기 시작했다. 즉 보상 자체가 아니라, 보상을 예상할 때 반응했다. 슐츠는 기대를 한다는 것이 이 도파민 학습 체계의 흥미로운 특성이라고 보았다.

보상을 기대하는 것은 우리가 습관을 들이도록 만든다. 좋은 습관, 즉 적응에 유리한 습관은 우리가 의식할 필요 없이 여러 중요한 행동을 자동적으로 수행하게 만들어 우리의 생존에 도움을 준다. 이런 적응적인 습관adaptive habit은 도파민이 이마앞겉질과 줄무늬체로 방출되어 촉진된다. 이마앞겉질은 제어에, 줄무늬체는 보상 및 동기에 관여하는 영역이다. 도파민 분비는 쾌감을 일으킬 뿐 아니라, 조건형성도 구성한다. 알다시피 조건형성은 장기 기억을 형성해 다음번에 동일한 자극을 마주칠 때 그것을 알아차리고 그것에 적절히 반응하게 해준다. 적응적 습관의 사례와 같이 자극이 긍정적이라면, 조건형성은 그 자극을 추구하도록 동기를 부여한다. 예를 들어, 우리가 바나나를 먹었는데 맛있다면, 다음번에 바나나를 보면 그것이 먹고 싶은 마음이 들 것이다.

합법적이든 불법적이든(우리 몸은 이 둘을 구별하지 않는다), 중독성 약물도 뇌의 보상 체계에 있는 도파민 생성 뉴런을 자극한다. 그러나 중독성 약물은 이마앞겉질과 줄무늬체의 도파민 농도도 크게 높인다. 과량의 도파민은 강렬한 쾌감을 일으키며, 쾌감을 예상하는 환경의 단서에 반응하도록 조건형성을 만들어낸다. 그런 단서(예컨대 담배 연기의 냄새나 바늘의 모양)는 약물을 갈망하는 강렬한 반응을 불러일으키며, 약물을 추구하는 행동을 야기한다.

코카인 같은 물질들은 왜 적응적 습관이 아니라 중독을 일으키는 것일까? 정상적인 상황이라면, 도파민은 표적 세포의 수용체에 결합하고 금방 흡수되어 시냅스에서 제거된다. 그러나 뇌 영상을 보면, 중독성이 강한 약물인 코카인은 시냅스에서 도파민이 제거되는 과정을 방해한다는 것이 드러난다. 그 결과 도파민은 시냅스에 더 오래 머물면서, 평범한 생리적 자극이 만드는 쾌감보다 오래 지속되는 쾌감을 일으킨다. 코카인이 뇌의 보상 체계를 강탈해 가는 것이다.

이런 강탈은 약물이 뇌의 보상 체계를 납치하는 중독 과정 자체에서 시작해, 잘 정의된 몇 단계(마지막 단계에 이르러서는 중독자는 약물 투여를 거부하지 못하게 된다)를 밟으면서 진행된다. 우리가 알고 있는 남용되는 모든 약물들은 겉질의 쾌락 중추들에서 도파민 농도를 증가시키는데, 이 도파민 증가는 약물 경험을 정의하는 보상 효과를 일으킨다고 여겨진다. 많은 중독성 약물은 보상을 중개하는 다른 화학물질들도 분비시킨다.

그러나 약물 투여를 계속하면, 점점 내성이 생긴다. 도파민 수용체는 전처럼 효과적으로 반응할 수 없게 되는 것이다. 처음에는 황홀경(쾌감)을 일으켰던 투여량이 나중에는 밋밋한 느낌밖에 일으키지 못한다. 이제는 동일한 황홀경을 일으키려면 약물을 더 많이 투여해야 하는 것이다. 중독이 인간의 뇌에 어떻게 영향을 미치는지를 연구하는 데 앞장선 노라 볼코Nora Volkow는 국립약물남용연구소 소장으로 일하면서, 일련의 뇌 영상 연구를 통해 줄무늬체가 코카인을 어느 정도 투여받으면 반응을 멈춘다는 것을 밝혀냈다.[3]

언뜻 생각할 때, 약물 내성은 말이 안 되는 것처럼 보인다. 누군가가 기분이 좋아지겠다고 약물을 투여받는데, 그 약물이 (쾌감을 일으키는) 도파민을 증가시키는 데 효과가 없다면, 무엇하러 그 약물을 투여받는다는 말인가? 그러나 바로 이 지점에서 긍정적 연상이 작동한다. 중독자는 그 약물을 특정한 장소나 사람, 음악, 하루의 어느 특정한 시간과 연관을 지어놓은 상태다. 역설적이게도, 약물 자체보다도 이 연상이 종종 중독의 가장 비극적인 측면, 즉 중독의 재발로 이어진다.

재발은 몇 주, 몇 달, 심지어 몇 년 동안 약물을 접하지 않아도 나타날 수 있다. 쾌감을 일으키는 약물 경험의 기억 및 그 기억과 연결된 단서들은 본질적으로 평생 이어진다. 그런 단서들에 노출되면, 즉 약물을 보거나, 그 냄새를 맡거나, 거리를 걷다 그 약물을 사던 곳을 지나거나, 그 약물을 투여한 이들과 마주치거나 한다면, 그 약물을 다시 투여받으려는 엄청난 충동이 솟구친다.

세인트루이스에 있는 워싱턴대학교의 사회학자 리 로빈스Lee

Robins의 중독 연구는 특히나 흥미롭다. 그는 해외에서 고용량의 헤로인에 중독되었던 베트남 참전 용사들을 조사했다. 놀랍게도 그들 대부분은 미국으로 돌아왔을 때 중독에서 벗어났는데, 베트남에서 헤로인을 투여하도록 부추겼던 단서들이 미국에는 전혀 없었기 때문이다.[4]

중독 연구

중독자는 재발하기가 쉽기 때문에, 현재 우리는 중독이 당뇨병처럼 만성 질환이라는 것을 안다. 중독자는 재발을 피하도록 도움을 받을 수는 있지만, 회복은 중독자의 엄청난 노력과 경계심을 필요로 하는 평생에 걸친 과정이다. 지금까지 중독을 완치하는 방법이 전혀 없었지만, 최근 들어 과학자들은 중독을 이해하는 일에서 진척을 이루었다.

새롭고 중요한 연구의 물꼬를 튼 첫 번째 시도는 노라 볼코가 개척한 뇌 영상을 통해 이루어졌다. 뇌 영상 덕분에 우리는 중독자의 뇌 안을 들여다보고 어떤 영역이 망가졌는지 알 수 있다. 약물 자체가 더 이상 쾌감을 주지 못하는 경우에도 어떤 이들이 약물에 대한 충동을 억제하지 못하는 이유를, 뇌 영역의 비정상적인 활성 패턴으로 어느 정도 설명이 가능하다.[5]

한 연구에서 볼코는 중독자들과 비중독자에게 코카인을 준 뒤,

양전자 단층 촬영PET을 사용해 그들의 뇌를 비교했다. 그녀는 뇌의 주된 보상 영역들에서 활성이 크게 나타날 것이라고 예상했는데, 정말로 그랬다. 물론 중독되지 않은 사람들의 뇌에서 그랬다는 말이다. 도파민 농도가 증가하자, 그들의 보상 체계는 활성이 대폭 증가했다. 반면 놀랍게도, 중독자들의 뇌에서는 거의 아무런 활성도 나타나지 않았다. 이는 우리 뇌가 어떻게 약물에 내성을 띠게 되는지를 설명한다.[6]

볼코가 중독 연구에 뛰어든 것은 중독이 뇌의 정상적인 활동에 관해 어떤 통찰을 제공한다고 추측했기 때문이다. 나와 개인적으로 이야기를 나눌 때, 그녀는 인간의 뇌가 어떻게 자기 행동을 제어하고 유지하는지에 늘 관심이 있다고 말했다.

그녀는 마약 남용과 중독을 연구함으로써, 자신을 통제하는 능력이 망가졌을 때 어떤 증상들이 나타나는지 연구할 수 있었다. 또 거꾸로 뇌 영상을 사용해, 중독에 시달리는 사람들을 연구할 수 있었다. 약물이 뇌에 미치는 영향을 연구하는 동안, 환경의 맥락과 노출에 따라 행동을 빚어내는 신경 회로에 관해 많은 것을 알아냈고, 사람들이 그런 노출을 어떻게 주관적으로 경험하는지도 알아낼 수 있었다. 특히 그녀는 쾌감, 공포, 갈망과 관련된 변화들에 관심을 갖고 있었다.

이와 비슷하게, 그녀는 중독자와 중독되지 않은 사람의 뇌를 비교하고 연구해 망가진 신경 회로를 찾아내고, 신경 회로의 교란이 무너진 자제력과 어떻게 관련을 맺는지 관찰할 수 있었다. 이런 연구들을 통해, 중독은 뇌의 질환이며, 약물에 노출되어 촉발된 변화는 동기와 보상을 처리하는 뇌의 회로에 영향을 미친다는 점이 명확하게 드러났다.

다윈이라면 예측했겠지만, 중독 연구의 두 번째 방향은 동물실험을 통해 이루어졌다. 도파민 체계는 여러 동물들에도 비슷한 형태로 존재하므로, 과학자들은 원숭이, 쥐, 심지어 초파리를 대상으로 갈망과 중독을 연구할 수 있었다. 동물 모형을 사용해 현대 의학의 많은 발전이 이루어졌는데, 중독에 관해서는 특히 그렇다.

동물은 약물에 쉽게 중독되는데, 이때 뇌에 일어나는 생리학적·해부학적 변화는 사람의 뇌에서 일어나는 변화와 비슷한 양상을 띤다. 중독된 동물의 뇌 보상 영역에서는 더 이상 활성이 나타나지 않는다. 게다가 사람의 경우에 중독의 가능성을 높이는 요인들은 동물들에게도 동일한 역할을 한다. 예를 들어, 만성 스트레스는 쥐와 사람을 약물 남용에 더 취약한 상태로 만들 것이다. 그런 약물이 스트레스로 생기는 생리적·감정적 결과 가운데 일부를 일시적으로 덜어줄 수 있기 때문이다. 또 우리는 쥐가 스스로 처방을 내려 사람과 동일한 종류의 약물들에 중독되는 것을 선택한다는 점도 안다. 게다가 코카인이나 헤로인과 같은 강력한 마약을 무한정 접할 수 있게 허용하면, 동물들은 탐닉하다가 결국 죽게 된다.

또 우리는 동물 모형을 사용해, 남용되는 약물에 반복적으로 노출되면 뇌의 보상 체계가 어떻게 변하는지도 알아냈다. 이런 변화 중 일부는 도파민을 생성하는 뉴런 안에서 일어나며, 그에 따라 도

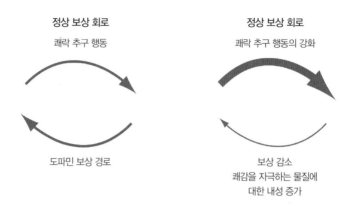

정상 보상 회로
쾌락 추구 행동

도파민 보상 경로

정상 보상 회로
쾌락 추구 행동의 강화

보상 감소
쾌감을 자극하는 물질에
대한 내성 증가

그림 9.2 | 뇌의 정상적인 보상 회로가 중독으로 교란되는 과정

파민 신호를 뇌의 다른 영역들로 보내는 기능과 능력에 문제가 생긴다. 이런 변화는 약물의 내성(반복해서 약물을 투여할 때 그 약물로부터 얻는 보상이 줄어드는 것)뿐만 아니라, 약물을 끊었을 때 가지게 되는 보상에 대한 반응의 저하와도 관련이 있다(그림 9.2).

뉴욕 마운트시나이병원 산하에 있는 이칸 의과대학의 에릭 네슬러Eric Nestler에 따르면, 반응성의 약화는 우울증 환자가 즐거움을 느끼지 못하는 것과 비슷하다. 네슬러 연구진은 코카인에 중독된 생쥐를 연구했는데, "생쥐의 보상 경로를 조작함으로써, 코카인의 보상 효과를 막을 수 있었을 뿐만 아니라, 놀랍게도 생쥐를 무쾌감증, 즉 쾌감을 경험할 수 없는 상태로 내몰 수도 있었다." 그 뒤로 네슬러는 중독뿐 아니라 우울증에서 뇌의 보상 체계가 어떤 역할을 하는지를 연구하고 있다.[7]

과학자들은 중독성 약물이 만들어내는 동물 뇌의 수많은 화학적 변화들을 파악해 왔다. 그런 변화에는 보상 체계의 도파민 민감성을 줄이는 약물의 효과와 관련된 것들도 있다. 한편 강박적이고 반복적인 행동을 부추기는 약물의 효과와 관련된 것들도 있다. 예를 들어, 과학자들은 어떤 분자를 발견했는데, 이 분자는 기억을 영구적으로 만드는 방식으로 특정한 유전자의 발현을 수정한다. 모르핀에 중독된 쥐의 경우에, 해당 분자의 활성을 교란하자 모르핀을 갈망하는 쥐의 행동이 사라졌다.[8] 이런 연구는 쾌락 경로가 아니라, 쾌락의 기억에 초점을 맞춘 치료제를 개발할 수 있을 것이라는 흥미로운 가능성을 제기한다.

동물의 뇌에서 약물로 인해 발생한 다른 변화들은 약물 경험과 환경의 단서 사이에서 긍정적 연상을 형성하는데, 양쪽 모두 중독을 심화시킨다. 따라서 동물에게 약물을 투여할수록, 약물에 대한 내성이 쌓일지라도 환경적인 단서들로 갈망을 촉발하기 때문에 중독은 계속된다. 뇌 영상 기술과 중독자의 뇌를 부검하는 기술이 점점 발전하면서, 동물 모형에서 발견한 사항들이 사람에게도 적용된다는 것이 확인되어 왔다.

아마 동물 모형으로 밝혀진 가장 놀라운 점은 중독의 유전 가능성이 꽤 높다는 사실이다. 유전 가능성은 약 50퍼센트에 달하는데, 이는 중독이 제2형 당뇨병이나 고혈압보다 유전될 위험이 더 크다는 뜻이다.[9] 나머지 50퍼센트는 환경 요인들과 유전자의 상호작용에서 비롯된다. 약물중독이 유전자의 발현을 바꾸는 양상을 연구한 네슬러는 이렇게 말한다. "기본적으로 환경의 자극이 생물에 영향을 미치는 능력은 유전자 발현의 변화를 필요로 한다."**10** 과학자들은 중독에 관여하는 유전자를 찾아낼 수 있는 분자유전학의 기법들을 개발하고 있는 중이다.

네슬러는 동물의 보상 체계에서 그것이 변형되었을 때 중독에 취약한 정도를 대폭 줄이는 유전자를 몇 개 발견했다.**11** 중독의 위험을 높이는 유전자를 찾아내고 그 유전자가 환경과 어떻게 상호작용하는지를 이해한다면, 우리는 더 나은 진단법과 치료제를 개발할 수 있을 것이다.

중독 연구의 세 번째 방향은 역학 연구epidemiological study다. 이는 특정한 시기에 특정한 집단에서 특정한 중독이 나타나고 퍼지는 양상을 추적하는 연구다. 역학 연구 덕분에, 우리는 현재 어떤 중독성 약물을 사용하는 것이 다른 중독성 약물을 사용할 확률을 높인다는 것을 안다.

컬럼비아대학교의 데니스 캔델Denise Kandel은 이런 연결 고리를 밝히는 일에 몰두해 왔다. 그녀는 젊은이들을 대상으로 역학 연구를 통해 흡연이 코카인이나 헤로인 중독으로 나아가는 강력한 첫 단계임을 보여주었다.**12** 이 발견은 젊은이가 보통 니코틴으로 약물 사용을 시작하는 것이 니코틴이 접근하기 쉬운 약물이기 때문인지, 아니면 뇌가 다른 약물들과 중독에 더 취약하게 만드는 물질인지에 관한 의문을 불러일으킨다.

캔델과 아미르 르바인Amir Levine 연구 팀은 생쥐를 대상으로 이 문제를 탐구했다. 그들은 생쥐를 니코틴에 노출시키자, 코카인에 더 강력하게 반응하도록 도파민 수용 뉴런이 변형된다는 것을 깨달 았다. 대조적으로 생쥐를 먼저 코카인에 노출시킨다면, 생쥐는 니 코틴에는 아무런 반응도 보이지 않았다.[13] 따라서 니코틴은 뇌를 코카인 중독에 빠져들도록 이끈다.

사회는 금연을 위해 많은 노력을 해왔으며, 흡연자 수를 줄이면 다른 약물들에 중독된 사람들의 수도 줄어들 가능성이 매우 높다.

기타 중독장애들

일부 강박장애(과식이나 도박이나 성행위에 몰두하는 것)는 약물중독과 아주 비슷하다. 중독은 특정한 보상에 대한 과장된 반응이므로, 중 독성 물질에 활성을 띠는 뇌 영역들은 음식, 돈, 섹스에도 활성을 띨 가능성이 높다. 약물중독자와 비만인 사람의 뇌 영상을 비교하 면 뇌에 비슷한 변화가 일어났다는 것이 드러난다. 중독자가 약물 투여를 계속하면 보상 체계의 일부 영역들에서(쾌감의 조건형성이 이 루어짐으로써) 활성이 줄어드는 것처럼, 비만인 사람도 음식을 먹는 동안 쾌감이 줄어든다. 비만인 사람의 보상 체계는 도파민에 덜 반 응하고 도파민 수용체의 밀도도 낮은 경향을 보인다.

오리건연구소의 카일 버거Kyle Burger와 에릭 스타이스Eric Stice는 청 소년들의 섭식 습관을 조사한 흥미로운 연구를 했다.[14] 그들은 먼 저 체중이 서로 다른 청소년 151명에게 섭식 습관과 음식에 대한 욕구를 파악했다. 그 뒤에 밀크셰이크 사진을 보여주고, 이어서 진짜 밀크셰이크를 몇 모금 마시게 하면서 뇌 영상을 찍었다. 그렇게 얻은 보상 체계의 활성을 섭식 습관에 관한 질문에 답한 내용과 비교했다.

아이스크림을 가장 많이 먹는다고 답한 청소년들이 밀크셰이크를 마실 때 보상 체계가 가장 덜 활성화된다는 것이 드러났다. 이는 실제로 단 것을 먹으면서 얻는 쾌감이 줄어든 것을 보상하기 위해 그들이 더 많이 먹는다는 것을 시사했다. 그들은 약물에 중독된 사람의 행동과 똑같이, 동등한 보상을 얻기 위해 더 많은 양(그리고 추가 열량)을 먹어야 했다. 이 발견은 비만이 탐식이나 탐닉 때문이 아니라, 뇌의 보상 체계에 일어난 변화에서 비롯된다는 것을 보여준다. 따라서 비만인 사람에게 낙인찍는 짓을 멈추려면 무엇보다도 비만의 생물학을 이해할 필요가 있다.

비만에 사회적 요소가 들어 있다는 것도 연구를 통해 드러났다. 즉 비만은 사람들 사이에서 퍼지는 듯하다. 하버드대학교의 니콜라스 크리스타키스Nicholas Christakis와 UC 샌디에이고의 제임스 파울러James Fowler는 최근에 프래밍엄 심장 연구Framingham Heart Study를 통해 남녀 5,124명의 기록을 조사했다. 그는 이 연구의 자료가 손으로 적은 것이라, 기록을 하나하나 훑어야 했다. 프래밍엄 심장 연구는 1948년에 시작되어 지금까지 이어지고 있는데, 심혈관 질환과 관련 있는 위험 요인들을 밝혀내는 데 상당한 기여를 했다. 프래밍엄 연구 팀은 실험 참가자의 식구들뿐만 아니라, 가까운 친구들과 동료들까지 꼼꼼하게 적어놓았다. 참가자인 성인들 중 3분의 2는 연구가 시작될 때부터 참여한 이들이었고, 그들의 자녀와 손주까지도 후속 실험 단계들에 참여했기에, 그 지역 사회의 거의 모든 사회관계망의 역사가 꼼꼼히 기록되어 있었다. 크리스타키스와 파울러는 이 기록들을 바탕으로 각 개인의 인맥을 세심하게 재구성함으로써, 사회관계망이 행동에 어떤 영향을 미치는지를 처음으로 파악할 수 있게 되었다.[15]

크리스타키스와 파울러가 분석한 첫 번째 변수는 비만이었고, 그들은 놀라운 점을 발견했다. 비만은 바이러스처럼 사회관계망을 통해 퍼지는 듯했다. 실제로 어느 한 사람이 비만이 되면, 그 뒤에 친구도 비만이 될 확률이 무려 171퍼센트 증가했다. 연구 팀은 흡연도 사람 사이에서 퍼진다는 것을 알아냈다. 당신의 친구가 담배를 피우기 시작하면, 당신도 담배를 피울 확률이 36퍼센트 증가했다. 음주, 행복, 심지어 외로움도 비슷한 비율로 증가했다.

비만의 토대를 이루는 생물학적·사회적 요인들을 연구하면, 이는 비만을 예방하는 방법을 개발하는 데 도움이 될 뿐만 아니라, 다른 유형의 중독을 예방하는 치료제를 개발하는 데에도 기여할 수 있을 것이다. 자제력은 발휘하기 힘든 것이다. 그러나 우리는 자제력을 발휘하는 것을 조금 덜 어렵게 만들어, 보상 체계에 이상이 생긴 사람들을 도울 수 있다.

중독자 치료

동물 모형에 관한 연구과 그 밖의 연구를 통해 우리는 중독자를 치료하는 방법에 관해 상당히 많은 것을 알아냈다. 첫째, 여러 연구들은 중독이 일종의 만성 질환임을 밝혀냈다. 중독자가 재활 시설에 한 달 동안 들어가 있으면 중독이 완치될 것이라는 생각은 틀렸다. 이는 마법을 믿는 것이나 다름없다.

둘째, 중독은 뇌의 몇몇 영역들, 몇몇 신경 회로에 영향을 미친다. 따라서 중독 치료에는 다면적인 접근법이 필요하며, 그에 따라 제기되는 의문도 몇 가지 있다. 자기 파괴적인 행동을 다스리는 데 도움을 주는 행동요법이나 이마앞겉질의 기능을 향상시키는 약물들로 중독자의 자제력을 강화할 수 있을까? 행동 개입이나 약물로 조건형성을 약화시킴으로써, 중독자가 중독성 물질과 연관된 자극을 마주할 때 반응하지 않게 만들 수 있을까? 중독자의 보상 체계가 자연적인 자극에 반응하게 만들어, 약물이 아닌 다른 것에 동기부여가 생기도록 할 수 있을까?

지금까지 가장 성공적이라고 밝혀진 중독 치료법은 행동요법이며, 여기에는 금주 모임Alcoholics Anonymous에서 채택한 12단계로 된 프로그램 같은 것들이 있다. 그러나 중독자들의 대부분은 최고의 프로그램을 이수한 뒤에도 약물을 다시 투여받고는 한다. 이런 높은 재발률은 오래 지속되는 변화가 중독 기간에 뇌에 일어났음을 시사한다. 앞서 보았듯이, 약물중독은 일종의 장기 기억이다. 뇌는 주변 환경의 특정한 단서를 쾌감과 연관 짓도록 조건형성을 구성하고 있으며, 그런 단서를 접할 때면 약물을 투여받으려는 충동이 촉발될 수 있다. 쾌감의 기억은 중독자가 약물을 끊은 뒤로도 오래도록 남아 있는 것이다. 이것이 바로 (재발이 되풀이된 다음에도) 치료를 계속하는 것이 그토록 중요한 이유다.

약물요법의 목표는 중독자가 중독성 약물과 연관된 쾌감을 잊도록 돕고, 중독을 추진하는 강력한 생물학적 힘들에 맞서 재활 및 심리사회적 치료의 효과를 증진시키는 것이다. 우리는 행동요법과 약물요법이 뇌 속의 생물학적 과정을 통해 작용하며, 두 요법 모두 종종 상승작용을 일으킨다는 것을 안다. 중독 치료의 주된 도전 과제 중 하나는 뇌의 보상회로에 관해 점점 늘어나는 지식을 새로운 치료법으로 전환하는 것이다.

불행히도, 제약 회사들은 중독을 치료할 약물을 개발하는 방향으로는 거의 노력하지 않았다. 한 가지 이유는 중독자들로부터 연구비를 회수할 수 없을 것이라고 보았기 때문이다. 그럼에도 기초 연구로부터 갈망을 줄이는 몇 가지 중요한 약물이 개발되었다.

예를 들어, 니코틴의 대체제는 니코틴과 똑같은 뇌 영역들에 작용하지만, 담배에 대한 갈망을 줄이는 데 도움을 주는 방식으로 작용한다. 메타돈methadone은 헤로인으로 활성화되는 바로 그 수용체에 결합하지만, 아주 오랜 시간 수용체에 결합해 감정 반응의 강도를 줄인다. 비록 메타돈도 중독성 약물이기는 하지만, 메타돈 중독은 헤로인 중독만큼 일상생활에 심각한 지장을 주지 않는다. 게다가 메타돈은 합법적으로 구입할 수 있는 처방 약인 반면, 헤로인은 암시장에서 위험을 무릅쓰고 사야 하는 불법 약물이다.

오늘날의 중독 치료법이 몹시 미흡한 것은 사실이지만, 앞서 살펴보았듯이, 뇌 영상 연구, 동물 모형 연구, 역학 연구는 모두 중독의 토대를 이루는 보상 체계의 변화를 이해하는 데 도움을 주고 있다. 많은 과학자들은 약물요법, 행동요법, 유전자 요법을 통해 도파민 생성 회로의 활성을 정상적으로 회복시키기 위한 치료법을 개발하려고 애쓴다. 이런 노력이 뒷받침되면, 언젠가는 중독을 예방하는 방법이 개발될 것이다.

미래 전망

미국 의료보험 제도는 대부분 약물중독자를 파악하거나 치료하는 길과 거리를 두고 있다. 중독은 선택의 문제라는 믿음이 널리 퍼져 있기 때문이다. 다시 말해, 중독은 나쁜 사람의 나쁜 행동이라는 것이다. 이 믿음은 중독자를 낙인찍는다.

중독된 상태에서는 의지력을 발휘하기가 어렵다. 약물이 의사결정을 통제하는 뇌 영역들을 표적으로 삼기 때문이다. 앞서 보았듯이, 중독은 의식적·무의식적 정신 과정들의 복잡한 상호작용이다. 약물을 사겠다는 결정은 의식적으로 시작되지만, 그 약물은 뇌에서 도파민을 생성하는 뉴런, 때로는 다른 화학물질을 생성하는 뉴런들까지 자극한다. 결국에는 무의식적 활동 그리고 그에 따른 뇌 기능의 변화가 주도권을 잡게 되는 것이다. 처음에는 중독자가 약물을 한번 써볼까 하며 선택하지만, 그다음에는 뇌에 장애가 생겨 자유롭게 선택하는 능력이 줄어드는 것이다.

낙인을 제거하고 개인과 사회가 보다 합리적인 방식으로 중독자를 대하도록 만드는 최선의 수단은 교육과 과학이다. 현재 약물 남용은 50세 미만 미국인의 주된 사망 원인으로 추정된다.[16] 연구 결과에 따르면, 미국에서 거주하는 18~19세 가운데 40퍼센트는 적어도 한 번은 불법 약물을 접한 적이 있으며, 술을 마신 경험이 있는 비율은 75퍼센트를 넘는다. 그들 중 일부(약 10퍼센트)는 나중에 중독자가 될 것이다. 물론 나머지는 그렇지 않을 것이다. 유전자가 중독 위험을 높이는 데 크게 기여한다는 점을 고려할 때, 중독은 도덕적 타락이 아니라 뇌 질환이라는 관점에서 접근하고 중독자에게 처벌이 아니라 치료를 제공하는 것이 중요하다.

10

뇌의 성적 분화와 젠더 정체성

우리 대다수는 어릴 때부터 젠더 정체성gender identity(자신이 소년인지 소녀인지)을 강하게 의식한다. 그 결과 우리는 자라면서 사회의 다른 소년들이나 소녀들처럼 다소 전형적인 방식으로 행동하게 된다. 대개 우리의 젠더 정체성은 해부학적 성, 외부 생식기와 생식기관에 부합되지만, 반드시 그런 것은 아니다. 남성의 몸을 지니고 있지만 자신이 여성이라고 느낄 수도 있고, 여성의 몸을 지니고 있지만 남성이라고 느낄 수도 있다. 이 다양한 양상은 우리의 성과 젠더 정체성이 발달 과정에서 서로 다른 시기에 별개로 결정되기 때문에 가능하다.

젠더 정체성은 성의 연속선상에서 자신이 어디에 놓여 있는지에 대한 느낌이다. 즉 남성이다, 여성이다, 양쪽 모두다, 아니면 그 어느 쪽도 아니다 하는 느낌을 가리킨다. 우리의 생물학적 발달, 느낌, 행동을 포괄하는 용어인 것이다. 따라서 젠더 정체성은 개인별로 크게 다를 수 있으며, 뇌의 정상적인 성적 분화의 양상에 따라 달라진다. 젠더 정체성 연구로부터 우리 자신에 관해 많은 것을 배울 수 있기에, 이 장에서는 뇌 질환에서 잠시 눈을 돌려 뇌의 성적 분화를 살펴보자.

젠더 정체성이 해부학적 성과 어긋나는 사람들, 즉 트랜스젠더transgender는 유년기부터 자신이 잘못된 몸에 들어가 있다는 느낌을 받기 시작하며, 그 느낌은 청소년기와 성년기에 더 강해지기도 한다. 내면의 느낌과 (행동에 관한 온갖 사회적 기대치를 만들어내는) 겉모습 사이의 긴장은 혼란과 스트레스를 일으키며, 타인과의 상호작용을 어렵게 만들 수 있다. 그래서 트랜스젠더는 불안과 우울증 같은 장애를 겪고, 심각한 차별과 신체적 위협에 직면하기도 한다.

젠더 정체성은 성적 지향성sexual orientation, 즉 연애 감정을 이성에게 느끼는지 동성에게 느끼는지 양쪽 모두에게 느끼는지 하는 문제와 다르다. 아직 우리는 성적 지향성의 생물학을 거의 모르기 때문에, 여기서는 그 문제는 다루지 않기로 한다.

젠더 정체성의 감각은 어디에서 나오는 것일까? 태어나기 전에 결정되는 것일까, 아니면 사회적 구성물일까? 이 장에서는 먼저 성적 분화, 즉 발달 과정에서 일어나며 우리의 해부학적 성을 결정하는 유전적·호르몬적·구조적 변화를 살펴보기로 하자. 이어서 젠더에 따른 특이적 행동을 알아보자. 그리고 남성과 여성의 행동 차이가 남성과 여성의 뇌가 지닌 물리적 차이에 관해 알려주는지도 탐구해 보자. 그다음에는 젠더 정체성과 해부학적 성을 어긋나게 만드는 유전자들에 관해 알아보자. 이런 발견들을 종합하면, 인간의 젠더 정체성이 무엇이고 어떻게 뇌가 젠더 정체성에 영향을 미치는지에 관한 훨씬 더 미묘하고 큰 그림이 드러날 것이다.

우리는 한 뛰어난 과학자의 사례를 통해, 소녀의 몸에 든 소년으로 자랐다가 나중에 여성에서 남성으로 전환을 하며 그가 어떤 느낌을 받았는지 알아볼 것이다. 마지막으로는, 타고난 성별과 젠더 정체성이 일치하지 않는 아동과 청소년을 지원하는 최선의 방법은 무엇인지에 관한 문제들을 다루고자 한다.

해부학적 성

'성sex'이라는 단어는 세 가지 방식으로 남성과 여성의 생물학적 차이를 묘사하는 데 쓰인다. 앞서 말했듯이, **해부학적 성**anatomical sex은 외부 생식기와 체모의 분포 같은 성징들의 차이를 비롯해 겉으로 드러나는 차이를 가리킨다. **생식샘 성**gonadal sex은 남성이나 여성의 생식샘, 즉 고환이나 난소의 유무를 가리킨다. **염색체 성**chromosomal sex은 남성과 여성의 성염색체가 지닌 차이를 가리킨다.

우리 DNA는 23쌍의 염색체에 나뉘어 있다(그림 10.1). 각 쌍은 엄마로부터 온 염색체 하나와 아빠로부터 온 염색체 하나로 이루어진다. 1번 쌍에서 22번 쌍에 이르기까지 쌍을 이룬 염색체끼리는 DNA 서열이 완전히 똑같지는 않지만, 서로 비슷하다.

반면에 23번째 쌍을 이루는 두 염색체(X 염색체와 Y 염색체)는 서로 전혀 다르다. 이 두 염색체가 바로 우리의 해부학적 성을 결정한다. X 염색체, 즉 여성 염색체는 다른 44개의 염색체와 크기가 엇비슷하다. 반면에 남성 염색체인 Y 염색체는 훨씬 더 작다. 여성은 X 염색체를 쌍으로 지니고 있어서, 유전학적으로 XX라고 표시한다. 남성은 X와 Y를 하나씩 지니고 있어서 유전학적으로 XY가 된다.

Y 염색체는 어떻게 소년을 만드는 것일까? 처음에 모든 배아는

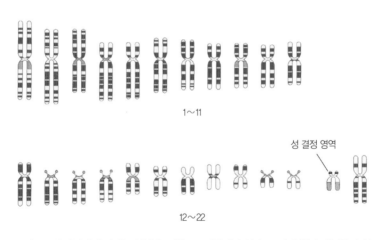

1~11

성 결정 영역

12~22

그림 10.1 | 사람의 유전체는 염색체 23쌍으로 이루어져 있다. 23번째 쌍이 해부학적 성을 결정한다.

생식기 능선genital ridge이라는 미분화된 상태의 생식샘 전구체를 지니고 있다. 임신 약 6~7주에, Y 염색체에 있는 SRY(성 결정 영역 Y)라는 유전자가 미분화된 생식기 능선이 고환으로 발달하도록 유도함으로써 남성이 되는 과정이 시작된다(그림 10.2와 10.3). 일단 고환이 발달하면, 성에 관한 배아의 운명은 테스토스테론과 같이 고환에서 분비되는 호르몬들의 작용으로 더 고정된다. 임신 약 8주째에 남성 태아의 고환은 사춘기나 성인 남성의 고환 못지않게 많은 테스토스테론을 분비한다. 이렇게 대량 방출된 테스토스테론은 체형과 뇌의 특징들을 비롯해 남성의 거의 모든 측면들을 결정한다.

임신 약 6주째에 X 염색체를 쌍으로 지닌 배아는 여성의 성 발

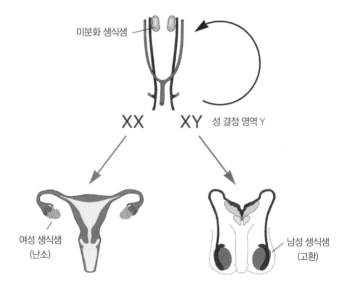

미분화 생식샘

XX XY 성 결정 영역 Y

여성 생식샘
(난소)

남성 생식샘
(고환)

그림 10.2 | 배아의 암수 분화는 임신 6~7주에 일어난다.

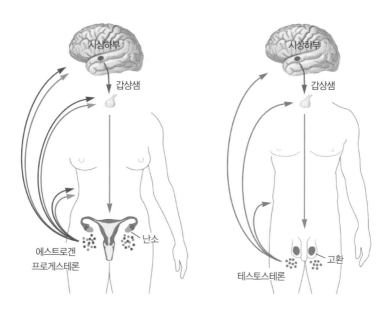

그림 10.3 | 남성호르몬 또는 여성호르몬이 분비되면서 남녀의 체형과 뇌 특징들이 형성된다.

달 과정을 시작한다. 난소가 발달하고, 몸과 뇌 발달의 여러 측면들이 여성의 길을 따라가며 성적으로 분화한다(그림 10.2와 10.3). 여성이 될 때에는 배아의 난소에서 호르몬이 대량 분비될 필요가 없다.

젠더 특이적 행동

동물의 암수는 성적 행동과 사회적 행동이 뚜렷이 다르다. 사실, 우리 자신을 포함해 모든 동물 종은 자기 성별에 따른 전형적인 행동들을 보인다. 생물학적 수컷은 수컷에게 전형적인 행동을 하고, 생물학적 암컷은 암컷에게 전형적인 행동을 한다.

젠더 특이적 행동, 특히 성적 행동과 공격적 행동은 모든 종에게 놀라울 정도로 비슷하게 나타난다. 그것은 그런 행동이 진화 과정에서 잘 보존되어 왔다는 것이고, 그런 행동을 추진하는 신경 회로들도 매우 비슷하며 고도로 보존되어 있다는 점을 시사한다. 그러나 젠더 특이적 행동을 촉발하는 신호들은 대개 종마다 다르다.

예를 들어, 쇠부리딱따구리의 경우에는 단 하나의 신호가 젠더 특이적 행동을 촉발한다. 그 신호란 수컷의 얼굴에 있는 콧수염처럼 보이는 검은 무늬다. 수컷은 콧수염 난 딱따구리가 보이면 공격할 것이다. 다른 수컷이라고 여기기 때문이다. 암컷의 얼굴에 콧수염을 그리면, 수컷은 그 암컷을 공격한다. 반면에 수컷의 콧수염을 가리면, 다른 수컷들은 그 수컷이 암컷이라고 여겨 공격하지 않고, 그 대신 짝짓기를 시도한다. 이와 비슷하게 생쥐의 젠더 특이적 행동은 수컷이나 암컷이 내뿌리는 페로몬이라는 후각 단서로 촉발된다. 반면에 인간은 시각과 청각 단서에 유달리 민감하다. 포르노 산업은 바로 이 점을 활용해 성공을 거두어왔다.

어떤 신호가 젠더 특이적 행동을 촉발하는지 알고 나면, 뇌가 그런 행동의 발현을 어떻게 조절하는지를 연구할 수 있다. 하버드 의과대학 보스턴 아동병원 젠더 관리국의 노먼 스팩Norman Spack은 우리 몸이 사춘기뿐 아니라 태어난 직후에도 성호르몬들을 분비한다는 것을 알아냈다.[1] 이 호르몬들은 뇌를 젠더 특이적인 방식으로 빚어내는 중요한 일을 한다. 남자아이의 경우 테스토스테론의 급증은 남성 특이적 행동, 특히 공격성을 조절하는 신경 회로가 적절히 발달하는 데 필수적이다. 거꾸로 여자아이의 경우 에스트로겐의 분비는 짝짓기 행동을 촉발한다. 이 초기 단계에 에스트로겐이 분비되지 않으면, 다른 성 특이적 행동 회로들이 발달해, 특히 남녀의 짝짓기 및 모성 행동에 영향을 미친다.

생쥐는 뚜렷하게 젠더 특이적 행동을 보이기에, 하버드의 캐서린 둘락Catherine Dulac과 캘리포니아 공과대학의 데이비드 앤더슨David Anderson은 현대 유전학 및 분자유전학 도구를 사용해 특이적 행동을 제어하는 뇌 메커니즘을 연구할 수 있었다. 그들은 생쥐 연구에서 인간의 뇌에도 적용할 수 있을 만한 몇 가지 흥미로운 점들을 밝혀냈다.[2]

첫째, 각 성의 젠더 특이적 행동을 제어하는 신경 회로들은 양쪽 성에 다 들어 있다. 다시 말해, 생쥐의 성별에 상관없이, 뇌에는 암수의 행동을 담당하는 신경 회로가 들어 있다. 그리고 그 회로들은 페로몬으로 조절된다. 페로몬은 호르몬과 비슷한 물질로, 생쥐는 이것을 주변 환경으로 배출한다. 대개 생쥐의 뇌는 다른 생쥐가 분비한 페로몬을 감지하면, 자기 성별에 맞는 행동을 활성화하고 반대 성별에 맞는 행동은 억누른다. 따라서 암컷에게는 암컷 특이적 성 행동이나 육아 행동이 활성화되고, 수컷 특이적 행동은 억제된다. 수컷에게는 정반대 행동이 나타난다. 그러나 유전적 실험을 통해, 특정한 상황에서는 암컷과 수컷 생쥐가 반대 성에 적합한 행동을 할 수 있다는 것이 드러났다. 돌연변이 페로몬 검출 유전자를 지닌 암컷은 암컷 짝을 찾아다니며 수컷처럼 행동한다. 한편 돌연변이 페로몬 검출 유전자를 지닌 수컷은 새끼를 돌보며 암컷처럼 행동한다. 수컷은 본래 새끼를 죽이는 행동을 하는데 말이다.

둘째, 암컷과 수컷 생쥐의 뇌는 보통 비슷하기에, 그들의 행동이 오로지 생물학적 성으로만 결정되는 것은 아니다. 이 점이 중요한데, 동물들은 이따금 반대 성처럼 행동해야 하기 때문이다. 수컷은 짝짓기하고 나서 새끼가 태어난 뒤에 얼마간 부성애 행동을 보이며, 여러 종에서 암컷은 우위를 과시하기 위해 상대에게 올라타는 행동을 보이고는 한다.

뇌의 이런 양성적인 특징은 생쥐와 다른 포유동물뿐 아니라, 어류와 파충류에게도 관찰된다. 그리고 이는 인간에게 젠더 정체성을 제어하는 데에도 아주 중요한 것으로 여겨진다.

인간 뇌의 성적 이형성

암컷과 수컷 포유동물의 젠더 특이적 행동을 제어하는 뇌의 구조적 차이는 우리 뇌에도 나타날까? 고해상도 자기 공명 영상MRI과 유전공학의 발전 덕분에, 남성과 여성의 뇌가 공통적인 특징들을 많이 지니고 있더라도, 몇몇 뇌 영역에서 **성적 이형성**sexual dimorphism, 즉 성별에 따른 구조적·분자적 차이가 있다는 것이 드러났다. 이런 차이들은 당연히 시상하부와 같은 성적·생식적 행동에 관여하는 영역들에서 나타나지만, 기억, 감정, 스트레스와 관련된 신경 회로들에도 나타난다.

그러니까 위 질문에 대한 답은 '그렇다'가 될 것이다. 사람의 뇌에서 성적 이형성은 뚜렷하게 나타난다. 그러나 이 이형성이 행동과 어떻게 관련을 맺고 있는지는 아직 충분히 알려지지 않았다.

이 관계가 뻔히 드러나는 사례도 있다. 예를 들어, 수컷 생쥐의 음경 발기와 암컷의 수유를 담당하는 신경 회로들은 사람에게도 있으리라고 쉽게 추정할 수 있지만, 그 밖에 인간의 행동을 알려줄 수 있는 동물 연구가 무엇인지를 놓고서는 과학자마다 의견이 갈린다. 우리는 인간 뇌에서 성적 이형성이 어떻게 젠더 정체성과 같은 인지적 기능을 담당하는지 아직은 거의 모른다. 게다가 남성과 여성의 인지적 기능 차이를 뇌의 구조적 차이와 연관 짓는 방향으로는 거의 발전이 이루어지지 않았다.

이 분야의 발전이 지체된 것은 어느 정도 남성과 여성의 인지적인 차이를 둘러싼 논쟁 때문이기도 하다. 일부는 성별의 차이가 가족과 사회의 기대에서 비롯되는 것이라고 주장한다. 반면 어떤 이들은 그 차이가 생물학적인 근거를 지닌다고 주장한다. 인지적 차이가 존재한다면 그 차이는 작을 것이고, 편차 범위가 아주 넓은 남녀 집단의 평균값으로 나타날 것이다. 다시 말해, 과학자들은 성별의 차이가 아니라, 각각의 성별 안에서 더 큰 변이를 발견해 왔다.

남성의 뇌와 여성의 뇌에 물리적 차이가 있다는 것은, 서로 뇌의 신경 회로도 일부 다르고 때로는 그 차이가 행동의 차이와 직접적인 관련이 있다는 것을 의미한다. 그러나 동일한 기본 회로가 서로 다른 방식으로 활성을 띠어 성 특이적 행동이 드러날 때도 있는 듯하다. 그렇다면 문제는 다음과 같다. 우리 뇌가 생쥐의 뇌처럼 남녀 행동의 신경 회로를 모두 지니고 있을까, 아니면 남성과 여성의 신경 회로를 별도로 가지고 있는 것일까?

인간 뇌의 성적 이형성과 젠더 정체성의 관계에 관한 새로운 이해는 유전 연구에서 나왔다. 이런 연구들은 몇몇 단일 유전자 돌연변이가 해부학적 성을 생식샘 성과 염색체 성으로부터 떼어놓을 수 있다는 것을 보여준다. 예를 들어, 선천성 부신과다형성congenital adrenal hyperplasia, CAH 유전자를 지닌 해부학적으로 소녀는 태아 때 과량의 테스토스테론에 노출된다. 이 증상은 대체로 태어날 때 진단을 받고 교정되지만, 이렇게 테스토스테론에 일찍 노출된 현상은 나중에 젠더와 관련된 행동에 일어나는 변화와 관계가 있다. CAH를 지닌 평균적인 소녀는 같은 나이의 소년들이 즐기는 장난감과 게임을 더 선호하는 경향이 있다. 아이 때 CAH 치료를 받은 여성들과 동성애나 양성애 성향의 관계는 사소해 보이더라도 통계적으로 유의미하다. 게다가 이런 여성 중에는 자신의 젠더 정체성에 부합되게 남성으로 살아가고 싶다는 욕구를 드러내는 이들의 비율도 꽤 높다.

이런 발견들은 우리가 태어나기 전에 우리 몸에서 분비되는 성호르몬이 염색체 성과 해부학적 성과 별개로 우리의 젠더 특이적 행동에 영향을 끼친다는 것을 나타낸다. 네덜란드신경과학연구소의 딕 스바프Dick Swaab와 알리시아 가르시아팔휘에라스Alicia Garcia-Falgueras는 그 이유를 설명한다. 그들은 젠더 정체성과 성적 지향성이 "우리가 자궁에 있을 때 뇌 구조에 프로그래밍된다"고 말한다. "그러나 생식기의 성 분화가 임신 두 달째에 일어나는 반면 뇌의 성 분화는 임신 2분기에나 시작되므로, 이 두 과정은 서로 독립해 영향을 받을 수 있으며, 그래서 간성transsexuality이 생길 수 있다."[3]

마찬가지로, 소년에게 영향을 미치는 두 유전적 증상(완전 안드로겐 무감응 증후군complete androgen insensitivity syndrome, CAIS과 5-알파 환원효소 2 결핍증5-alpha reductase 2 deficiency)은 외부 생식기를 여성화하는 결과를 낳곤 한다. 이 증상 가운데 하나를 지닌 소년은 소녀로 잘못 키워진다. 하지만 사춘기가 시작되는 무렵부터 그들의 인생 경로는 바뀐다. 5-알파 환원효소 2 결핍증의 증상들은 테스토스테론의 생산이 아니라 테스토스테론의 처리 과정에 결함이 있어서 생기는 것으로, 대체로 외부 생식기의 발달에 국한되어 영향을 끼친다. 사춘기에 혈중 테스토스테론 농도가 급증할 때, 이 증상을 지닌 소년들에게는 남성의 특징들이 발달하기 시작한다. 남성 특유의 체모 분포와 근육이 드러나고, 더욱 놀랍게도 남성의 외부 생식기가 발달한다. 이 단계에서 많은 청소년은 남성의 젠더를 선택한다. 대조적으로 CAIS는 몸 전체에 퍼진 안드로겐 수용체의 결함 때문에 생긴다. 이 증상을 지닌 젊은이는 사춘기에 생리가 시작되지 않아 의사를 찾아가게 된다. 여성적인 외모에 걸맞게, 그들은 대부분 여성의 젠더 정체성을 지니며 남성에게 성적 매력을 느낀다. 그들은 고환을 수술로 제거하고 여성 호르몬을 투여하기도 한다.

젠더 정체성

젠더 정체성은 유년기에 일찍 시작되고, 해부학적 성에 근거하지 않는다. 이것이 바로 아직 아이인데도 스스로 맞지 않는 몸에 갇혀 있다고 느끼고, 남들이 자신에게 이런 식으로 행동하라고 기대하지만 자신은 다르게 행동하기를 원한다고 느낄 수 있는 이유다. 트랜스젠더는 자신의 젠더 정체성에 자신을 더 맞추기 위해서 사회 활동, 호르몬, 수술 같은 방법을 사용해 성별을 바꾸기도 한다. 벤 바레스Ben Barres가 그랬다(그림 10.4). 그는 자라면서 자신이 트랜스젠더라는 것을 알아차렸고, 결국 여성에서 남성으로 성전환 수술을 받기로 결심했다. 브루스 제너Bruce Jenner는 거꾸로 남성에서 여성으로 성전환을 했다.

　1955년에 태어난 벤은 바버라 바레스라는 이름을 얻었고, 1997년 여성에서 남성으로 성전환을 했다. 그는 매우 뛰어난 뇌과학자였으며, 2008년부터 2017년까지 스탠퍼드대학교 신경생물학과장을 역임했다. 2013년 그는 스스로 성전환자라는 것을 공개한 과학자로서는 최초로 미국국립과학아카데미의 회원이 되었다.

　따라서 데버라 루더실Deborah Rudacille이 2006년 해부학적 성과 젠

그림 10.4 | 바버라/벤 바레스

더 정체성을 다룬 명저 《젠더의 수수께끼*The Riddle of Gender*》를 쓰면서, 첫 장에 바레스와 나눈 이야기를 인용한 것도 놀랄 일이 아니었다.

기억할 수 있는 가장 어린 나이부터 나는 스스로 남자아이라고 생각했어요. 나는 남자아이들의 장난감을 갖고 놀고 싶어 했고, 언니가 아니라 오빠와 오빠 친구들과 놀고 싶어 했죠. 그런데 나에게 쥐여주는 것은 늘 바비 인형 같은 여자아이들의 장난감뿐이었어요. … 나는 컵스카우트 그리고 보이스카우트에 몹시 들어가고 싶었어요. 그런데 부모님은 나를 브라우니즈(걸스카우트 산하단체)에

넣었고, 나는 그게 너무 싫었어요. 거기에서는 과자를 굽고만 있었는데, 나는 야영을 가고 싶었거든요. …

어느 날 걸스카우트 대장이 내게 소리를 질러댔던 일이 기억나요. "바버라, 왜 꼭 그렇게 튀는 짓만 하니? 늘 그렇게 삐딱하게 구는 이유가 뭐야?" 그녀는 도저히 못 참을 지경에 이르렀던 거죠. 나는 그 말에 충격을 받았어요. 나는 늘 착한 아이였고, 성적도 늘 좋았고, 말썽도 피운 적이 없었거든요. 어떤 문제도 일으키려 하지 않았으니까요. … 그런데 대장에게 그렇게 심한 충격을 받고 나서 나는 그 일을 곱씹기 시작했고, 스스로에게 이렇게 말하기 시작했지요. "아무래도 내가 다른 여자애들과 다르게 구는 모양이야."**4**

사춘기가 되어 가슴이 커지기 시작하자, 그는 "보이지 않게 하기 위해서" 헐렁한 옷으로 감추려고 몹시 애를 썼다. 바레스는 점점 더 큰 거북함을 느꼈다.

그냥 내 몸이 뭔가 잘못되었다는 느낌뿐이었어요. 그냥 몹시 거북하다는 느낌이 들기 시작했고, 사실 그 뒤로 쭉 그랬지요. 드레스를 입어야 하니까요. 당신이 의사라면, 병원에 갈 때 드레스를 입어야 해요. 장례식과 결혼식 때에도 드레스를 입어야 하고요. 자매의 결혼식에 갈 때도 꽃무늬 드레스를 입어야 하죠. 살면서 그럴 때 가장 심하게 마음에 상처를 입어요!

나는 살아오는 거의 내내 그런 거북함을 느끼면서 지냈지요. 몇 년 전에 성전환을 하기 전까지요. 여성이라는 것 자체가 몹시 거북한 느낌을 주는 거였어요. 모든 면에서요. 하지만 나는 그렇다는 것을 알지 못했고, 그래서 늘 커다란 혼란에 빠져 있었어요.[5]

대학에 다닐 때 바레스는 뮐러관 무발생mullerian agenesis이라는 진단을 받았다. 난소는 있지만, 질이나 자궁이 생기지 않는 선천적 증상이었다. 이 증상을 지닌 젊은 여성은 대개 자신을 여성이라고 여기고서 수술을 통해서 질을 만드는 것을 선택한다. 하지만 바레스는 자신을 결코 여성이라고 느낀 적이 없었기에, 상황을 다르게 인식했다.

의사를 찾아가면, 그들은 언제나 나에게 인공 자궁을 만들어주겠다고 말하더군요. 나는 인공 자궁 이야기는 한마디도 하지 않았는데도요. 그들은 나에게 그것을 원하는지 묻지조차 않았어요. … 이 의사 저 의사를 다 만나보았지만, 내 감정이 어떤지 묻는 사람은 한 명도 없었어요. 나도 감정이라는 게 있는데요! 이 모든 일들이 너무나 혼란스러웠어요. 왜 저들은 그렇게 하겠다는 걸까? 나는 여자라고 느끼지도 못하고, 질을 원한다는 생각조차 한 적이 없는데요. 하지만 나는 여자였으니 질이 있어야 했지요. 사실 선택의 여지 따위는 전혀 없는 듯했어요.[6]

바레스는 매사추세츠 공과대학을 졸업하고 다트머스 의과대학에 들어갔다. 그리고 하버드대학교에서 신경생물학 박사 학위를 받고 1993년 스탠퍼드대학교 교수가 되었다. 1997년 그는 성전환 수술이라는 어려운 결정을 내렸다. 바레스는 어떻게 그런 결심을 내리게 되었는지 이렇게 설명한다.

나도 의사입니다. 나는 평생 내 성 때문에 혼란을 겪어 왔어요. … 그러다가 이 기사(성전환자이자 활동가로 유명한 제임스 그린James Green을 다룬 기사)를 읽었어요. 정말 마음에 들었어요. 정말 감동적이었지요. 그가 하는 모든 말이 다 내 이야기 같았어요. 그 기사에 병원 이름이 나와 있었는데, 바로 이 근처에 있는 곳이었지요. 그래서 찾아갔어요. … 나를 보더니 그가 이렇게 말하더군요. "선생님은 전형적인 사례예요. 성전환을 하고 싶으세요?"…

몇 주 동안 나는 스트레스를 많이 받았어요. "내가 정말로 이걸 하고 싶은 걸까?" 하는 생각 때문이지요. … 수술받는 것이 어떤 느낌인지 도저히 설명할 수는 없지만, 나는 밤마다 도저히 잠을 이룰 수가 없었어요. 죽고 싶었지요. … 내 삶이 둘로 쪼개지는 것 같았어요. 지금까지 너무나도 거북했던 개인적 삶과 늘 즐거웠던 전문가로서의 삶으로요. …

그래서 병원을 찾아갈 즈음에는 수술을 받든지 아니면 자살해 버리자는 심경이었어요. 다른 대안은 아예 없어 보였어요. 그 뒤로 시간은 금방 흘러갔어요. 몇 달 지난 뒤에 보니 호르몬을 투여하고 있었고, 다시 몇 달 지나고 보니 난소를 떼어낸 상태였죠.[7]

바레스는 나중에 이렇게 말했다. "정체성과 직업 중에서 선택해야 한다고 생각했어요. 성전환을 하면 경력은 끝장날 것이라고 생각했거든요. … 정말 다행스럽게도, 학계 동료들은 놀라울 정도로 나를 지지해 줬어요. 너무 걱정했는데, 내 걱정은 현실과 동떨어져 있었던 거예요."[8] 바레스는 루더실에게 다음과 같이 말했다. "나는 젠더에 관한 문제를 안고 있었는데, 문제에 대처하고 문제를 해결했다고 느껴요. 가장 중요한 점은 내가 행복하다는 것입니다. 전보다 훨씬 더요. 지금은 삶을 즐기고 있지요."

젠더 정체성이 정신적인 것인지 육체적인 것인지, 생물학적인 것인지 사회적인 것인지, 어떻게 생각하는지를 질문받자 바레스는 이렇게 답했다.

젠더에는 양면성이 있다고 생각합니다. 생물학적으로 두 가지 양상을 띠지요. 진화에 중요하고 모든 종이 지니고 있으니까요. 남성과 여성은 다르게 설계되어 있고, 모두 호르몬으로 추진되는 프로그램들의 영향을 받아요. 행동을 보아도 서로 달라요. 나는 행동이 전적으로 사회적인 요인 때문이라고는 보지 않아요. 사실 이것의 가장 좋은 증거는 성전환자들로부터 나와요. 여성에서 남성으로 전환한 사람들을 대상으로 그들이 테스토스테론의 영향을 받기 전과 후의 공간지각 검사를 하면 … 테스토스테론의 영향을 받은 뒤로 공간지각 능력이 남성에 더 가까워졌다는 것이 드러나요. 그러니까 젠더 특이적 측면들 중에는 호르몬의 통제를 받는 것들도 있다는 점이 분명하지요.

… 물론 모든 스펙트럼에는 그사이에 놓이는 것들이 있지요. 나는 생명이 본래 그런 것이라고 생각해요. 우리의 존재 방식이 그런 거라고요. 많은 성전환자들이 똑같이 느낄 거예요. 태어날 때부터 무언가 잘못되었다는 느낌을 그토록 강하게 받는 이유가 달리 무엇이겠어요? 자기 자신의 모습에 그냥 익숙해지지 못할 이유가 무엇이겠어요? 그건 사회가 우리를 대하는 방식에서 비롯되는 게 아닙니다. 우리 자신의 깊은 곳에서 나오는 거니까요.[9]

브루스 제너는 다른 길을 택했다. 그녀는 근육질의 운동선수인 남성에서 여성으로 성전환했다. 제너는 대학에서 뛰어난 축구선수였지만, 무릎이 심각하게 다치고 말았다. 수술을 받아야 했지만, 축구선수로 다시 뛸 수는 없게 되었다. 그러자 올림픽 10종 경기 코치인 웰던L. D. Weldon이 제너에게 육상 10종목을 잇달아 뛰는 10종 경기로 종목을 바꾸라고 설득했다.

웰던에게 훈련을 받은 제너는 1976년 몬트리올 하계 올림픽에서 10종 경기의 금메달을 땄다. 10종 경기는 아주 다양한 기술을 구사해야 했기에, 그 종목의 우승자에게는 비공식적으로 세계 최고의 운동선수라는 별명이 붙는다. 제너는 우승했을 뿐만 아니라, 기존 10종 경기 최고 기록도 깼다. 그 뒤에 그는 NBC와 ABC의 방송인으로 활동했고, 〈굿모닝 아메리카Good Morning America〉에 정기적으로 출연했으며, 만찬 모임의 강연자로도 인기를 얻었다. 그는 자신이 거둔 놀라운 올림픽 성적을 실감 나게 들려주고는 했다. 이 성공을 발판 삼아 제너는 텔레비전과 영화에도 출연했다.

처음에 제너는 자신이 남성이라고 공공연히 말했지만, 2015년 4월 여성으로 성전환하고 이름도 브루스에서 케이틀린으로 바꾸었다고 선언했다. 그녀는 2015년 7월호 〈배니티 페어Vanity Fair〉 잡지의 표지에 등장했고, 자신의 성전환을 다룬 〈아이 엠 케이트I Am Cait〉라는 텔레비전 시리즈에도 출연했다. 케이틀린이라는 이름과 성전환은 2015년 9월 25일에 공식적으로 인정받았다. 제너는 자신의 삶을 이렇게 묘사했다. "자신의 본질과 영혼을 부정한다고 상상해 보라. 그런 다음 미국 남성 운동선수의 화신이라는 이유로 사람들이 당신에게 바라는 거의 불가능한 기대 수준을 추가하라."[10] 진정한 자아를 드러낸 뒤, 케이틀린은 〈아이 엠 케이트〉의 책임 프로듀서가 되었다. 그 프로그램은 트랜스젠더 문제에 대한 대중의 인식을 끌어올렸다는 찬사를 받았다.

트랜스젠더 아동과 청소년

자기 몸의 성별이 잘못되었다고 생각하는 트랜스젠더 아동은 사춘기에 커다란 혼란을 경험하고 스트레스를 받을 수 있다. 벤 바레스가 그랬다.

의사들은 이런 심리적 외상을 줄이기 위해, 트랜스젠더 청소년에게 사춘기가 오지 않게 막는 약물을 점점 더 많이 투여하고 있다. 약물 투여는 그들의 몸과 의사 결정 능력이 교차 성호르몬 치료를 받기에 충분히 성숙할 때(보통 16살)까지 지속된다. 그러나 이런 약물이 어떤 부작용을 일으키는지 우리는 아직 잘 모른다.

미국에서 타고난 성을 바꾸고 싶어 하는 청소년을 언제 어떻게 돕는 것이 최선인지를 찾아내는 연구가 현재 진행되고 있다. 국립 보건원의 지원을 받아 이루어지는 이 연구는 자신을 트랜스젠더라고 여기는 청소년 약 300명을 모아, 적어도 5년 동안 추적하는 것을 목표로 삼는다. 트랜스젠더 청소년을 대상으로 한 연구 가운데 아마도 가장 큰 규모일 것이다. 사춘기를 늦추는 것이 어떤 심리적 효과를 일으키는지를 추적하는 일에서는 두 번째로 진행되는 연구이지만, 사춘기를 늦추는 것의 의학적 영향을 추적하는 최초의 연구다. 한쪽 집단은 청소년기가 시작될 때 사춘기를 차단하는 약물을 투여받고, 다른 쪽 집단은 교차 성호르몬을 투여받을 것이다.

사춘기에 도달할 무렵, 자신의 젠더에 의구심을 품은 아이들 가운데 75퍼센트는 태어날 때 지정된 젠더의 정체성을 지닐 것이다. 그러나 청소년기에 자신을 트랜스젠더로 인식한 이들은 거의 평생 동안 자신을 트랜스젠더로 생각하게 된다. 부작용이 아직 제대로 연구되지 않았기에, 아이들에게 사춘기를 차단하는 약물을 투여한다는 생각 자체에 의구심을 품는 이들도 있다. 그러나 이 치료 분야에서 일하는 많은 이들은 트랜스젠더 청소년에게 그 약물을 주지 않음으로써 전이 능력을 막는 것이 오히려 비윤리적이라고 말한다.

그들은 청소년을 치료하지 않는 것이 단지 중립적인 위치에 서 있는 것이 아니라고 지적하는데, 이는 그들을 해로운 상황에 노출시키는 일이기 때문이다.

내분비학회는 트랜스젠더 청소년을 치료하는 데 쓰이는 지침을 개선하는 일을 하고 있다. 샌프란시스코에 위치한 캘리포니아대학교의 소아내분비학자이자, 그 일을 주도하고 있는 스티븐 로젠탈Stephen Rosenthal은 현재 임상의들에게 16세 이전에는 교차 성호르몬을 주지 말라고 조언하는 그 지침이 조금 더 융통성을 가지게 될 것이라고 예상한다. 16세 이전에 사춘기가 시작되는 아이들이 많기 때문이다. 또 한 가지 가능한 수정 사항은 아이들이 사춘기가 되기 전에 자신이 인식한 젠더를 지닌 채 살아가도록 장려하는 것이 될지도 모른다. 샌프란시스코에 있는 캘리포니아대학교의 심리학자 다이앤 에런새프트Diane Ehrensaft는 그런 선택을 하는 이들이 점점 늘고 있다고 말하지만, 이는 현재 논란이 되고 있다.[11] 많은 심리학자들이 청소년기가 될 때까지 그런 사회적 전환을 선택하지 않기를 권한다.

맨체스터대학교의 생명윤리학자 시모나 조르다노Simona Giordano는 아동의 젠더 정체성에 어떤 방향으로 접근하든, 의사와 가족이 아이가 스스로 무엇을 겪고 있는지를 이해하도록 도와야 한다고 말한다. "사회적으로나 신체적으로나 전환은 긴 여행이거든요."[12]

미래 전망

뇌의 성 분화는 풍성하면서도 중요한 연구 주제다. 이를 통해 젠더 정체성과 같은 행동의 인지적 측면들을 비롯해, 젠더 특이적 행동을 통제하는 신경 회로가 밝혀지고 있다. 예를 들어, 지금 우리는 젠더 정체성이 생물학적 기반을 지니며, 태아 발달 단계 때 해부학적 성과 갈라질 수 있다는 것을 알고 있다. 게다가 스바프와 가르시아팔휘에라스의 말처럼, "태어난 뒤의 사회적 환경이 젠더 정체성이나 성적 지향성에 영향을 미친다는 증거는 전혀 없다."[13]

젠더 정체성의 생물학을 더 깊이 파고들면, 우리는 인간 성의 범위를 훨씬 더 명확하게 들여다볼 수 있게 되고, 이를 바탕으로 트랜스젠더 남성과 여성을 더 잘 이해하고 받아들일 수 있을 것이다. 그리고 아이가 다음과 같이 말할 때 그 말이 무슨 의미인지를 이해하게 될 것이다. "나는 엉뚱한 몸에 들어가 있어요." 그러면 우리는 아이가 성인으로 전환되는 데 도움을 줄 수 있을 것이다.

11

의식:
아직 남아 있는 뇌의 커다란 수수께끼

우리 시대의 가장 중요한 생물학자인 프랜시스 크릭Francis Crick은 그의 생애 마지막 30년을 어떻게 의식이 뇌의 활동으로부터 생겨나는지를 연구하는 데 바쳤다. "당신의 기쁨과 슬픔, 기억과 야심, 개인의 정체성 감각과 자유의지는 사실 방대한 조합의 신경세포들과 관련 분자들의 행동에 불과하다." 크릭이 1994년에 출간된 그의 책 《놀라운 가설The Astonishing Hypothesis》에서 한 말이다.

그러나 크릭은 의식의 메커니즘을 이해하는 데 거의 아무런 성과도 남기지 못했고, 오늘날 의식의 통일성(우리의 자의식)은 뇌의 가장 큰 수수께끼로 남아 있다. 철학 개념으로서의 의식은 여전히 의견 일치가 이루어지지 않고 있지만, 의식을 연구하는 이들 그리고 의식의 장애를 조사하는 이들 대부분은 의식이 마음의 통일된 기능이 아니라, 다양한 맥락에 있는 다양한 상태들을 가리킨다고 생각한다.

의식 상태에 관한 현대적인 연구에서 출현한 가장 놀라운 깨달음 하나는 지그문트 프로이트가 옳았다는 것이다. 즉 우리는 의식적 사고에 배어 있는 복잡한 무의식적 정신 과정을 이해하지 않고서는 의식을 이해할 수 없다. 모든 의식적 지각은 무의식 과정에 의존한다. 그러니 의식이라는 수수께끼로 뛰어들기 전에, 뇌 질환에 관한 연구가 마음의 과정들에 관해 우리에게 무엇을 가르쳤는지를 기억하자. 우리는 무의식적·의식적 과정들을 사용해 우리의 행동과 생각을 인도하는 바깥 세계의 내면 표상을 구축한다는 것을 안다. 우리 뇌의 신경 회로에 이상이 생긴다면, 우리는 의식적으로나 무의식적으로나 정도와 유형 면에서 다른 이들과 세상을 다르게 경험할 것이다.

새로운 마음의 생물학(현대 인지심리학과 신경과학의 결합물)은 의식에 관한 새로운 이해를 낳았다. 이 장에서 살펴보겠지만, 과학자들은 뇌 영상을 사용해 의식을 다양한 상태들을 탐구해 왔으며, 이를 통해 우리 뇌가 의식을 생성하는 몇 가지 기본 방식을 밝혀냈다. 그다음에 우리는 의사 결정을 다시 살펴볼 것이다. 이번에는 망가진 도덕적 판단이라는 관점에서가 아니라, 의사 결정이라는 중요한 기술이 무의식적·의식적 처리 과정에서 어떻게 이용되는지와 관런해 더 폭넓은 관점에서 다루어질 것이다. 그 과정에서 우리는 의사 결정을 통제하는 법칙들에 관해 경제학과 세포생물학의 믿을 수 없는 협력이 우리에게 무엇을 말해주는지 알아볼 것이다. 마지막에서는 정신분석이 정신적 과정의 이해에 도움을 준 것들을 살펴보고, 이 치료 방식이 새로운 마음의 생물학과 결합해 어떻게 새로운 힘과 목적을 지니게 되는지 알아볼 것이다.

프로이트의 마음관

프로이트는 우리 마음을 의식적 요소와 무의식적 요소로 나누었다. 의식적 마음인 '자아ego'는 시각, 청각, 촉각, 미각, 후각이라는 감각계를 통해 바깥 세계와 직접 접촉한다. 자아는 현실, 즉 프로이트가 '현실 원리reality principle'라고 부른 것의 인도를 받으며, 지각, 추론, 행동 계획, 쾌락과 고통의 경험, 만족감을 지연할 수 있게 하는 성질에 관여한다. 뒤에서 알아보겠지만, 프로이트는 자아도 무의식적 요소를 지니고 있다는 것을 나중에 깨달았다.

　무의식적 마음, 즉 '이드id'는 논리나 현실이 아니라, '쾌락 원리pleasure principle'의 지배를 받는다. 즉 쾌락을 추구하고 고통을 회피한다. 프로이트는 처음에 무의식을 우리가 대체로 자각하지 못하지만 우리의 행동과 경험에 영향을 미치는 본능들로 이루어진 단일한 실체라고 정의했다. 그는 본능이 모든 마음 기능들에서 동기를 부여하는 주된 힘이라고 여겼다. 프로이트는 그런 본능의 수가 무한히 많다고 말하면서도, 기본적인 몇 가지로 정리했고, 그것들을 크게 두 집단으로 나누었다. 모든 자기 보존 본능과 성애 본능을 포함하는 '에로스Eros', 즉 생명 본능과 모든 공격적이고 자기 파괴적이고 잔인한 본능을 포괄하는 '타나토스Thanatos', 즉 죽음 본능이 그것이다. 따라서 프로이트가 인간의 모든 행동이 성적 동기에서 튀어나온다고 주장했다는 생각은 잘못된 것이다. 타나토스에서 튀어나오는 행동은 성적인 동기를 지니고 있지 않다. 게다가 뒤에서 살펴보겠지만, 생명 본능과 죽음 본능은 융합되기도 한다.

나중에 프로이트는 무의식적 마음 개념을 이드, 즉 본능적 무의식 너머로 확장했다. 그는 두 번째 요소인 '초자아superego'를 추가했다. 초자아는 우리 양심을 형성하는 마음의 윤리적 요소다. 이어서 프로이트는 세 번째 요소를 추가함으로써 마음의 구조 모형을 완성했는데, 이것이 바로 '전의식적 무의식preconscious unconscious'이다. 지금은 이것을 적응적 무의식adaptive unconscious이라고 한다. 무의식의 세 번째 요소는 자아의 일부이기도 하다. 우리가 자각하지 못한 상태에서 의식에 필요한 정보를 처리한다(그림 11.1). 따라서 프로이트는 우리의 고등한 인지 처리 과정의 상당 부분이 무의식적으로 이루어진다는 것을 인정했다. 그래서 우리는 그 과정들을 자각하거나 떠올릴 수가 없다. 적응적 무의식이 무엇이고, 의사 결정 과정에서 그것의 역할이 무엇인지는 뒤에서 알아보기로 하자.

프로이트의 연구 중 상당수는 사회적으로 용납되지 않는 욕망,

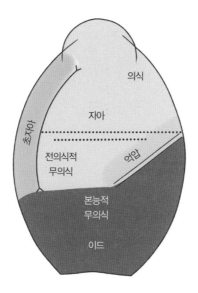

그림 11.1 | 프로이트의 마음 구조 모형

외상성 기억, 고통스러운 감정의 무의식적 창고인 이드와 그런 감정들이 의식적 사고로 들어오지 못하게 막는 방어기제인 억압에 초점에 맞추어져 있었다. 현재 뇌과학자들은 우리 본능 가운데 일부의 생물학적 토대, 즉 우리의 동기, 행동, 판단을 빚어내는 밑바탕에 숨어 있는 강력한 힘들을 연구하기 시작했다.

10장에서 만난 캘리포니아 공과대학의 데이비드 앤더슨은 감정 행동을 신경생물학적으로 연구하면서, 프로이트가 간파한 본능 중두 가지(성욕과 공격성)와 그 융합의 생물학적 토대 가운데 일부를 발견했다.[1]

편도체가 감정을 조율하고 시상하부와 의사소통한다는 것이 알려진 지는 꽤 되었다. 시상하부는 육아, 수유, 짝짓기, 공포, 싸움과 같은 본능적인 행동을 제어하는 영역이다(그림 11.2). 앤더슨은 시상하부 안에서 뉴런들이 핵이라는 두 개의 덩어리를 이루고 있다는 것을 발견했다. 그중 하나는 공격성을 조절하고, 다른 하나는 성욕과 짝짓기를 조절한다. 뉴런 가운데 약 20퍼센트는 이 두 집단 사이의 경계에 놓여 있는데, 짝짓기하거나 공격할 때 활성을 띨 수 있다. 이는 행동을 조절하는 이 두 가지 뇌 회로들이 서로 긴밀하게 연결되어 있다는 것을 시사한다.

짝짓기와 싸움이라는 상호 배타적인 두 행동이 어떻게 동일한

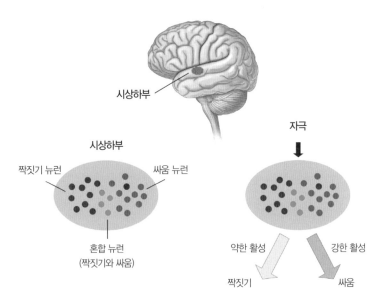

그림 11.2 │ 짝짓기와 싸움을 조절하는 시상하부의 두 뉴런 집단은 서로 긴밀하게 연결되어 있다.

뉴런 집단을 통해 매개되는 것일까? 앤더슨은 그 차이가 그 뉴런들에 오는 자극의 세기에 달려 있음을 알아차렸다. 전희처럼 약한 감각 자극은 짝짓기를 활성화하고, 위험처럼 더 강한 자극은 싸움을 활성화한다.

논쟁을 벌인 뒤에 성행위를 하면 더 큰 쾌감을 얻는 성적 경험을 예를 들어보자. 성욕 및 공격성을 담당하는 영역들이 가까이 있다는 점, 또 두 영역이 겹치는 구간이 있다는 점은 이렇게 두 가지 본능적인 충동들이 쉽게 융합될 수 있는 이유를 설명하는 데 도움을 준다.

의식의 인지심리학적 관점

현대 인지심리학은 프로이트의 심리학과는 다른 방향에서 마음에 접근한다. 우리의 본능에 초점을 맞추는 대신에, 우리의 무의식적 마음이 우리가 알아차리지 못하는 상태에서 어떻게 다양한 인지 과정들을 수행할 수 있는지에 초점을 맞추는 것이다. 그러나 무의식적 인지를 살펴보기 전에, 먼저 현대 인지심리학자들이 의식을 어떻게 생각하는지를 살펴보자.

인지심리학자들이 의식을 언급할 때는 각기 다른 맥락에서의 각기 다른 상태를 이야기하는 것이다. 여기에는 잠에서 깨어남, 다가오는 사람을 알아차림, 감각 지각, 수의적 행동의 계획과 실행 같은 것들이 있다. 이 다양한 상태들을 이해하려면, 별개이지만 중복되는 두 가지 관점들로부터 우리의 의식 경험을 분석해야 한다.

첫 번째 관점은 뇌의 **전반적인 각성 상태**다. 깨어 있는 상태와 깊이 잠든 상태를 예로 들어보자. 이 관점에서 볼 때, **의식의 수준**level of consciousness은 각성과 경계의 다양한 상태들을 가리킨다. 잠에서 깬 상태부터 주변을 경계하는 상태, 정상적인 의식적 사고에 이르기까지 다양하다. 반면에 **의식의 부재**lack of consciousness는 잠, 혼수상태, 전신마취 같은 상태를 가리킨다.

두 번째 관점은 **뇌가 깨어 있는 상태에서 처리하는 내용**을 보는 것이다. 배고픔을 느끼거나 개를 보거나 계피 냄새를 맡는 것이 여기에 해당한다. 내용의 관점에서는 감각 정보의 어느 측면이 의식적으로 처리되고 무의식적으로 처리되는지를 파악하고, 각 처리 유형의 장점을 알아내야 한다.

두 가지 관점은 분명히 서로 관련이 있다. 적절한 각성 상태에 있지 않다면, 우리는 의식적으로든 무의식적으로든 감각 자극을 처리할 수 없다. 따라서 깨어 있음의 생물학을 먼저 알아보자.

최근까지 깨어 있음(각성과 경계)은 대뇌겉질로 오는 감각 입력의 결과라고 여겨졌다. 즉 감각 입력이 꺼지면, 우리는 잠이 든다. 1918년 독감 범유행을 연구하던 오스트리아의 정신의학자이자 신경학자인 콘스탄틴 폰 에코노모Constantin von Economo는 몇몇 환자들이 혼수상태에 먼저 빠져들었다가 죽는 것을 보았다. 그들의 시신을 부검하니, 감각계는 대체로 멀쩡했지만, 뇌줄기 위쪽의 한 영역이 손상되어 있었다. 그는 그 영역을 각성 중추wakefulness center라고 불렀다.

폰 에코노모의 발견은 저명한 이탈리아 과학자 주세페 모루치 Giuseppe Moruzzi와 미국 생리학자 호레이스 마군Horace Magoun이 1949년에 경험적으로 검증했다. 그들이 동물실험에서 감각계부터 뇌로 뻗어 있는 신경 회로, 특히 촉각과 위치 감각을 전달하는 회로를 잘랐을 때는 동물의 의식, 즉 깨어 있는 상태에 아무런 영향이 없었다. 그러나 위쪽 뇌줄기의 한 영역, 폰 에코노모가 각성 중추라고 부른 곳을 손상시키면, 동물이 혼수상태에 빠졌다. 게다가 그 영역을 자극하면 동물은 잠에서 깨고는 했다.

모루치와 마군은 뇌줄기부터 중간뇌를 거쳐 시상까지 그리고 시상부터 겉질까지 뻗어 있는 체계가 있다는 것을 알아차렸다. 그들은 그 체계에 **그물활성계**reticular activating system라는 이름을 붙였다. 의식 상태에는 감각 정보가 필요한데, 그물활성계는 다양한 감각계에서 오는 이런 감각 정보를 받아 대뇌겉질로 퍼뜨린다(그림 11.3). 그물활성계는 각성에 필요하기는 하지만, 의식적인 처리 내용, 즉 각성 상태의 내용에는 관여하지 않는다.

자각, 의식 상태의 내용은 대뇌겉질을 통해 중계된다. 버클리에 있는 캘리포니아대학교의 철학 명예교수 존 설은 사람들이 종종 의식을 정의하기가 어렵다고 말할지라도, 상식 수준에서 정의하기는 그리 어렵지 않다고 주장한다. 의식은 자각, 즉 지각 상태다. 아침에 우리가 깨어날 때 시작되고, 밤에 다시 잠들 때까지, 또는 의식을

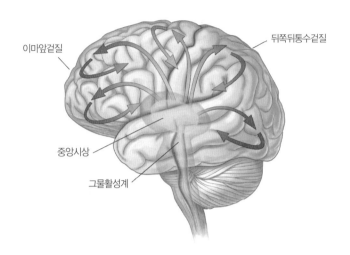

이마앞겉질

뒤쪽뒤통수겉질

중앙시상

그물활성계

그림 11.3 | 그물활성계는 의식 상태에 필요한 감각 정보를 뇌줄기에서 대뇌겉질로 퍼뜨린다.

잃을 때까지 온종일 이어진다.

의식은 세 가지 놀라운 특징을 지닌다. 첫째는 **질적인 느낌**이다. 음악을 듣는 것은 레몬 냄새를 맡는 것과 다르다. 둘째는 **주관성**이다. 즉 자각은 내 안에서 진행되는 것이다. 나는 당신 안에서도 비슷한 일이 일어나고 있다고 꽤 확신하지만, 나와 내 의식의 관계는 나와 다른 누군가의 관계와 같지 않다. 나는 당신이 손에 화상을 입을 때 고통을 느낀다는 것을 알지만, 그것은 내가 당신의 행동을 지켜보고 있기 때문이지, 내가 당신의 고통을 경험하고(실제로 느끼고) 있기 때문이 아니다. 나는 내가 화상을 입을 때에만 고통을 느낀다. 셋째는 **경험의 통일성**이다. 나는 셔츠가 목에 닿는 느낌과 내 목소리와 탁자 주위에 앉아 있는 다른 모든 이들의 모습을 하나의 통일된 의식(내 경험) 일부로 경험한다. 아무렇게나 섞여 있는 서로 분리된 감각 자극들로 경험하는 것이 아니다.

설은 더 나아가 의식에는 쉬운 문제와 어려운 문제가 있다고 말한다. 쉬운 문제는 뇌의 어떤 생물학적 과정이 의식 상태와 상관이 있는지를 파악하는 것이다. 현재 버나드 바스Bernard Baars와 스타니슬라스 데하네Stanislas Dehaene와 같은 과학자들은 뇌 영상을 비롯한 여러 현대 기술들을 사용해 그런 **의식의 신경 상관물**neural correlates of consciousness을 조사하고 있다. 그들의 연구는 잠시 뒤에 살펴보기로 하자.

설이 말하는 어려운 문제는 이런 의식 상태의 신경 상관물이 의식 경험과 어떻게 연관되는지를 이해하는 것이다. 우리는 자신이 하는 모든 경험(장미의 냄새, 베토벤 피아노 소나타의 소리, 후기 자본주의의 후기 산업화 시대를 살아가는 사람의 불안 등 모든 것)이 뇌에 있는 신경들의 다양한 발화율을 통해 생성된다는 것을 안다. 하지만 이 신경 과정들, 이 의식의 상관물이 실제로 의식을 만들어내는 것일까? 그렇다면 어떻게? 그리고 의식 경험은 왜 이런 생물학적 과정들이 있어야 하는 것일까?

이론적으로는, 통상적인 방법을 사용해 신경 상관물이 의식을 일으키는지 여부를 알아낼 수 있어야 한다. 의식의 신경 상관물을 켜서 의식을 켤 수 있는지 그리고 의식의 신경 상관물을 꺼서 의식을 끌 수 있는지 말이다. 우리는 아직 그 수준에 도달하지 못했다.

의식의 생물학

아마 19세기의 생리학자이자 심리학자인 헤르만 폰 헬름홀츠Hermann von Helmholtz가 뇌가 감각계들로부터 다듬어지지 않은 정보들을 모아 그것들로부터 무의식적으로 추론을 끌어낸다는 것을 최초로 깨달은 사람일 것이다. 사실 뇌는 아주 부족한 정보로도 복잡한 추론을 해낼 수 있다. 예를 들어, 일련의 검은 선들을 볼 때, 그 선들은 아무런 의미도 없다. 그러나 그 선들이 움직이기 시작하면, 특히 앞으로 나아가기 시작하면, 우리 뇌는 사람이 걷는 모습이라는 것을 즉시 알아차린다.

또 헬름홀츠는 정보의 무의식적 처리가 그저 반사적이거나 본능적이지 않고, 적응적이라는 점을 알아차렸다. 즉 세상에서 생존하는 데 도움을 준다. 게다가 우리 의식은 창의적이다. 다양한 정보를 통합해 의식에 전달한다. 기억에 저장된 정보와 지금 지각되고 있는 정보를 모두 이용한다. 뇌는 이 단편적인 정보들을 취해 이전의 경험과 비교하고, 학습을 거친 더 합리적인 판단을 내린다.

프로이트는 이런 놀라운 통찰을 받아들였다. 그는 말하는 능력에 여러 결함이 생기는 언어상실증이라는 다양한 질병들에 관심을 두고 살펴보다가, 한 가지 놀라운 발견을 했다. 그것은 사용할 단어를 우리가 의식적으로 고르는 것이 아니라는 발견이었다. 우리는 문법 구조를 의식적으로 형성하지 않는다. 모두 무의식적으로 이루어진다. 우리는 그냥 말한다. 말을 할 때 우리는 말하고자 하는 것의 핵심은 알고 있지만, 말을 할 때까지는 정확히 무엇을 말하려고 하는지 알지 못한다.

마찬가지로 얼굴을 볼 때 우리는 두 눈과 두 눈썹, 두 귀와 입을 의식적으로 보면서, "아, 그렇군, 아무개구나" 하고 말하는 것이 아니다. 인지는 그냥 이루어진다. 그런 고차원적인 적응적 사고는 프로이트의 전의식적 의식에서 일어난다. 따라서 프로이트의 의문은 사실 다음과 같이 바꿀 수 있다. 복잡한 것을 인지할 수 있게 해주는 이 모든 통합의 본질은 무엇일까?

이 질문에 답하기 위해, 그림 11.4를 보자. 왼쪽 그림은 네 개의 검은 원반 위에 하얀 사각형이 놓인 모습처럼 보인다. 오른쪽 그림은 그냥 귀퉁이가 잘려나간 검은 원반 네 개가 아무렇게나 놓여 있는 것처럼 보인다. 지각 경험에서 의미를 추출하는 데 익숙한 우리 뇌는 왼쪽 그림에서 검은 원반 네 개 위에 하얀 사각형이 놓여 있는 것을 보고 있다고 알려준다. 그러나 사실 흰 사각형은 거기에 없다. 사각형은 우리 뇌가 만들어낸 것이다. 오른쪽의 검은 원반 네 개를 보면 그 사실을 깨닫게 된다. 게다가 우리 뇌는 사각형의 흰색과 배경의 흰색 사이의 차이도 만들어낸다. 실제로 그런 차이는 존재하지 않는다.

인지심리학자 버나드 바스는 뇌의 의식적·무의식적 정신 과정들의 통합(우리가 보는 것에 관한 마음의 해석)을 신경과학의 발전과 어떻게든 관련지을 수만 있다면, 그것을 경험적으로 탐구할 수 있을 것으로 생각했다. 그래서 그는 그 일을 해보기로 했다.

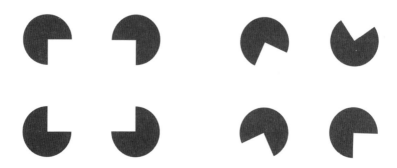

그림 11.4 | 카니자 사각형Kanizsa Square. 의식적 사고는 실제로는 없는 암시적인 선을 만들어낸다(왼쪽).

전역 작업공간

뇌 영상을 사용해 시지각visual perception을 연구하는 일련의 실험을 설계하고 수행한 뒤, 바스는 1988년 전역 작업공간global workspace 이론을 내놓았다.[2] 이 이론에 따르면, 의식은 이전에 무의식적(전의식적)이었던 정보를 겉질 전체로 폭넓게 뿌리는, 즉 방송하는 일을 한다. 바스는 전역 작업공간이 뇌줄기에서 시상까지 그리고 시상에서 대뇌겉질까지 뻗어 있는 신경 회로 체계를 포함한다고 주장했다.

바스 이전까지는, 의식이라는 문제는 가장 엄밀한 실험심리학자들 사이에는 금기로 여겨졌다. 과학적으로 조사할 수 있는 문제라고 보지 않았기 때문이다. 그러나 지금은 심리학자들이 실험실에서 의식을 조사할 수 있는 아주 다양한 기법들을 갖추고 있다. 기본적으로 실험은 얼굴 사진이든 단어든 어떤 자극을 선택해 조건을 약간 바꿈으로써, 그 자극의 지각이 의식에 들어오거나 들어오지 않도록 만들 수 있다. 예를 들어, 당신에게 사람의 얼굴 사진을 보여준 뒤에 아주 빨리 다른 사진을 보여준다면, 그 얼굴은 가려진다. 그러면 당신은 얼굴을 의식적으로 지각하지 못할 것이다. 하지만 같은 사진을 몇 초 동안 보여주면, 의식적으로 쉽게 지각할 것이다.

이는 의식을 인지심리학적으로 새롭게 이해한 것이다. 의식적 지각의 심리학을, 시상에서 대뇌겉질 전체로 방송되는 신경 신호라는 뇌과학과 종합한 것이다. 이 두 가지 접근법은 서로 분리될 수 없다. 의식 상태를 잘 파악하는 심리학이 없다면 정보 방송의 생물학을 연구할 수 없으며, 그에 관한 생물학이 없다면 의식의 기본 메커니즘을 결코 이해할 수 없을 것이다.

프랑스의 인지신경과학자 스타니슬라스 데하네는 바스의 심리학 모형을 생물학 모형으로 확장했다.[3] 데하네는 우리가 의식 상태라고 경험하는 것이, 특정한 정보를 선택하고 증폭해 겉질로 방송하는 분산된 신경 회로 집합의 결과물임을 알아냈다. 바스의 이론과 데하네의 발견은 우리가 생각을 서로 다른 두 가지 방식으로 한다는 것을 보여준다. 하나는 지각을 수반하는 무의식적인 방식이고, 다른 하나는 지각된 정보의 방송을 수반하는 의식적인 방식이다.

데하네는 무의식적 처리와 의식적 처리를 대비시킴으로써, 뇌가 이미지를 의식하게 하는 방법을 고안했다.[4] 그는 화면에 '일, 이, 삼, 사'라는 단어가 깜박이도록 했다. 각 단어가 아주 빠르게 깜박거린다고 해도, 우리는 그 단어들을 볼 수 있다. '사'라는 마지막 단어가 깜박거리기 직전과 직후에 어떤 모양이 화면에 깜박거리면, 그 단어는 사라지는 듯하다. 화면에도 나타나고, 망막에도 비치며, 뇌가 처리하고는 있지만, 우리가 그것을 의식하지는 못한다.

이어서 그는 조금 더 나아가 단어들을 의식의 문턱에 걸쳐놓았다. 즉 절반의 시간 동안 당신은 단어를 보았다고 말하고 절반은 못 보았다고 말할 것이다. 당신의 지각은 지극히 주관적이다. 객관적인 현실에서 단어들은 동일해도, 당신은 보았다거나 못 보았다고 생각한다.

우리가 단어를 잠재의식으로subliminally, 즉 의식의 문턱 아래에서 볼 때 뇌에 어떤 일이 일어날까? 첫째, 시각겉질은 매우 활성을 띤다. 이는 무의식적 신경 활동이다. 우리가 본 단어는 대뇌겉질의 초기 시작 처리 장소에 도달하고, 200~300밀리초 뒤에 겉질의 더 고등한 중추에 도달하지 못한 채 서서히 사라진다(그림 11.5). 30년 전에 신경과학자들에게 무의식적 지각이 대뇌겉질에 도달하는지 물었다면, 그들은 아니라고 답했을 것이다. 대뇌겉질에 도달하는 정보는 모두 자동적으로 의식에 들어올 것이라고 믿었기 때문이다. 실제로는 지각이 의식적으로 변할 때, 전혀 다른 일이 일어난다.

의식적 지각도 시각겉질의 활동으로 시작하지만, 그 활동은 사라지는 대신에 증폭된다. 약 300밀리초 뒤에 아주 커지는데, 잦아드는 물결이 아니라 지진해일 같아진다. 의식적 지각은 더 커지며 뇌로 전파되어 이마앞겉질까지 퍼진다. 이마앞겉질에 도달한 뒤에는 방향을 틀어 출발한 곳으로 되돌아오는데, 이로써 활성의 메아리가 울려 퍼지는 신경 회로가 형성된다. 이것이 바로 우리가 정보를 의식할 때 일어나는 정보 방송이다. 이 반향을 통해 정보는 전역 작업공간으로 들어가고, 그곳에서 뇌의 다른 영역들에 접근할 수 있게 된다(그림 11.6).

간단히 말하자면, 우리가 특정한 단어를 의식할 때, 그 단어는 전역 작업공간에서 쓰일 수 있게 된다. 이 과정은 단어의 시각적 인지와 별개로 일어난다. 비록 단어가 아주 짧게 눈앞에서 깜박거린다고 해도, 그 단어는 작업 기억을 통해 마음에 담길 수 있다. 그런 뒤에는 필요한 모든 영역으로 방송을 탈 수 있다.

뇌 영상을 통해 발견한 내용도 같다. 의식적 활성은 의식이 집중할 수 있는 것에 한정된다. 즉 한 번에 하나의 항목만을 골라, 뇌 전역으로 방송된다. 대조적으로 정보의 무의식적 처리는 겉질의 여러 영역에서 동시에 일어날 수 있지만, 그 정보는 다른 영역들로 방송되지 않는다. 예를 들어, 이 지면의 단어들을 읽을 때, 당신은 주변을 지각하고 있다. 주위의 소리, 온도 같은 것들 말이다. 주변에 관한 감각 정보는 뇌에서 무의식적으로 처리되지만, 그 정보는 폭넓게 방송되지 않기에 글을 읽는 동안 당신은 이런 정보들을 의식적으로 알아차리지 않는다.

앞서 언급한 실험들은 정보가 우리 뇌로 들어오기는 하지만 의식적 지각까지 떠오르지 않을 수 있다는 것을 보여준다. 그러나 정말 흥미롭게도, 그런 정보가 우리 행동에 영향을 줄 수 있다. 뇌의 무의식적 처리가 감각 정보에만 국한된 것이 아니기 때문이다. 어

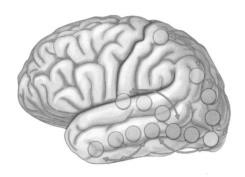

그림 11.5 | 문턱밑 지각. 시각겉질의 활성은 뇌의 더 고등한 영역들에 도달하기 전에 잦아든다.

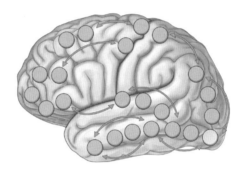

그림 11.6 | 의식적 지각. 시각겉질의 활성은 이마앞겉질로 방송되고, 그곳에서 뇌의 다른 영역들에 의해 이용된다.

떤 단어를 단순히 인지하는 일은 무의식적으로 일어나는 반면, 그 단어의 의미는 우리가 알아차리지 못한 상태에서 뇌의 훨씬 더 고등한 중추에서 처리되고 있다. 단어의 소리나 감정적인 내용이나, 잘못 말해 고쳐 말하고 싶은 부분이나 그렇지 않은 부분 등, 단어의 다른 측면들도 무의식적으로 처리될 수 있다. 마찬가지로, 숫자를 볼 때 우리는 우리 뇌의 수학 체계와 저절로 연결된다. 과학자들은 아직도 무의식적 처리가 어떻게 이루어지며, 얼마나 깊이 들어갈 수 있는지를 이해하기 위해 애쓰고 있다.

상관관계일까 인과관계일까?

전의식적인 것, 즉 의식 활동과 상관관계가 있는 것(의식의 신경 상관물)과 실제로 의식 활동을 일으키는 것을 어떻게 구별할까? 뇌는 의식의 실제 내용을 어떻게 파악할까? 이런 문제들을 규명하기 위해서는 더 세밀한 기술이 필요하다.

현재 컬럼비아대학교에 있는 대니얼 샐츠먼Daniel Salzman과 스탠퍼드대학교의 윌리엄 뉴섬William Newsome은 전기 자극법을 사용해, 동물의 뇌에 있는 정보 처리 경로들을 조작했다.[5] 동물들은 화면에서 점이 왼쪽으로 움직이는지 오른쪽으로 움직이는지 가리키도록 훈련받았다. 샐츠먼과 뉴섬은 시각 운동에 관여하는 뇌 영역의 아주 작은 부분을 자극해, 점의 이동에 관해 동물의 지각에 약간의 변화를 유도할 수 있었다. 이 지각 변화로 동물은 점이 어느 쪽으로 움직이는지에 관해 마음을 바꾸게 되었다. 점이 실제로는 오른쪽으로 움직이고 있을 때, 왼쪽 움직임을 담당하는 뇌세포를 자극하자, 동물은 마음을 바꾸어 점이 왼쪽으로 움직인다고 가리켰다.

1989년 니코스 로고테티스Nikos Logothetis와 제프리 샬Jeffrey Schall은

비슷한 방법으로 두 눈 경합binocular rivalry을 조사했다.[6] 두 눈 경합은 양쪽 눈에 서로 다른 이미지가 보이는 상황을 가리킨다. 그럴 때 우리 지각은 두 이미지를 겹치는 대신에, 양쪽 이미지 사이를 오락가락한다. 그래서 우리는 한 번에 한 이미지만 '볼' 수 있다. 동물들에게도 동일한 현상이 나타난다. 로고테티스와 샬은 이미지 변환을 '보고하도록' 원숭이를 훈련해 실험을 진행했다. 그들은 어떤 뉴런들은 물리적 이미지에만 반응하고, 또 어떤 뉴런들은 그 이미지에 대한 동물의 지각에 반응한다는 것을 발견했다. 앞서 살펴보았듯이, 지각은 단순히 감각 자극에 대한 반응이 아니라, 기억과 같은 인지 기능들을 수반한다. 로고테티스와 샬의 연구를 바탕으로 후속 연구들이 이루어져 왔으며, 그런 연구들은 정보가 기초적인 시각겉질에서 뇌의 더 고등한 영역들로 갈수록, **지각 표상**percept, 즉 대상의 마음속 표상에 동조된 뉴런의 수가 늘어난다고 말한다.

로고테티스는 자신의 연구와 관련 연구들의 결과를 다음과 같이 맺는다. "이 연구들에서 따라 나오는 뇌의 그림은, 감각 입력뿐 아니라 과거 경험을 바탕으로 기대감을 나타내는 내부 신호에도 반응해, 의식 상태를 만들어내는 과정들이 담긴 체계다."[7] 그는 더 나아가 "의식을 반영하는 뉴런을 찾아내는 것"이 의식의 토대에 놓인 신경 회로를 찾아내는 "좋은 출발점"이라고 공언한다.

비록 의식에 관한 생물학적 연구는 이제 막 시작되었을 뿐이지만, 이 실험들은 의식의 다양한 상태들을 탐험할 몇 가지 유용한 패러다임을 제공한다.

의식의 생물학을 보는 전반적인 관점

여기서 이마앞겉질을 향한 전기신호의 전파(무의식적 정보가 전역 작업공간으로 방송되는 것)가 의식을 나타낸다고 결론지으려는 유혹에 빠질 수 있다. 하지만 의식이 그렇게 단순할 가능성은 적다. 이 방송 활동 중 일부는 의식을 나타내는 것이 분명하지만, 일부는 그저 연상을 나타내는 것일 수도 있다.

예를 들어, 존 레넌John Lennon이 누구인지 모르는 사람이 그의 사진을 보고 있다고 하자. 그 사람의 뇌는 시각겉질로부터 이마앞겉질로 정보를 보내는 통상적인 과정을 처리할 것이다. 그 결과 그녀는 둥근 안경에 긴 머리를 가진 상냥해 보이는 남자를 보게 될 것이다. 그러나 존 레논이 누구인지 알고 있다면, 그녀는 그 사진을 노래 〈엘리너 릭비Eleanor Rigby〉 그리고 비틀즈의 다른 구성원들인 폴 매카트니Paul McCartney, 조지 해리슨George Harrison, 링고 스타Ringo Starr와 연관 지을 것이다. 이 추가적인 뇌 활동은 레논의 얼굴을 지각하는 것과 별개다. 그녀는 이제 레넌의 사진을 인식하고 그것을 기억과 연관 짓는다. 우리가 이런 연상을 무의식적으로 하더라도, 그 연상은 시각계에서 보내는 정보에 반응해 우리 뇌의 이마엽 영역에서 일어나는 활동의 산물이다.

유입되는 자극과 의식이 대체로 독립적으로 작동할 수 있다는 사실과 관련해, 아주 중요한 점을 마지막으로 하나 더 알아보자. 뇌를 떠올릴 때, 우리는 보통 감각 입력을 받고, 출력으로 반응을 일으키는 기관이라고 생각한다. 이 생각이 정확할 때도 있지만, 다음과 같은 점을 고려해 보자. 시각 자극이 전혀 없는 완전히 어둠 속에 있어도, 우리는 겉질의 고등한 영역에서 기원하는(즉 하향적·인지적 특성을 지닌) 아주 복잡한 활동 상태를 유지한다. 게다가 꿈을 꿀 때 우리는 매우 다채롭거나 감정을 불러일으키는 사건들을 겪을 수 있다. 바깥 세계에서 오는 아주 약한 신호들조차도 겉질에 도달하지 못한다고 하더라도 말이다. 우리는 때때로 주변에서 일어나는 일들을 무시한 채 생각을 하거나 계획을 짠다. 앞날을 상상하며 몽상에 빠져 있을 때에도 우리 뇌는 감각 자극을 일시적으로 차단하고 내면에서 생성된 착상을 가지고 노는데, 이런 착상과 몽상은 외부 자극의 입력 없이 독립적으로 생성된다. 굉음이나 담배 냄새를 접하는 순간 현실로 돌아올 수 있지만, 우리 뇌가 내면의 생각에 푹 빠져 있는 동안(종종 그렇다) 새로운 감각 자극을 차단한다는 것도 분명한 사실이다.

의사 결정

좋은 결정을 내리는 능력은 무의식적인 정신 과정과 의식적인 정신 과정 모두에 의존하는 중요한 기술이다. 8장에서 우리는 감정이 의사 결정에 중요한 역할을 한다는 것을 알아보았다. 여기서는 의사 결정 단계에서 무의식적 및 의식적 과정들이 어떻게 상호작용하는지를 이해하는 데 기여한 인지심리학과 생물학의 몇 가지 개념들을 살펴보자.

인지심리학자 티모시 윌슨Timothy Wilson은 **적응적 무의식**adaptive unconscious이라는 개념을 제시한 바 있다. 이것은 프로이트의 전의식적 무의식과 비슷한 고차원 인지 과정들의 집합을 가리킨다.[8] 적응적 무의식은 우리가 알아차리지 못한 상태에서 정보를 빠르게 해석하기 때문에, 우리의 생존에 대단히 중요한 역할을 한다. 우리가 주변에서 일어나는 일에 의식적으로 초점을 맞추고 있는 동안, 적응적 무의식은 우리 마음의 일부가 다른 곳에서 벌어지는 일을 계속 주시할 수 있게 함으로써 중요한 일을 놓치지 않도록 한다. 적응적 무의식은 많은 기능을 하는데, 그중 하나가 의사 결정이다.[9]

많은 이들은 중요한 선택에 직면했을 때, 선택을 판단하는 데 도움을 얻고자 종이를 한 장 꺼내고 장점과 단점을 양쪽에 죽 적는다. 그러나 그 방식이 결정을 내리는 최선의 방식이 아니라는 점은 여러 실험들을 통해 드러났다. 무언가를 지나치게 의식하다가는 당신이 실제로는 좋아하지 않는 것을 좋아한다고 생각하게 될 수도 있다. 그보다는 그 결정에 관한 정보를 가능한 한 많이 모은 다음, 결정이 무의식적으로 흘러나오도록 하는 것이 최선이다. 당신이 어느쪽을 선호하는지는 부글부글 올라올 것이다. 수면은 감정을 안정시키는 데 도움을 주므로, 중요한 결정을 내릴 때에는 말 그대로 그 문제를 깔고 잠을 자야 한다. 한마디로 말하자면, 우리의 의식적 결정은 무의식이 선택한 정보에 의존한다.

비록 적응적 무의식이 아주 영리하고 정교한 과정들이지만, 완벽하지는 않다. 아주 빠르게 정보를 분류하지만, 융통성이 없을 수도 있다. 어떤 학파는 이것으로 편견을 어느 정도 설명할 수 있을 것이라고 본다. 우리는 과거의 경험을 바탕으로 자극에 빨리 반응하지만, 그 경험은 당면한 새로운 상황에 들어맞지 않을 수도 있다. 그런 새로운 상황에서는 의식이 개입해 빠른 판단을 수정할 수 있다. "잠깐만. 빠르고 부정적인 이번 반응은 잘못된 것일지 몰라. 다시 생각해 봐야겠어." 적응적 무의식은 의식과 발맞추어 우리를 지구에서 가장 영리한 종으로 만드는 쪽으로 우리를 인도한다. 서로 다른 유형의 정보를 다루도록 진화한 두 가지 정신 과정들을 얼마나 먼 과거까지 추적할 수 있는지 알아보는 일도 흥미로울 것이다.

의사 결정 과정에서 적응적 무의식이 지닌 생물학적 역할은 샌프란시스코에 있는 캘리포니아대학교의 벤저민 리벳Benjamin Libet의 단순한 실험으로 드러났다. 독일 신경학자 한스 헬무트 코른후버Hans Helmut Kornhuber는 우리가 손을 움직이는 것과 같은 수의운동을 시작할 때, **준비 전위**readiness potential가 생성된다는 것을 밝혀냈다. 준비 전위는 머리뼈의 표면에서 검출할 수 있는 전기신호의 일종이다. 준비 전위는 실제 운동이 일어나기 1초 이내에 나타난다.

리벳은 이 실험을 한 단계 더 끌고 나아갔다. 그는 실험 참가자들에게 움직이려는 "의지"를 의식적으로 일으켜보라고 하면서, 그 의지 작용이 정확히 언제 일어나는지를 기록했다. 그는 의지 작용이 준비 전위, 즉 활동이 시작되었다는 신호보다 먼저 나타날 것이라고 확신했다. 그런데 놀랍게도, 준비 전위보다 나중에 나타났다. 심지어 여러 번의 시험을 평균하자, 리벳은 한 사람의 뇌를 들여다 보며 당사자가 스스로 알아차리기도 전에 그가 움직이려고 한다는 것을 알 수 있었다.[10]

이 놀라운 결과는 우리가 무의식적 본능과 욕구에 좌우된다는 점을 시사하는지도 모른다. 그렇지만 우리 뇌에서 일어나는 활동은 움직임 자체가 아니라 움직이려는 결정 자체보다도 앞서 나타난다. 리벳이 설명하듯이, 수의 행동을 시작하는 과정은 뇌의 무의식적 부분에서 급속하게 일어난다. 그러나 행동이 일어나기 직전에, 더 늦게 활동을 시작하는 의식은 그 행동을 승인하거나 거부한다. 따라서 우리가 손가락을 들어올리기 150밀리초 전에, 우리의 의식은 실제로 손가락을 움직일지 말지를 결정한다. 리벳이 보여준 것은 뇌 안에서 일어나는 활동이 자각에 앞서며, 우리가 취하는 모든 행동에 앞선다는 것이다. 따라서 의식과 관련지어 이야기할 때, 우리 는 뇌 활성의 특성에 관한 생각을 다시 정립해야 한다.

1970년대에 대니얼 카너먼Daniel Kahneman과 아모스 트버스키Amos Tversky는 직관적 사고가 지각과 추론의 중간 단계 역할을 한다는 개 념을 조사하기 시작했다. 그들은 사람들이 어떻게 의사 결정을 내 리는지 살펴보았고, 추론의 무의식적 오류가 우리의 판단을 크게 왜곡하고 우리 행동에 영향을 끼친다는 것을 곧 깨달았다.[11] 그들 의 연구는 행동경제학이라는 새로운 분야의 뼈대가 되었다.

카너먼과 트버스키는 빠른 행동을 허용하는 한편으로, 최적의 수준에 미치지 못하는 판단을 낳을 수 있는 정신적 지름길을 몇 가지 파악했다. 예를 들어, 의사 결정은 대안들이 기술되는, 즉 프레임이 만들어지는 방식에 영향을 받는다. 선택을 내려야 하는 상황에서 우리는 이익보다는 동등한 수준의 손실을 훨씬 중시한다. 예를 들어, 수술을 받아야 하는 환자는 외과의가 사망할 확률이 10퍼센트라고 말할 때보다 생존할 확률이 90퍼센트라고 말할 때 수술을 받겠다고 할 확률이 훨씬 더 높다. 확률 자체는 동일하지만 우리는 위험을 회피하기 때문에, 낮은 수준의 사망 확률보다 높은 수준의 생존 확률을 듣는 쪽을 더 선호한다.

카너먼은 더 나아가 사고 체계를 두 가지 일반적인 유형으로 나누었다.[12] 시스템 1은 대체로 무의식적이고 빠르며 자동적이고 직관적이다. 적응적 무의식, 또는 손꼽히는 인지심리학자 월터 미셸Walter Mischel이 "뜨거운hot" 사고라고 부르는 것과 비슷하다. 일반적으로 시스템 1은 연상과 비유를 사용해 어떤 문제나 상황에 대한 답의 거친 초안을 빠르게 내놓는다. 카너먼은 우리의 가장 숙련된 기능에 속한 활동들이 많은 직관을 요구한다고 주장한다. 마스터 수준으로 체스를 두거나 사회적 상황을 파악하는 일이 그렇다. 그러나 직관은 편향과 오류에 휩싸이기 쉽다.

대조적으로 시스템 2는 의식을 기반으로 하며 느리고 신중하며 분석적이다. 미셸의 "차가운cool" 사고와 비슷하다. 시스템 2는 명시적인 신념과 대안들에 관한 합리적인 평가를 바탕으로 상황을 평가한다. 카너먼은 우리가 (무엇을 생각하고 어떻게 행동할지를 결정하고 선택을 내리는 의식적이고 추론적인 자아인) 시스템 2를 자신과 동일시하지만, 사실은 시스템 1의 인도를 받아 살고 있다고 주장한다.

의사 결정의 시스템이 있다는 것을 보여주는 명확한 사례는 무의식적 감정, 의식적 느낌, 그것들의 신체적 표현에 관한 연구에서 나왔다. 19세기 말까지, 감정은 일련의 특정한 사건들로부터 나타나는 결과로 여겨졌다. 예를 들어, 누군가가 무서운 상황을 인식하면, 그 인식은 대뇌겉질에 공포라는 의식적인 경험을 일으킨다. 공포는 몸의 자율신경계에 무의식적 변화를 유도하고, 이것으로 심장 박동이 빨라지고, 혈관이 수축되고, 혈압이 높아지고, 손바닥에 땀이 난다는 것이다.

앞서 살펴보았듯이, 1884년 윌리엄 제임스는 이 사건들의 순서에 의문을 제기했다. 그는 뇌가 몸과 의사소통할 뿐 아니라, 마찬가지로 중요한 점인데, 몸도 뇌와 의사소통한다는 것을 깨달았다. 그는 감정에 관한 의식적 경험이 몸의 생리적 반응보다 나중에 일어난다고 주장했다. 따라서 길 한가운데 앉아 있는 곰과 마주쳤을 때, 우리는 곰의 포악함을 의식적으로 평가한 뒤에 두려움을 느끼는 것이 아니라, 본능적으로 달아난 뒤에야 나중에 의식적으로 공포를 경험한다는 것이다.

최근에 서로 다른 세 연구 팀이 제임스의 이론이 옳았다는 것을 확인했다.[13] 그들은 뇌 영상을 사용해 마루엽과 관자엽 사이의 겉질에서 작은 섬 모양의 뇌섬엽, 즉 앞섬겉질anterior insular cortex을 발견했다. 뇌섬엽은 우리의 감정이 표현되는 곳이다. 다시 말해, 감정이

차 있는 자극에 대한 몸의 반응을 의식적으로 자각하는 곳이다. 뇌섬엽은 그런 자극의 감정적인 측면이나 동기에 관한 측면의 중요성을 평가하고 종합할 뿐만 아니라, 외부의 감각 정보와 내부의 동기 상태를 조율한다. 이렇게 신체적인 상태를 의식하는 것이야말로 우리가 스스로를 감정적으로 자각하는, 즉 '나는 존재한다'는 느낌을 일으키는 수단이다.

우리가 8장에서 만났던, 감정의 신경생물학을 개척한 조제프 르두는 자극이 두 경로 가운데 하나를 통해 편도체로 이동한다는 것을 알았다. 첫 번째 경로는 무의식적 감각 자료를 처리하고 한 사건의 감각적 측면들을 자동적으로 하나로 엮는, 속도가 빠른 직접 경로다. 두 번째 경로는 뇌섬엽을 비롯한 대뇌겉질의 몇몇 영역을 통해 정보를 내보내며, 정보의 의식적 처리에 기여하는 듯하다. 르두는 직접 경로와 간접 경로가 협력해, 어떤 상황에 대한 무의식적이고 즉각적인 반응과 그 뒤에 그 반응의 의식적인 정교화를 매개한다고 주장한다.

이런 연구들에 기초해, 우리는 현재 정신생활의 표면 밑으로 들어가 의식적 경험과 무의식적 경험이 서로 어떻게 관련 맺는지를 탐구하는 위치에 와 있다. 의식에 관한 가장 흥미로운 최근의 몇몇 깨달음은 제임스의 생각과 같은 맥락에서 의식과 그것이 다른 정신 과정들에서 수행하는 역할을 함께 조사함으로써 얻은 것이다. 의식적으로 기억을 회상하는 일에 관여하는 해마의 메커니즘들이 무의식적 결정을 인도하고 편향시킬 수 있다는 엘리엇 위머Elliott Wimmer

와 다프나 쇼하미Daphna Shohamy의 영상 연구가 대표적이다.[14]

위머와 쇼하미는 먼저 실험 참가자들에게 둘씩 짝지은 이미지들을 죽 보여주었다. 그런 다음 이미지들을 분리하고, 조건 학습 기법을 사용해 그중 일부 이미지들을 금전적인 보상과 결부지어 보여주었다. 마지막으로 참가자들에게 금전적인 보상과 관련짓지 않은 이미지들을 보여주면서, 어느 것들이 마음에 드는지 물었다. 참가자들은 보상이 따라붙은 이미지의 짝이었던 이미지를 더 선호하는 경향을 보였다. 참가자들이 원래 짝지었던 이미지들을 의식적으로 회상할 수 없었는데도 그랬다. 연구진은 해마가 현재 이미지와 짝이었던 원래 이미지의 연합을 재활성화할 수 있으며, 줄무늬체와 협력해 이것을 보상의 기억과 연결지어 참가자의 선택을 편향시킬 수 있다고 결론지었다.

생물학이 의사 결정과 선택에 관여한다는 것이 밝혀진 뒤, 뉴섬과 몇몇 신경과학자들은 이런 경제 모형들을 동물의 세포 수준에도 적용해 보기 시작했다. 의사 결정을 관장하는 규칙들을 이해하기 위한 것이었다. 그런 가운데 경제학자들은 관련 연구 결과를 경제학이론에 통합하기 시작했다.

신경과학자들은 영장류의 신경세포 하나를 조사하는 방법을 사용해 의사 결정에 관한 연구 분야에서 긍정적인 성과를 이루어왔다. 마이클 섀들런Michael Shadlen의 연구에 담긴 한 가지 주요한 발견은, 의사 결정에 관여하는 겉질의 연합 영역들association areas에 있는 뉴런들이 겉질의 감각 영역들sensory areas에 있는 뉴런들과 반응 특성이 전혀 다르다는 것이다. 감각 뉴런은 현재의 자극에만 반응하는 반면 연합 뉴런은 더 오랜 시간 활성을 띠는데, 이것은 연합 뉴런이 행동하기 위한 사전 계획과 지각을 서로 연결하는 메커니즘의 일부이기 때문일 것이다.[15]

섀들런의 연구 결과는 연합 뉴런이 선택과 관련된 확률을 정확하게 추적한다는 것을 드러낸다. 예를 들어, 원숭이는 오른쪽 표적이 보상을 준다는 증거를 더 많이 접할수록, 오른쪽 선택을 선호하는 신경 활성이 증가한다. 이를 바탕으로 원숭이는 증거를 축적하고, 올바른 선택지일 확률이 어떤 문턱값, 이를테면 90퍼센트를 넘어서면 선택을 내릴 수 있게 된다. 뉴런의 활성과 그것들이 추진하는 결정은 아주 빠르게 일어날 수 있다. 때로는 1초도 안 걸린다. 따라서 적절한 상황에서는 빠른 결정조차도 거의 최적의 방식으로 일어날 수 있다. 사고의 빠르고 무의식적인 시스템 1이 살아남은 이유도 이 때문일지 모른다. 어떤 상황에서는 오류를 저지르기 쉬울지라도, 다른 상황에서는 고도로 적응적이기 때문이다.

정신분석과 새로운 마음의 생물학

20세기 전반기에 정신분석은 무의식적 정신 과정, 심리 결정론, 유아의 성욕 그리고 아마도 가장 중요하다고 할 만한 인간 동기의 비합리성에 관한 놀랍고 새로운 통찰들을 제공했다. 그 접근법이 너무나 새롭고 강력했기에, 오랜 세월 프로이트를 비롯한 지적이고 창의적인 정신분석가들은 환자와 분석가의 심리요법을 매개로 하는 만남이 인간 마음을 과학적으로 탐구하는 가장 좋은 환경을 제공한다고 주장할 수 있었다.

그러나 정신분석은 20세기 후반기에는 그다지 인상적인 성과를 내놓지 못했다. 정신분석적인 사고방식이 계속 발전하기는 했지만, 새롭게 알게 된 사실은 거의 없다시피 했다. 가장 중요하면서도 가장 실망스러운 점은 정신분석이 과학으로 발전하지 않았다는 것이다. 특히 자신이 정립한 놀라운 개념들을 검증할 만한 객관적인 방법을 개발하지 못했다. 그 결과 정신분석은 21세기에 들어와 영향력이 쇠퇴했다.

이 유감스러운 쇠퇴의 원인은 무엇이었을까? 첫째, 정신분석은 탐구력의 대부분을 소진한 상태였다. 프로이트는 환자의 말에 귀를 기울였고, 그것도 새로운 방식으로 들었다. 그는 서로 무관하고 일관성이 없어 보이는 연합들에서 의미를 추출해 내는 잠정적인 개념틀도 제시했다. 그러나 현재 정신분석 이론에는 각각의 환자의 말에 세심하게 귀를 기울임으로써 무언가를 배운다는 것 말고 새로운 점이라고는 거의 남아 있지 않다. 더군다나 정신분석적인 관계처럼 관찰자의 편향에 취약한 상황에서 환자들을 임상적으로 관찰하는 것을 마음을 이해하기 위한 과학의 기초로 삼기에는 미흡하다.

둘째, 비록 정신분석가들은 정신분석이 과학의 한 분야라고 생각하고는 했지만, 과학적 방법을 쓴 사례가 거의 없으며, 그동안 자신의 가정들을 실험으로 검증하려고 시도한 적도 없다. 사실 정신분석은 전통적으로 어떤 착상을 검증하기보다는 생성하는 일에 훨씬 더 능숙했다. 정신분석 상담을 통해 모이는 데이터가 거의 예외 없이 사적이라는 점 때문이기도 하다. 다시 말해, 환자의 말, 연상, 침묵, 자세, 움직임, 행동은 비밀에 붙여진다. 사실, 사생활 보호는 정신분석적 상황에서 필요한 진실을 얻는 데 핵심적인 역할을 한다. 그래서 우리는 보통 분석가들이 상담 때 일어났다고 믿는 것의 주관적인 설명만을 얻을 수 있을 뿐이다. 그런 설명은 과학적인 데이터라고 할 수 없다.

셋째, 눈에 띄는 몇몇 예외가 있긴 하지만, 정신분석가들은 지난 50년 동안 누적된 지식들, 즉 뇌의 생물학과 뇌의 행동 제어에 관한 지식들을 받아들이지 않았다.

정신분석이 지적인 힘과 영향력을 회복하려면, 새로운 마음의 생물학과 건설적인 방향으로 협력해야 할 것이다. 개념적인 측면에서, 새로운 생물학은 정신분석가들에게 향후 성장을 위한 과학적인 토대를 제공할 수 있을 것이다. 실험적인 측면에서는, 생물학의 깨달음이 연구를 위한 자극제, 말하자면 뇌의 과정들이 정신적 과정들과 행동을 어떻게 매개하는지에 관한 특정한 개념들을 검증하는 데 자극제로 기능할 수 있을 것이다. 뇌 영상 연구들은 다른 유형의 심리요법들과 마찬가지로 정신분석이 생물학적인 치료법이라는 증거를 제시해 왔다. 정신분석의 방법은 뇌와 행동에 검증 가능한, 지속성을 띠는 물리적 변화를 실제로 일으킨다. 이제 우리는 어떻게 그런 일이 일어나는지를 알아내야 한다.

다행히도, 몇몇 정신분석가들은 그 분야의 미래가 경험적인 연구에 달려 있다는 점을 깨달았다. 그래서 지난 수십 년 사이에 두 가지 흐름이 힘을 얻어왔다. 첫째는 앞에서 말했던 것처럼, 정신분석을 새로운 마음의 생물학과 결합하려고 노력하는 것이다. 둘째는 3장에서 살펴보았던, 증거 기반의 심리요법을 고집하는 것이다. 거의 모든 정신 기능이 의식적 과정과 무의식적 과정의 상호작용을 요구하기에, 새로운 마음의 생물학은 정신분석 이론과 현대 인지신경과학 사이에 가치 있는 연결 고리를 제공할 수 있다. 이런 연결 고리가 인지신경과학이 무의식에 관한 정신분석 이론들을 탐사하고, 수정하고, 일부는 적절히 반증하는 것을 가능하게 만들 것이다. 또 정신분석의 개념들은 인지신경과학을 더 풍성하게 만들 수도 있을 것이다.

예를 들어, 데하네의 조작적 접근법을 사용해, 우리는 프로이트의 본능적인 무의식을 사회적 행동과 공격성에 관한 오늘날의 생물학적 통찰들과 어떻게 관련지을지 탐구할 수 있다. 무의식적 과정들이 의식에 도달하지는 못하더라도, 대뇌겉질에 도달하지 않을까? 신경계는 승화, 억압, 왜곡과 같은 방어기제를 어떻게 통제할까?

21세기 생물학은 이미 의식적·무의식적 정신 과정들의 특성에 관한 질문들 가운데 일부를 규명하는 일에서 좋은 성과를 거두어왔지만, 새로운 마음의 생물학과 정신분석의 종합이 이루어진다면 훨씬 더 풍요롭고 의미 있는 해답을 얻을 수 있을 것이다. 이 종합은 정신 질환에 관한 우리의 지식, 건강한 뇌 기능의 신경 회로에 관한 이해도 크게 증가시킬 것이다. 건강한 뇌 기능에 관한 새로운 통찰은 우리가 뇌 질환에 걸린 사람들을 더 잘 이해하고 효과적인 치료법을 개발하도록 우리를 이끌 것이다.

미래 전망

의식은 여전히 수수께끼로 남아 있다. 우리는 의식이 정적이지 않다는 것과 의식의 상태가 다양하다는 것을 알고 있다. 더 나아가 의식이 대뇌겉질의 다양한 영역들(특히 지각, 기억, 인지를 통합하는 일을 담당하는 뇌 영역인 이마앞겉질)에서 무의식적인 지각 정보를 이용할 수 있도록 한다는 점도 알고 있다. 의식의 본성(본질적으로, 뇌의 무의식적 활동으로부터 어떻게 자기감을 얻는가 하는 문제)을 밝히는 일은 21세기 과학의 가장 커다란 도전이며, 그 답이 쉽고 빠르게 얻어지지는 않을 것이다.

뇌의 장애가 의식적인 경험의 여러 측면들(인지, 기억, 기분, 사회적 상호작용, 의지, 행동)에 교란을 일으킬 수 있지만, 지금까지 이런 장애들로부터 우리가 의식에 관해 알아낸 것은 대부분 의식적 과정들과 무의식적 과정들의 상호작용에 해당한다. 의식이 어떻게 생성되는지를 궁극적으로 이해하는 단계에서 이런 상호작용은 분명 중요한 역할을 할 것이다.

다시 원점으로

우리가 지난 세기에 뇌와 그 장애에 관해 알아낸 사실은 나머지 인류 역사에 걸쳐 알아낸 것보다 훨씬 더 많다. 인간의 유전체를 해독하며 우리는 유전자들이 뇌를 어떻게 조직하는지, 유전자의 변화가 장애에 어떻게 영향을 미치는지를 알아내 왔다. 우리는 기억과 같은 특정한 뇌 기능의 토대에 놓인 분자 경로들을 파악했고, 알츠하이머병과 같이 기능장애를 일으키는 결함 있는 유전자도 찾아냈다. 또 스트레스가 기분장애와 PTSD에 미치는 영향처럼, 뇌 장애를 일으키는 유전자와 환경의 강력한 상호작용도 여럿 밝혀냈다.

또 다른 놀라운 일은 뇌 영상 기술과 관련해 최근에 놀라운 돌파구가 열렸다는 점이다. 이제 과학자들은 사람이 깨어 있는 상태에서 개별적인 정신 과정들과 정신 질환에 어느 뇌 영역이나 뇌 영역들의 조합이 관여하는지를 추적할 수 있게 되었다. 활성을 띠는 신경세포들을 밝은 색깔로 표시하며 뇌 기능의 지도를 작성할 수 있게 된 것이다. 마지막으로, 뇌 장애의 동물 모형은 환자를 연구하는 새로운 길들을 열었다.

앞서도 보았지만, 뇌 질환은 뇌의 회로(뉴런들과 뉴런들이 형성하는 시냅스로 이루어진 연결망)의 일부가 과다 활성을 띠거나, 활성을 잃거나, 효과적으로 의사소통할 수 없을 때 발생한다. 이런 기능 이상은 뇌 손상, 시냅스 연결의 변화, 발달 과정에서 이루어진 회로의 잘못된 배선으로부터 나타날 수 있다. 뇌의 어떤 영역이 영향을 받는지에 따라, 장애는 우리가 삶을 경험하는 방식, 즉 우리의 감정, 인지, 기억, 사회적 상호작용, 창의성, 선택의 자유, 운동에 변화를 일으키며, 보통 우리 본성의 어느 한 측면이 아닌 여러 측면에 종합적으로 영향을 끼친다.

대체로 유전학, 뇌 영상, 동물 모형 분야에서 이루어진 발전 덕분에, 뇌 질환을 연구하는 과학자들은 우리 뇌가 정상적으로 기능하는 방식에 관해 몇 가지 일반 원리를 밝혀냈다. 예를 들어, 뇌 영상 연구는 뇌의 좌반구와 우반구가 정신적인 기능의 서로 다른 측면을 담당하며, 두 반구가 서로를 억제한다는 것을 보여준다. 특히 좌반구에 일어난 손상은 우반구의 창의성을 해방할 수 있다. 더 일반화해 말하자면, 뇌의 어느 한 신경 회로가 꺼지면, 그 회로가 억제하고 있었던 다른 회로가 켜질 수 있다.

과학자들은 행동 양상이 아주 달라 서로 무관해 보이는 장애들 사이에 놀라운 연관성이 있다는 점도 밝혀냈다. 파킨슨병과 알츠하이머병처럼, 운동과 기억에 관한 장애들 중에는 단백질 접힘 이상으로 생기는 것들이 있다. 해당 단백질의 종류와 그 단백질이 맡은 기능이 저마다 다르기에, 이런 장애들은 증상이 아주 다양하다. 마찬가지로, 자폐증과 조현병은 (뉴런에서 지나치게 많은 가지돌기를 제거하는) 시냅스 가지치기를 수반한다. 자폐증은 가지치기가 충분히 이루어지지 않는 것과 관련이 있는 반면, 조현병은 너무 많이 일어나는 것과 관련이 있다. 또 자폐증, 조현병, 양극성장애는 동일한 유전적 변이체를 공유한다. 다시 말해, 조현병 위험을 높이는 유전자들 중에는 양극성장애 위험을 높이는 유전자도 있고, 조현병 위험을 높이는 유전자 중에는 자폐 스펙트럼 장애의 위험을 높이는 유전자도 있다.

무의식적 정신 과정과 의식적 정신 과정의 상호작용은 우리가 세상을 살아가는 데 중요한 역할을 담당한다. 특히 창의성과 의사 결정을 보면 그 점이 뚜렷이 드러난다. 어느 분야에서든 우리가 타고난 창의성을 발휘하려면 의식의 속박을 느슨하게 만들어 무의식에 접근하는 것이 중요하다. 이 일을 남보다 더 쉽게 할 수 있는 이들도 있다. 프린츠호른의 조현병 화가들은 억제나 사회적 제약이 약화되어 있기에, 무의식적 갈등과 욕망에 자유롭게 접근할 수 있었다. 반면 초현실주의 화가들은 자신의 무의식을 두드리는 방법을 스스로 고안해야 했다. 의사 결정은 다르다. 여기서 우리는 자신의 무의식적 감정을 알아차리지 못한다. 아니, 그것이 필요하다는 사실조차 알아차리지 못한다. 그러나 여러 연구들에 따르면, 감정에 관여하는 뇌 영역들이 손상된 이들은 결정을 내리는 데 커다란 어려움을 겪는다.

새로운 마음의 생물학은 뇌와 뇌의 장애를 이해하는 우리의 능력에 혁신을 일으켰다. 그런데 현대 인지심리학과 뇌과학의 종합은 앞으로 우리 삶에 어떤 영향을 미칠까?

새로운 마음의 생물학은 두 가지 방식으로 의학에 근본적인 변화를 일으킬 것이다. 첫째, 신경학과 정신의학은 융합되어, 점점 더 건강과 질병에 관해 개인이 어떤 유전적 소인을 지니는지에 초점을 맞추는 단일한 임상 분야가 될 것이다. 이런 흐름은 생물학에 기반을 둔 개인별 맞춤 의학으로 나아가게 될 것이다. 둘째, 우리는 뇌의 장애와 관련해 이상이 생긴 뇌의 과정들뿐만 아니라, 우리 뇌의 성 분화와 젠더 정체성을 낳는 과정들의 미묘하면서도 의미 있는 생물학을 처음으로 가지게 될 것이다.

임상 DNA 검사, 즉 개인이 지닌 작은 유전적 차이들을 찾는 검사에 초점을 맞추는 맞춤 의학은 특정한 질병에 걸릴 위험이 있는 사람을 찾아내, 징후와 증상이 나타나기 여러 해 전에 식단, 수술, 운동, 약물을 통해 그 병의 진행 경로를 수정할 가능성이 높다. 한 가지 예로, 오늘날에는 주로 페닐케톤뇨증처럼 치료 가능한 유전병에 초점을 맞추어 신생아 검사가 이루어지고 있다. 하지만 조현병, 우울증, 다발성경화증의 위험이 높은 아이를 파악해 미래에 일어날 변화를 예방하고 치료하는 것이 머지않아 가능해질지도 모른다. 중년층과 노년층도 알츠하이머병이나 파킨슨병과 같이 늦게 발병하는 질환에 걸릴 위험 수준을 파악함으로써 혜택을 보게 될 것이다. DNA 검사는 약물의 부작용을 포함해 약물이 개인에게 일으킬 반응들까지 예측할 수 있게 만들고, 각 환자에게 적합한 맞춤 약물을 처방할 수 있게 도울 것이다.

나는 학습(경험)이 뇌 안에서 뉴런들의 연결을 변화시킨다는 것을 연구를 통해 밝혀낸 바 있다. 이것은 한 사람의 뇌가 다른 모든 사람들의 뇌와 조금씩 다르다는 뜻이다. 일란성 쌍둥이도 유전체는 똑같지만, 서로 다른 환경에 노출되어 왔기에 뇌가 조금씩 다르다. 뇌의 기능을 밝히는 과정에서, 뇌 영상은 개별적인 우리 정신생활의 생물학적 토대도 밝혀낼 것이다. 그렇게만 된다면, 우리는 뇌 질환을 진단하고 다양한 유형의 심리요법을 포함한 여러 치료법들의 효과를 평가하는 강력하고도 새로운 방법을 가지게 될 것이다.

이런 맥락에서 보면, 뇌 질환의 생물학을 이해하는 것은 각 세대의 학자들이 인간의 생각과 행동을 새로운 용어로 이해하고자 하는 시도의 연장선에 있다. 이것은 우리가 새로운 휴머니즘(세상에 관한 경험과 서로에 대한 이해를 풍성하게 만드는, 생물학적 개성에 관한 지식에 기초한 휴머니즘)으로 나아가게 하는 노력이기도 하다.

들어가는 글

1. René Descartes, *The Philosophical Writing of Descartes*, trans. John Cottingham, Robert Stoothoff, and Dugald Murdoch, vol. 1 (Cambridge, U.K., and New York: Cambridge University Press, 1985).
2. John R. Searle, *The Mystery of Consciousness* (New York: The New York Review of Books, 1997).
3. Charles R. Darwin, *The Expression of the Emotions in Man and Animals* (London: John Murray, 1872).

1— 뇌 장애는 우리 자신에 관해 무엇을 말하는가

1. Eric R. Kandel and A. J. Hudspeth, "The Brain and Behavior," in Kandel et al., *Principles of Neural Science*, 5th ed., 5–20.
2. William M. Landau et al., "The Local Circulation of the Living Brain: Values in the Unanesthetized and Anesthetized Cat," *Transactions of the American Neurological Association* 80 (1955): 125–9.
3. Louis Sokoloff, "Relation between Physiological Function and Energy Metabo-

lism in the Central Nervous System," *Journal of Neurochemistry* 29 (1977): 13–26.

2— 우리의 강렬한 사회적 본성: 자폐 스펙트럼

자폐에 관한 포괄적인 논의를 알고 싶다면, 다음을 보라. Uta Frith et al., "Autism and Other Developmental Disorders Affecting Cognition," in Kandel et al., *Principles of Neural Science*, 1425–40.

1. David Premack and Guy Woodruff, "Does the Chimpanzee Have a Theory of Mind?" *Behavioral and Brain Sciences* 1, no. 4 (1978): 515–26.
2. Simon Baron-Cohen, Alan M. Leslie, and Uta Frith, "Does the Autistic Child Have a 'Theory of Mind'?" *Cognition* 21 (1985): 37–46.
3. Uta Frith, "Looking Back," https://sites.google.com/site/utafrith
4. Kevin A. Pelphrey and Elizabeth J. Carter, "Brain Mechanisms for Social Perception: Lessons from Autism and Typical Development," *Annals of the New York Academy of Sciences* 1145 (2008): 283–99.
5. Leslie A. Brothers, "The Social Brain: A Project for Integrating Primate Behavior and Neurophysiology in a New Domain," *Concepts in Neuroscience* 1 (2002): 27–51.
6. Stephen J. Gotts et al., "Fractionation of Social Brain Circuits in Autism Spectrum Disorders," *Brain* 135, no. 9 (2012): 2711–25.
7. Cynthia M. Schumann et al., "Longitudinal Magnetic Resonance Imaging Study of Cortical Development through Early Childhood in Autism," *Journal of Neuroscience* 30, no. 12 (2010): 4419–27.
8. Leo Kanner, "Autistic Disturbances of Affective Contact," *The Nervous Child: Journal of Psychopathology, Psychotherapy, Mental Hygiene, and Guidance of the Child* 2 (1943): 217–50.
9. Alison Singer, personal communication, March 24, 2017.
10. Ibid.

11. Erin McKinney, "The Best Way I Can Describe What It's Like to Have Autism," *The Mighty,* April 13, 2015, themighty.com/2015/04/what-its-like-to-have-autism-2/.

12. Ibid.

13. Ibid.

14. Beate Hermelin, *Bright Splinters of the Mind: A Personal Story of Research with Autistic Savants* (London and Philadelphia: Jessica Kingsley Publishers, 2001).

15. Stephan J. Sanders et al., "Multiple Recurrent De Novo CNVs, Including Duplications of the 7q11.23 Williams Syndrome Region, Are Strongly Associated with Autism," *Neuron* 70, no. 5 (2011): 863–85.

16. Thomas R. Insel and Russell D. Fernald, "How the Brain Processes Social Information: Searching for the Social Brain," *Annual Review of Neuroscience* 27 (2004): 697–722.

17. Niklas Krumm et al., "A *De Novo* Convergence of Autism Genetics and Molecular Neuroscience," *Trends in Neuroscience* 37, no. 2 (2014): 95–105.

18. Augustine Kong et al., "Rate of *De Novo* Mutations and the Importance of Father's Age to Disease Risk," *Nature* 488 (2012): 471–5.

19. Guomei Tang et al., "Loss of mTOR-Dependent Macroautophagy Causes Autistic-like Synaptic Pruning Deficits," *Neuron* 83, no. 5 (2014): 1131–43.

20. Mario De Bono and Cornelia I. Bargmann, "Natural Variation in a Neuropeptide Y Receptor Homolog Modifies Social Behavior and Food Response in *C. elegans,*" *Cell* 94, no. 5 (1998): 679–89.

21. Thomas R. Insel, "The Challenge of Translation in Social Neuroscience: A Review of Oxytocin, Vasopressin, and Affiliative Behavior," *Neuron* 65, no. 6 (2010): 768–79.

22. Ibid.

23. Sarina M. Rodrigues et al., "Oxytocin Receptor Genetic Variation Relates to Empathy and Stress Reactivity in Humans," *PNAS* 106, no. 50 (2009): 21437–41.

24. Simon L. Evans et al., "Intranasal Oxytocin Effects on Social Cognition: A Critique," *Brain Research* 1580 (2014): 69–77.

25. Tang et al., "Loss of mTOR-Dependent Macroautophagy."

3— 감정과 자아의 통합: 우울증과 양극성장애

1. William Styron, *Darkness Visible: A Memoir of Madness* (New York: Random House, 1990; repr. Vintage, 1992), 62.

2. Andrew Solomon, "Depression, Too, Is a Thing with Feathers," *Contemporary Psychoanalysis* 44, no. 4 (2008): 509–30.

3. Helen S. Mayberg, "Targeted Electrode-Based Modulation of Neural Circuits for Depression," *Journal of Clinical Investigation* 119, no. 4 (2009): 717–25.

4. Eric R. Kandel, "The New Science of Mind," *Gray Matter*, *Sunday Review*, *New York Times*, September 6, 2013.

5. Mayberg, "Targeted Electrode-Based Modulation."

6. Francisco López-Muñoz and Cecilio Alamo, "Monoaminergic Neurotransmission: The History of the Discovery of Antidepressants from 1950s until Today," *Current Pharmaceutical Design* 15, no. 14 (2009): 1563–86.

7. Ronald S. Duman and George K. Aghajanian, "Synaptic Dysfunction in Depression: Potential Therapeutic Targets," *Science* 338, no. 6103 (2012): 68–2.

8. Sigmund Freud and Josef Breuer, "Case of Anna O," in *Studies on Hysteria*, trans. and ed. James Strachey and Anna Freud (London: Hogarth Press, 1955).

9. Steven Roose, Arnold M. Cooper, and Peter Fonagy, "The Scientific Basis of Psychotherapy," in *Psychiatry*, 3rd ed., eds. Allan Tasman et al. (Chichester, UK: John Wiley and Sons, 2008), 289–300.

10. Aaron T. Beck et al., *Cognitive Therapy of Depression* (New York: Guilford Press, 1979).

11. Ibid.

12. Kay Redfield Jamison, *An Unquiet Mind: A Memoir of Moods and Madness*

(New York: Alfred A. Knopf, 1995), 89.

13. Solomon, "Depression, Too, Is a Thing with Feathers."

14. Mayberg, "Targeted Electrode-Based Modulation."

15. Sidney H. Kennedy et al., "Deep Brain Stimulation for Treatment-Resistant Depression: Follow-Up After 3 to 6 Years," *American Journal of Psychiatry* 168, no. 5 (2011): 502–10.

16. Jamison, *An Unquiet Mind*, 67.

17. Jane Collingwood, "Bipolar Disorder Genes Uncovered," *Psych Central*, May 17, 2016, https://psychcentral.com/lib/bipolar-disorder-genes-uncovered/.

4— 생각하고 결정을 내리고 수행하는 능력: 조현병

조현병에 관한 포괄적인 논의를 알고 싶다면, 다음을 보라. Steven E. Hyman and Jonathan D. Cohen, "Disorders of Thought and Volition: Schizophrenia," in Kandel et al., *Principles of Neural Science*, 1389–401.

1. Elyn R. Saks, *The Center Cannot Hold: My Journey through Madness* (New York: Hyperion, 2007), 1–2.

2. Irwin Feinberg, "Cortical Pruning and the Development of Schizophrenia," *Schizophrenia Bulletin* 16, no. 4 (1990): 567–8.

3. Jill R. Glausier and David A. Lewis, "Dendritic Spine Pathology in Schizophrenia,"
Neuroscience 251 (2013): 90–107.

4. Daniel H. Geschwind and Jonathan Flint, "Genetics and Genomics of Psychiatric Disease," *Science* 349, no. 6255 (2015): 1489–94.

5. David St. Clair et al., "Association within a Family of a Balanced Autosomal Translocation with Major Mental Illness," *Lancet* 336, no. 8706 (1990): 13–6.

6. Qiang Wang et al., "The Psychiatric Disease Risk Factors DISC1 and TNIK Interact to Regulate Synapse Composition and Function," *Molecular Psychiatry* 16, no. 10 (2011): 1006–23.

7. Aswin Sekar et al., "Schizophrenia Risk from Complex Variation of Complement Component 4," *Nature* 530, no. 7589 (2016): 177–83.

8. Ryan S. Dhindsa and David B. Goldstein, "Schizophrenia: From Genetics to Physiology at Last," *Nature* 530, no. 7589 (2016): 162–3.

9. Christoph Kellendonk et al., "Transient and Selective Overexpression of Dopamine D2 Receptors in the Striatum Causes Persistent Abnormalities in Prefrontal Cortex Functioning," *Neuron* 49, no. 4 (2006): 603–15.

5— 기억, 자아의 저장소: 치매

1. Larry R. Squire and John T. Wixted, "The Cognitive Neuroscience of Human Memory Since H.M.," *Annual Review of Neuroscience* 34 (2011): 259–88.

2. Eric R. Kandel, "The Molecular Biology of Memory Storage: A Dialogue Between Genes and Synapses," *Science* 294, no. 5544 (2001): 1030–8.

3. D. O. Hebb, *The Organization of Behavior: A Neuropsychological Theory* (New York: John Wiley and Sons, 1949).

4. Bengt Gustafsson and Holger Wigström, "Physiological Mechanisms Underlying Long-Term Potentiation," *Trends in Neurosciences* 11, no. 4 (1988): 156–62.

5. Elias Pavlopoulos et al., "Molecular Mechanism for Age-Related Memory Loss: The Histone-Binding Protein RbAp48," *Science Translational Medicine* 5, no. 200 (2013): 200ra115.

6. Ibid.

7. Ibid.

8. Franck Oury et al., "Maternal and Offspring Pools of Osteocalcin Influence Brain Development and Functions," *Cell* 155, no. 1 (2013): 228–41.

9. Stylianos Kosmidis et al., "Administration of Osteocalcin in the DG/CA3 Hippocampal Region Enhances Cognitive Functions and Ameliorates Age-Related Memory Loss via a RbAp48/CREB/BDNF Pathway" (in preparation).

10. Ibid.

11. Rita Guerreiro and John Hardy, "Genetics of Alzheimer's Disease," *Neurothera-peutics* 11, no. 4 (2014): 732–7.

12. R. Sherrington et al., "Alzheimer's Disease Associated with Mutations in Preseni-lin 2 is Rare and Variably Penetrant," *Human Molecular Genetics* 5, no. 7 (1996): 985–8.

13. Thorlakur Jonsson et al., "A Mutation in *APP* Protects against Alzheimer's Dis-ease and Age-Related Cognitive Decline," *Nature* 488, no. 7409 (2012): 96–9.

14. Bruce L. Miller, *Frontotemporal Dementia*, Contemporary Neurology Series (Oxford, U.K.: Oxford University Press, 2013).

6— 우리의 타고난 창의성: 뇌 질환과 예술

1. Ann Temkin, personal communication, 2016.

2. Howard Gardner, *Multiple Intelligences: New Horizons*, rev. ed. (New York: Basic Books, 2006).

3. Benjamin Baird et al., "Inspired by Distraction: Mind Wandering Facilitates Creative Incubation," *Psychological Science* 23, no. 10 (2012): 1117–22.

4. Ernst Kris, *Psychoanalytic Explorations in Art* (New York: International Univer-sities Press, 1952).

5. Bruce L. Miller et al., "Emergence of Artistic Talent in Frontotemporal Demen-tia," *Neurology* 51, no. 4 (1998): 978–82.

6. John Kounios and Mark Beeman, "The Aha! Moment: The Cognitive Neurosci-ence of Insight," *Current Directions in Psychological Science* 18, no. 4 (2009): 210–6.

7. Charles J. Limb and Allen R. Braun, "Neural Substrates of Spontaneous Musical Performance: An fMRI Study of Jazz Improvisation," *PLOS One* 3, no. 2 (2008): e1679.

8. Philippe Pinel, "Medico-Philosophical Treatise on Mental Alienation or Mania

(1801)," *Vertex* 19, no. 82 (2008): 397–400.

9. Benjamin Rush, *Medical Inquiries and Observations, upon the Diseases of the Mind* (Philadelphia: Kimber and Richardson, 1812).

10. Cesare Lombroso, *The Man of Genius* (London: W. Scott, 1891).

11. Rudolf Arnheim, "The Artistry of Psychotics," *American Scientist* 74, no. 1 (1986): 48–4.

12. Thomas Roeske and Ingrid von Beyme, *Surrealism and Madness* (Heidelberg, Germany: Sammlung Prinzhorn, 2009).

13. Hans Prinzhorn, *Artistry of the Mentally Ill: A Contribution to the Psychology and Psychopathology of Configuration*, 2nd German ed., trans. by Eric von Brockdorff (New York: Springer-Verlag, 1995).

14. Ibid., 266.

15. Ibid., 265.

16. Ibid., vi.

17. Ibid., 150.

18. Ibid., 181.

19. Ibid., 160.

20. Ibid., 168–9.

21. Birgit Teichmann, Universitä.t Heidelberg, personal communication, May 12, 2009.

22. Danielle Knafo, "Revisiting Ernst Kris' Concept of Regression in the Service of the Ego in Art," *Psychoanalytic Review* 19, no. 1 (2002): 24–49.

23. Kay Redfield Jamison, *Touched with Fire: Manic-Depressive Illness and the Artistic Temperament* (New York: The Free Press, 1993).

24. Nancy C. Andreasen, "Secrets of the Creative Brain," *The Atlantic*, July/August 2014, www.theatlantic.com/magazine/archive/2014/07/secrets-of-the-creative-brain/372299/.

25. Jamison, *Touched with Fire*.

26. Ruth Richards et al., "Creativity in Manic-Depressives, Cyclothymes, Their Normal Relatives, and Control Subjects," *Journal of Abnormal Psychology* 97,

no. 3 (1988): 281–8.

27. Catherine Best et al., "The Relationship Between Subthreshold Autistic Traits, Ambiguous Figure Perception and Divergent Thinking," *Journal of Autism and Developmental Disorders* 45, no. 12 (2015): 4064–73.

28. Oliver Sacks, *An Anthropologist on Mars: Seven Paradoxical Tales* (New York: Alfred A. Knopf, 1995), 203.

29. Ibid.

30. David T. Lykken, "The Genetics of Genius," in *Genius and Mind: Studies of Creativity and Temperament*, ed. Andrew Steptoe (Oxford, U.K.: Oxford University Press, 1998), 15–37.

31. Francesca Happéand Uta Frith, "The Beautiful Otherness of the Autistic Mind," *Philosophical Transactions of the Royal Society B: Biological Sciences* 364, no. 1522 (2009): 1346–50.

32. Darold A. Treffert, "The Savant Syndrome: An Extraordinary Condition. A Synopsis: Past, Present, Future," *Philosophical Transactions of the Royal Society B: Biological Sciences* 364, no.1522 (2009): 1351–57.

33. Allan Snyder, "Explaining and Inducing Savant Skills: Privileged Access to Lower Level, Less-Processed Information," *Philosophical Transactions of the Royal Society B: Biological Sciences* 364, no. 1522 (2009): 1399–405.

34. Pia Kontos, "The Painterly Hand: Rethinking Creativity, Selfhood, and Memory in Dementia," Workshop 4: Memory and/in Late-Life Creativity (London: King's College, 2012).

35. Bruce L. Miller et al., "Enhanced Artistic Creativity with Temporal Lobe Degeneration," *Lancet* 348, no. 9043 (1996): 1744–5.

36. Wil S. Hylton, "The Mysterious Metamorphosis of Chuck Close," *The New York Times Magazine*, July 13, 2016.

37. Ibid.

38. Ibid.

39. Rudolf Arnheim, "The Artistry of Psychotics," in *To the Rescue of Art: Twenty-Six Essays* (Berkeley: University of California Press, 1992), 144–54.

40. Andreasen, "Secrets of the Creative Brain."

41. Jamison, *Touched with Fire*, 88.

42. Andreason, "Secrets of the Creative Brain."

43. Ibid.

44. Robert A. Power et al., "Polygenic Risk Scores for Schizophrenia and Bipolar Disorder Predict Creativity," *Nature Neuroscience* 18, no. 7 (2015): 953–5.

45. Ian Sample, "New Study Claims to Find Genetic Link Between Creativity and Mental Illness," *The Guardian*, June 8, 2015, www.theguardian.com/science/2015/jun/08/new-study-claims-tofind-genetic-link-between-creativity-and-mental-illness.

46. Andreason, "Secrets of the Creative Brain."

7— 운동: 파킨슨병과 헌팅턴병

1. Charles S. Sherrington, *The Integrative Action of the Nervous System* (New Haven, CT: Yale University Press, 1906).

2. James Parkinson, "An Essay on the Shaking Palsy. 1817," *Journal of Neuropsychiatry and Clinical Neurosciences* 14, no. 2 (2002): 223–36.

3. Arvid Carlsson, Margit Lindqvist, and Tor Magnusson, "3,4-Dihydroxyphenylalanine and 5-hydroxytryptophan as Reserpine Antagonists," *Nature* 180, no. 4596 (1957): 1200.

4. A. Carlsson, "Biochemical and Pharmacological Aspects of Parkinsonism," *Acta Neurologica Scandinavica, Supplementum* 51 (1972): 11–42.

5. A. Carlsson and B. Winblad, "Influence of Age and Time Interval between Death and Autopsy on Dopamine and 3-Methoxytyramine Levels in Human Basal Ganglia," *Journal of Neural Transmission* 38, nos. 3– (1976): 271–6.

6. H. Ehringer and O. Hornykiewicz, "Distribution of Noradrenaline and Dopamine (3-Hydroxytyramine) in the Human Brain and Their Behavior in Diseases of the Extrapyramidal System," *Parkinsonism and Related Disorders* 4, no. 2

(1998): 53–7.

7. George C. Cotzias, Melvin H. Van Woert, and Lewis M. Schiffer, "Aromatic Amino Acids and Modification of Parkinsonism," *New England Journal of Medicine* 276, no. 7 (1967): 374–9.

8. Hagai Bergman, Thomas Wichmann, and Mahlon R. DeLong, "Reversal of Experimental Parkinsonism by Lesions of the Subthalamic Nucleus," *Science*, n.s., 249 (1990): 1436–8.

9. Mahlon R. DeLong, "Primate Models of Movement Disorders of Basal Ganglia Origin," *Trends in Neurosciences* 13, no. 7 (1990): 281–5.

10. D. Housman and J. R. Gusella, "Application of Recombinant DNA Techniques to Neurogenetic Disorders," *Research Publications—ssociation for Research in Nervous and Mental Disorders* 60 (1983): 167–72.

11. The Huntington's Disease Collaborative Research Group, "A Novel Gene Containing a Trinucleotide Repeat That Is Expanded and Unstable on Huntington's Disease Chromosomes," *Cell* 72 (1993): 971–83.

12. Stanley B. Prusiner, "Novel Proteinaceous Infectious Particles Cause Scrapie," *Science* 216, no. 4542 (1982): 136–44.

13. Stanley B. Prusiner, *Madness and Memory: The Discovery of Prions— New Biological Principle of Disease* (New Haven, CT: Yale University Press, 2014), x.

14. Mel B. Feany and Welcome W. Bender, "A Drosophila Model of Parkinson's Disease," *Nature* 404, no. 6776 (2000): 394–8.

8— 의식적 감정과 무의식적 감정의 상호작용: 불안, 외상후 스트레스, 잘못된 의사 결정

1. William James, "What Is an Emotion?" *Mind* 9, no. 34 (April 1, 1884), 190.

2. Aristotle, Lesley Brown, ed., and David Ross, trans., *The Nicomachean Ethics* (Oxford: Oxford University Press, 2009).

3. Sandra Blakeslee, "Using Rats to Trace Anatomy of Fear, Biology of Emotion,"

New York Times, November 5, 1996.

4. Edna B. Foa and Carmen P. McLean, "The Efficacy of Exposure Therapy for Anxiety-Related Disorders and Its Underlying Mechanisms: The Case of OCD and PTSD," *Annual Review of Clinical Psychology* 12 (2016): 1–28.

5. Barbara O. Rothbaum et al., "Virtual Reality Exposure Therapy for Vietnam Veterans with Posttraumatic Stress Disorder," *Journal of Clinical Psychiatry* 62, no. 8 (2001): 617–22.

6. Mark Mayford, Steven A. Siegelbaum, and Eric R. Kandel, "Synapses and Memory Storage," *Cold Spring Harbor Perspectives in Biology* 4, no. 6 (2012): a005751.

7. Alain Brunet et al., "Effect of Post-Retrieval Propranolol on Psychophysiologic Responding during Subsequent Script-Driven Traumatic Imagery in Post-Traumatic Stress Disorder," *Journal of Psychiatric Research* 42, no. 6 (2008): 503–6.

8. William James, *The Principles of Psychology*, vol. 2 (New York: Henry Holt and Company, 1913), 389–90.

9. Antonio R. Damasio, *Descartes' Error: Emotion, Reason, and the Human Brain* (New York: G. P. Putnam's Sons, 1994), 34ff.

10. Ibid., 43.

11. Ibid., 44–5.

12. Joshua D. Greene et al., "An fMRI Investigation of Emotional Engagement in Moral Judgment," *Science* 293 (2001): 2105–8.

13. *Kent A. Kiehl* and *Morris B. Hoffman*, "The Criminal Psychopath: History, Neuroscience, Treatment, and Economics," *Jurimetrics* 51 (2011): 355–97.

14. Ibid. See also L. M. Cope et al., "Abnormal Brain Structure in Youth Who Commit Homicide," *NeuroImage Clinical* 4 (2014): 800–07, and interview with Kent Kiehl in Mike Bush, "Young Killers' Brains Are Different, Study Shows," *Albuquerque Journal*, June 9, 2014.

1. James Olds and Peter Milner, "Positive Reinforcement Produced by Electrical Stimulation of Septal Area and Other Regions of Rat Brain," *Journal of Comparative and Physiological Psychology* 47, no. 6 (1954): 419–27.

2. Wolfram Schultz, "Neuronal Reward and Decision Signals: From Theories to Data," *Physiological Reviews* 95, no. 3 (2015): 853–951.

3. Nora D. Volkow et al., "Dopamine in Drug Abuse and Addiction: Results of Imaging Studies and Treatment Implications," *Archives of Neurology* 64, no. 11 (2007): 1575–79.

4. Lee N. Robins, "Vietnam Veterans' Rapid Recovery from Heroin Addiction: A Fluke or Normal Expectation?," *Addiction* 88, no. 8 (1993): 1041–54.

5. N. D. Volkow, Joanna S. Fowler, and Gene-Jack Wang, "The Addicted Human Brain: Insights from Imaging Studies," *Journal of Clinical Investigation* 111, no. 10 (2003): 1444–51.

6. N. D. Volkow, George F. Koob, and A. Thomas McLellan, "Neurobiologic Advances from the Brain Disease Model of Addiction," *New England Journal of Medicine* 374, no. 4 (2016): 363–71.

7. Eric J. Nestler, "On a Quest to Understand and Alter Abnormally Expressed Genes That Promote Addiction," *Brain and Behavior Research Foundation Quarterly* (September 2015): 10–11.

8. Eric R. Kandel, "The Molecular Biology of Memory: cAMP, PKA, CRE, CREB-1, CREB-2, and CPEB," *Molecular Brain* 5 (2012): 14.

9. Jocelyn Selim, "Molecular Psychiatrist Eric Nestler: It's a Hard Habit to Break," *Discover*, October 2001, http://discovermagazine.com/2001/oct/breakdialogue.

10. Nestler, "On a Quest to Understand and Alter Abnormally Expressed Genes," 10–11.

11. Eric J. Nestler, "Genes and Addiction," *Nature Genetics* 26, no. 3 (2000): 277–81.

12. Eric R. Kandel and Denise B. Kandel, "A Molecular Basis for Nicotine As a

Gateway Drug," *New England Journal of Medicine* 371 (2014): 932–43.

13. Yan-You Huang et al., "Nicotine Primes the Effect of Cocaine on the Induction of LTP in the Amygdala," *Neuropharmacology* 74 (2013): 126–34.

14. Kyle S. Burger and Eric Stice, "Frequent Ice Cream Consumption Is Associated with Reduced Striatal Response to Receipt of an Ice Cream–ased Milkshake," *American Journal of Clinical Nutrition* 95, no. 4 (2012): 810–17.

15. Nicholas A. Christakis and James H. Fowler, "The Spread of Obesity in a Large Social Network over 32 Years," *New England Journal of Medicine* 357 (2007): 370–9.

16. Josh Katz, "Drug Deaths in America Are Rising Faster Than Ever," *The New York Times*, June 5, 2017.

10— 뇌의 성적 분화와 젠더 정체성

1. Norman Spack, "How I Help Transgender Teens Become Who They Want to Be," TED, November 2013, www.ted.com/talks/norman_spack_how_i_help_transgender_teens_become_who_they_want_to_be Abby Ellin, "Elective Surgery, Needed to Survive," *The New York Times*, August 9, 2017.

2. David J. Anderson, "Optogenetics, Sex, and Violence in the Brain: Implications for Psychiatry," *Biological Psychiatry* 71, no. 12 (2012): 1081–9; Joseph F. Bergan, Yoram Ben-Shaul, and Catherine Dulac, "Sex-Specific Processing of Social Cues in the Medial Amygdala," *eLife* 3 (2014): e02743.

3. Dick F. Swaab and Alicia Garcia-Falgueras, "Sexual Differentiation of the Human Brain in Relation to Gender Identity and Sexual Orientation," *Functional Neurology* 24, no. 1 (2009): 17–28.

4. Deborah Rudacille, *The Riddle of Gender: Science, Activism, and Transgender Rights* (New York: Pantheon, 2005), 21–2.

5. Ibid., 23.

6. Ibid., 24.

7. Ibid., 27.

8. Sam Maddox, "Barres Elected to National Academy of Sciences," *Research News*, Christopher and Dana Reeve Foundation, May 2, 2013, www.spinal-cordinjury-paralysis.org/blogs/18/1601.

9. Rudacille, *Riddle of Gender*, 28–9.

10. Caitlyn Jenner, *The Secrets of My Life* (New York: Grand Central Publishing, 2017).

11. Diane Ehrensaft, "Gender Nonconforming Youth: Current Perspectives," *Adolescent Health, Medicine and Therapeutics* 8 (2017): 57–67.

12. Sara Reardon, "Largest Ever Study of Transgender Teenagers Set to Kick Off," *Nature* News, March 31, 2016, www.nature.com/news/largest-ever-study-of-transgender-teenagers-set-to-kickoff-1.19637.

13. Swaab and Garcia-Falgueras, "Sexual Differentiation of the Human Brain."

11— 의식: 아직 남아 있는 뇌의 커다란 수수께끼

1. Hyosang Lee et al., "Scalable Control of Mounting and Attack by Esr1+ Neurons in the Ventromedial Hypothalamus," *Nature* 509 (2014): 627–32.

2. Bernard J. Baars, *A Cognitive Theory of Consciousness* (Cambridge, U.K.: Cambridge University Press, 1988).

3. Stanislas Dehaene, *Consciousness and the Brain: Deciphering How the Brain Codes Our Thoughts* (New York: Viking, 2014).

4. Ibid.

5. C. D. Salzman et al., "Microstimulation in Visual Area MT: Effects on Direction Discrimination Performance," *Journal of Neuroscience* 12, no. 6 (1992): 2331–5; C. D. Salzman and William T. Newsome, "Neural Mechanisms for Forming a Perceptual Decision," *Science* 264, no. 5156 (1994): 231–7.

6. N. K. Logothetis and Jeffrey D. Schall, "Neuronal Correlates of Subjective Visual Perception," *Science*, n.s., 245, no. 4919 (1989): 761–3.

7. N. K. Logothetis, "Vision: A Window into Consciousness," *Scientific American*, September 1, 2006, www.scientificamerican.com/article/vision-a-window-into-consciousness/.

8. Timothy D. Wilson, *Strangers to Ourselves: Discovering the Adaptive Unconscious* (Cambridge, MA: Harvard University Press, 2002).

9. Timothy D. Wilson and Jonathan W. Schooler, "Thinking Too Much: Introspection Can Reduce the Quality of Preferences and Decisions," *Journal of Personality and Social Psychology* 60, no. 2 (1991): 181–2.

10. Benjamin Libet et al., "Time of Conscious Intention to Act in Relation to Onset of Cerebral Activity (Readiness-Potential): The Unconscious Initiation of a Freely Voluntary Act," *Brain* 106 (1983): 623–42.

11. Amos Tversky and Daniel Kahneman, "The Framing of Decisions and the Psychology of Choice," *Science*, n.s., 211, no. 4481 (1981): 453–8.

12. Daniel Kahneman, *Thinking, Fast and Slow* (New York: Farrar, Straus and Giroux, 2011).

13. A. D. (Bud) Craig, "How Do You Feel—ow? The Anterior Insula and Human Awareness," *Nature Reviews Neuroscience* 10 (2009): 59–0; Hugo D. Critchley et al., "Neural Systems Supporting Interoceptive Awareness," *Nature Neuroscience* 7, no. 2 (2004): 189–95.

14. G. Elliott Wimmer and Daphna Shohamy, "Preference by Association: How Memory Mechanisms in the Hippocampus Bias Decisions," *Science* 338, no. 6104 (2012): 270–3.

15. Michael N. Shadlen and Roozbeh Kiani, "Consciousness As a Decision to Engage," in *Characterizing Consciousness: From Cognition to the Clinic?*, eds. Stanislas Dehaene and Yves Christen (Berlin and Heidelberg: Springer-Verlag, 2011), 27–46.

화보 1 조르주 드 라 투르, 〈사기꾼〉, 1635년경, 루브르미술관, 파리

화보 2 조현병에 걸린 화가 루이스 웨인이 그린 고양이 그림들

화보 3 척 클로스, 〈로이 II Roy II〉, 1994년. 캔버스에 유화(위), 확대 사진(아래).

화보 4 앙리 루소, 〈잠자는 집시 The Sleeping Gypsy〉, 1897년

화보 5 앙리 루소, 〈홍학들 The Flamingoes〉, 1907년

화보 6 페터 무그, 〈사제와 성모가 있는 제단〉

화보 7 빅토르 오르트, 〈해질녘의 범선 Barque Evening at Sea〉, 수채화

화보 8 아우구스트 나터러, 〈세계의 축과 토끼〉, 1919년

화보 9 하인리히 헤르만 메베스, 〈부화한 자고 또는 주된 죄 Das brütende Rebhühn oder die herrschende Sünde〉(위). 프리다 칼로, 〈희망 없이 Without Hope〉, 1945년(아래).

화보 10 아우구스트 나터러, 〈세계의 축과 토끼〉, 1919년(위). 살바도르 달리, 〈후회, 또는 모래에 묻힌 스핑크스 Remorse, or Sphinx Embedded in the Sand〉, 1931년(아래).

화보 1 | 조르주 드 라 투르, 〈사기꾼〉, 1635년경, 루브르미술관, 파리

화보 2 | 조현병에 걸린 화가 루이스 웨인이 그린 고양이 그림들

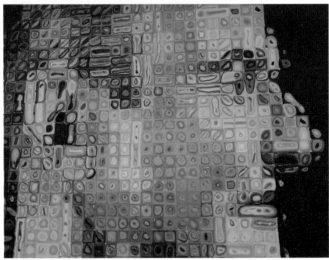

화보 3 | 척 클로스, 〈로이 II〉, 1994년. 캔버스에 유화(위), 확대 사진(아래).

화보 4 | 앙리 루소, 〈잠자는 집시〉, 1897년

화보 5 | 앙리 루소, 〈홍학들〉, 1907년

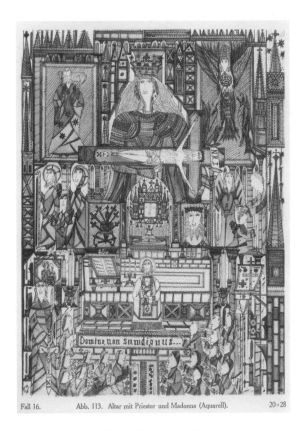

Fall 16.   Abb. 113. Altar mit Priester und Madonna (Aquarell).   20×28

화보 6 | 페터 무그, 〈사제와 성모가 있는 제단〉

화보 7 | 빅토르 오르트, 〈해질녘의 범선〉, 수채화

화보 8 | 아우구스트 나터러, 〈세계의 축과 토끼〉, 1919년

화보 9 | 하인리히 헤르만 메베스, 〈부화한 자고 또는 주된 죄〉(위). 프리다 칼로, 〈희망 없이〉, 1945년(아래).

화보 10 | 아우구스트 나터러, 〈세계의 축과 토끼〉, 1919년(위). 살바도르 달리, 〈후회, 또는 모래에 묻힌 스핑크스〉, 1931년(아래).

마음의 오류들

1판 1쇄 발행 2020년 7월 1일
1판 7쇄 발행 2024년 7월 5일

지은이 에릭 캔델
옮긴이 이한음

발행인 양원석
디자인 남미현, 김미선
영업마케팅 양정길, 윤송, 김지현

펴낸 곳 ㈜알에이치코리아
주소 서울시 금천구 가산디지털2로 53, 20층 (가산동, 한라시그마밸리)
편집문의 02-6443-8826 **도서문의** 02-6443-8800
홈페이지 http://rhk.co.kr **등록** 2004년 1월 15일 제2-3726호

ISBN 978-89-255-3693-4 (03400)